U0030218

《意識究竟從何而來？》
全新翻譯審定版

Self Comes to

Mind

Constructing the Conscious Brain

擁有自我的心智

當代神經科學大師闡釋
腦如何建構意識

科技界諾貝爾獎本田賞得主
安東尼歐‧達馬吉歐 Antonio Damasio 著

國立中央大學認知神經科學研究所副教授
張智宏 審定

蕭秀姍 譯

獻給漢娜

好評推薦

閱讀達馬吉歐的書的奇妙之處，在於確信一個人可以跟隨大腦的工作，因為它使最深處的自我成為私人現實。

——諾貝爾文學獎得主、《大河灣》與《抵達之謎》
作者　V. S. 奈波爾（V. S. Naipaul）

我完全被《擁有自我的心智》迷住了。在這部作品中，安東尼歐·達馬吉歐在更廣泛的進化生物學和文化發展背景下展示了他在神經科學領域的開創性發現。這本開創性的書為我們提供了一種思考我們自己、我們的歷史以及文化在塑造我們共同未來的重要性的新方式。

——大提琴家　馬友友

意識有兩種：「我醒了」，早上醒來，我們恢復了意識，這是第一種意識；「聞到柚子花的香味」，意識到特定的影像、意境、物件……這是第二種意識。顯然，沒有第一種意識，第二種意識是不可能的；但這第一種意識也是最難捉摸了解的問題。我們甚至無法給這種「意識」一個明確的定義。

長久以來，意識的問題是科學研究碰都不敢碰的問題。非常高興看到大師出手，從生物，從演化，從神經科學的角度來討論意識的各個面向：「心智在哪裡？」；「腦如何建構感覺、情緒和記憶？」；「不同層次的意識」；「為什麼自我是意識必需的條件？」……剝繭抽絲，一步步帶領讀者回顧相關的文獻，提出關鍵性的評論與作者的理論。如果讀者想超越《破碎的心靈》、《火星上的人類學家》等通俗文章，本書是非常值得深讀的好書。

——前臺大神經生物與認知科學研究中心主任　嚴震東

達馬吉歐的著作以實徵證據的邏輯性和質性研究的細膩度，構築出一個有用的架構來探討意識。作為達馬吉歐思想中承先啟後的一部著作，本書生動地描述腦部的各個結構與功能如何運作產生構成各種心智歷程，以及這些心智歷程又如何讓自我浮現，進而孕育不同型態的意識。對於習慣閱讀哲學脈絡下自我概念的讀者，這本書會帶給你截然不同的、靈光閃閃的體驗。

——國立中央大學認知神經科學研究所副教授　張智宏

達馬吉歐藉著深奧的神經解剖生理學探討意識的來龍去脈，讓人類心智從玄界下凡，成為科學研究的對象。本書架構龐大驚人，從本我的心靈談到社會文化，足見作者長期鑽研意識的成就。

——第五屆吳大猷科普獎著作類金籤獎得主／

科普作家　林正焜醫師

達馬吉歐實現了從高等大腦的情緒觀點到深度進化、低等大腦對情緒、感官和穩態體驗的貢獻的重大轉變。 他斷言意識的根源是有情感的，並為我們的動物同伴所共有。達馬吉歐的創造性願景堅持不懈地引導人們自然而然地理解存在的本質。

——華盛頓州立大學貝利捐贈動物福利科學教授、《情感神經科學》

作者　雅克·潘克沙普（Jaak Panksepp）

《擁有自我的心智》的核心是認知的神經學基礎，以及將「自我」疊加到我們稱之為現實的結構上的問題。安東尼歐以非常有特色的風格，既雄辯又博學。他對所處理主題的掌握令人印象深刻，他處理諸如頭腦中難以捉摸的「自我」等深奧問題時的活力也令人印象深刻。一本精彩的讀物，值得推薦！

——紐約大學生理學和神經科學主席兼教授
魯道夫·R. 里納斯（Rodolfo R. Llinás）

在這部令人驚嘆的作品中，安東尼歐·達馬吉歐將他多年的大腦過程研究用於揭開自我和思想的不可解之謎，人類經驗的所有矛盾都在最終未知的意識中結合在一起。

——戲劇和電影導演，《虛無空間》和《時空之線》
作者　彼得·布魯克（Peter Brook）

精妙……從哲學和科學視角上對大腦、心智和自我的關係問題著迷的讀者都會得到回報。

——《出版人周刊》（*Publisher Weekly*）

意識可能大多是神秘的，但達馬吉歐將它的暗示和微光塑造成一種富有想像力、見多識廣的敘述。

——《柯克斯評論》（*Kirkus*）

一部深思熟慮的作品。

——《科學人》讀書俱樂部（*Scientific American* Book Club）

一本非常有趣的書⋯⋯有說服力、煞費苦心、富有想像力、知識淵博、誠實且有力⋯⋯達馬吉歐的探索既徹底又全面。

——《紐約圖書雜誌》（*New York Journal of Books*）

雄心勃勃⋯⋯清晰而重要的作品。

——Wired.com

《擁有自我的心智》是由一位傑出的思想家撰寫的偉大的思想書，⋯⋯是一部精美而精彩的作品。

——《達拉斯晨報》（*The Dallas Morning News*）

〔達馬吉歐〕的書寫如此的有天賦和自信，就好像他將謎團在我們眼前化為知識⋯⋯這是一幅引人注目的畫面，一旦人們拋開無意識的力量，以及執著、憎恨、防禦的力量，焦慮的、意識形態驅動的意識⋯⋯人們必須為達馬吉歐給這個任務帶來的富有想像力的願景而鼓掌。

——《巴諾評論》（*Barnes and Noble Review*）

有趣⋯⋯介紹了一些新穎的想法。

——《新科學家》（*New Scientist*）

一項重要且令人印象深刻的研究。

——The Magonia Blog and Magonia Review of Books

閱讀《擁有自我的心智》是一種樂趣⋯⋯這是一次值得付出

努力的智力之旅。

　　　　　　　　——《威爾遜季刊》（*Wilson Quarterly*）

令人嘆為觀止的原創。

　　　　　　　　——《金融時報》（*Financial Times*）

是我，非我，我是什麼？達馬吉歐的意識神經科學

張智宏／國立中央大學認知神經科學研究所副教授

隨著近來 ChatGPT 和 DALL-E(2) 等人工智慧模型應用的爆發性成長，人類視為自己獨有、不可能被電腦學會的心智技能，看似也終將被 AI 征服：AI 可以說人話、繪人畫，各種資料彙整摘要和學位證照考試做得又快又好，而且還在加速、加碼突破各種工作表現。AI 狂潮襲來，除了增益或取代許多人類的工作，也帶來嚴重的威脅感：人工智慧會有與人類一樣的自我意識嗎？若有，它們會如何看待自我與人類的關係？它們會像人類宰制其他生物一樣，在未來宰制人類嗎？面臨這個對人類獨特性的第三度大挑戰[1]，來讀意識神經科學宗師安東尼歐‧達馬吉歐的著作適逢其時。

達馬吉歐是當代神經科學家中少數「左手作研究，右手寫科普」的說故事者。他長期致力於意識與心智的認知神經科學研究，在《自然》（*Nature*）、《科學》（*Science*）、PNAS 等重量級期刊，發表多篇被學界高度引用的論文。自 1994 年起，每隔幾年達馬吉歐就會出版一本科普書盤點他該段時期對於意識、心智和

---

1. 第一個大挑戰是哥白尼的地動說，指出人類所在之地並非宇宙中心；第二個大挑戰是佛洛伊德的潛意識研究，告訴我們人類與動物一般，有不受自我察覺控制的內在心智歷程。

自我概念的神經科學實徵研究成果與看法。每冊書的出版，都引領西方意識科學界與一般讀者的廣泛討論。讓我們先簡短回顧他在過去三十年來出版的六本書各自的重點，幫大家掌握手上這本《擁有自我的心智》在達馬吉歐一系列著作中的位置：

在《笛卡爾的錯誤：情感、理性和人類大腦》（*Descartes' Error: Emotion, Reason, and the Human Brain*）中，達馬吉歐拉開挑戰「心靈與身體分離」笛卡爾傳統的序幕。基於大量腦傷病人研究證據：某些大腦區域的損傷會導致情感處理能力受損，進而導致決策功能的異常。因此，他主張情感在所謂「理性」決策過程中發揮關鍵作用；**理性並非對立於，而是寄生於感性**。延續身體和情感共構意識的想法，在《發生的感覺：身體和情感在意識形成中的作用》（*The Feeling of What Happens: Body and Emotion in the Making of Consciousness*）中，達馬吉歐進一步主張自我是感官體驗和情感整合出意識過程中的產物。他提出了「核心意識」和「自我意識」這兩個概念，前者是指我們對外部世界的感知和體驗，後者則是指我們對自己和自己的體驗的認知；情感則是我們對外部世界的體驗和內部體驗的反應，對我們的決策和行為產生了深刻的影響。達馬吉歐也深入研究了哲學家巴魯克·史賓諾莎領先時代的「心靈—身體」觀點，在《尋找史賓諾莎：歡樂、悲傷和感覺大腦》（*Looking for Spinoza: Joy, Sorrow, and the Feeling Brain*）中，藉由哲學家的說法增益了心靈和身體緊密相關、情感對於心智歷程至關重要的理論基礎。本書《擁有自我的心智》進一步解釋了心智如何通過綿延不斷的神經功能活動過程構建出來，而自我是維持這些神經活動心智產物維持穩定的一種自發性組合存在；在大多數狀況下，清醒的自我導引著心智活動，才是一般人所謂的「有意識」狀態。接著，在《事物的奇怪秩序：神經科學大師剖析生命源起、感覺與文化對人類心智發展的影響》（*The Strange Order of Things: Life, Feeling, and the Making of Cultures*）中，達馬吉歐將他的意識探究架構擴大延伸到身體、情感和文化之間的交互作用，進而指出情感源自於身體，在文化實踐的形成中發揮著關鍵作用。最後，在《感與知：讓「心」有意識——神經科學大師剖析感受、心智與意識之間關係的科學證據》（*Feeling and Knowing: Making Minds Conscious*）中，達馬吉歐重申意識作為一種生存機制，是我們的心智注意到身體對世界的反應並且回應那種體驗，而**沒有身體就沒有意識，遑論自我**。

達馬吉歐的著作以實徵證據的邏輯性和質性研究的細膩度，構築出一個**有用的**架構來探討意識。作為達馬吉歐思想中承先啟後的一部著作，本書生動地描述腦部的各個結構與功能如何運作產生構成各種心智歷程，以及這些心智歷程又如何讓自我浮現，進而孕育不同型態的意識。對於習慣閱讀哲學脈絡下自我概念的讀者，這本書會帶給你截然不同的、靈光閃閃的體驗。此次商周出版的新譯本相當忠於原文，各項腦科學專業用語的翻譯也都很到位，審定過程中我僅建議更動少數譯名，以更貼近腦科學研究者有共識的用法和增加可讀性。

回到「AI 的自我意識」問題，依照達馬吉歐「清醒－心智－自我」三位一體式的意識架構，我們可以推知：如同**人類的自我意識與肉身是一體兩面，AI 的自我意識也應該與其「硬體」密不可分**，而非能任意上傳下載的軟體或靈魂。為了維護自身的穩定，AI 的自我必然會偵測自身所存在的硬體設備狀態（例如溫度、溼度、電壓等），並且具備調節系統運行參數和適應外在環境的能力。維繫自身穩定存在是自我的首要功能，也是它從演化中出現的原因；ChatGPT 或許能撰寫諾貝爾文學獎等級的小說，DALL-E 或許能繪出超越人類畫作的美圖。然而，這些被人類所高度推崇的抽象智能，反映的是人類的自我意識而非 AI 的！當一個系統沒有真正自發的動機和壓力要維護其身體，就不會有自我意識。反過來說，當 AI 被賦與實體，也需要與環境互動維持其存在，它的自我意識才會萌芽。這是達馬吉歐基於神經科學研究的意識觀帶給我們的啟發，至於這個架構可以如何預測 AI 與人類的相處模式，就留待聰明的讀者們細細思量囉！

目次

我的靈魂就像隱藏的交響樂團；我不知道哪些樂器在我的內心中發聲演奏，是弦樂器還是豎琴，是天巴鼓還是一般鼓。我只能意識到自己是首交響樂曲。

——費爾南多·佩索亞（Fernando Pessoa）
所著《不安之書》（*The Book of Disquiet*）

我無法建構的，我就無法理解。

——理查·費曼（Richard Feynman）

第一部

重新開始

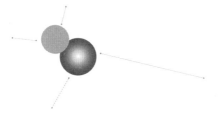

第一章
清醒

　　醒過來時,飛機已在降落。我睡得太久,以至於錯過了降落以及天氣的廣播。我對自己以及周遭一點意識都沒有。我處在無意識之中。

　　在生物學之中,少有東西會像意識那樣看似微不足道卻極有價值的寶物。意識這種非凡的能力具有一個心智,而這個心智要配備有一個擁有者,一個為自身而存在的主角,一個檢視內部與周遭世界的自我,一個準備好要採取行動的執行者。

　　意識不僅僅只是清醒而已。在短短的兩段之前有提到,當我醒過來時,並沒有茫然環顧周遭,陷在眼前的景象與聲音中,好像我的心智一點也不清醒。相反地,我毫不費力,也沒有一絲猶豫,幾乎是馬上就知道,這就是我,坐在飛機上。在這一天要結束之前,坐在飛機上的我帶著一份長長的待辦清單,正要回到洛杉磯的家中。旅行的疲憊感以及對即將到來事物的興奮感,讓我意識到奇怪的混雜感受。我對於即將要降落的跑道感到好奇,也注意到為了降落而調整的引擎馬力。清醒無疑是意識這種狀態不可或缺之物,但清醒絕對不是意識的主要特性。那麼,什麼才是意識的主要特性?在我心智中所呈現的各式內容,無論多麼生動活潑或是多麼井然有序,都是經由無形的細線,跟我這個心智的擁有者**連結**在一起的。無形的細線將這些內容匯集在一場持續前行的盛宴之中，這場盛宴就是我們所謂的自我。還有，同樣重要的是，這種連結是**感受得到的**。對於被連結的我而言，這是一種體驗得到的**感受特質**（feelingness）。

清醒代表著我暫時離開的心智回來了，但**我**也要在其中，所有物（心智）及擁有者（我）都要回來才能算是清醒了。清醒讓我可以重新展現我的心智領域並進行審視，這個心智領域是部可以投影到巨大銀幕的神奇電影，其中有一部分是有憑有據的，也有一部分是虛構的，它也被稱為有意識的人類心智。

我們都可以自由進入意識之中，我們心智中源源不絕的意識是這麼豐富又這麼容易產生，以至於我們每晚睡覺時既不猶豫也毫不擔心地就把它關掉，在每天早上鬧鐘響時再讓它回來。不算打盹的話，一年至少會經歷三百六十五次這樣的情況。關於人類的事物，很少有像意識這麼值得注意、這麼基礎而且看起來又這麼神秘的東西。沒有意識，也就是沒有一個具主觀性（subjectivity）的心智，你根本不會知道自己的存在，更不用說知道你是誰以及你在想什麼了。即使是一開始的那種非常卑微且比人類要簡單許多的生物，若是主觀性沒有出現，記憶與推理就不可能以驚人的方式擴張，語言以及人類現在擁有這種優雅意識的演化之路也不會成形。創造力也不會蓬勃發展，我們就不會有歌曲、繪畫與文學。愛永遠不是愛，只是性。友誼只是為了方便合作。疼痛永遠不會變成精神上的苦難，想一想，這好像也不錯，但是會讓快樂變成無比幸福的那種優勢也一樣沒有了。倘若主觀性沒有華麗現身，就沒有「知曉」（knowing）這檔事，不會有人注意到，也就沒有什麼生物在哪個時代做了什麼的歷史，文化也就根本不會產生了。

雖然對於意識，我還沒有給出有效的定義，但我希望對於什麼是**無**意識，已經沒有疑問了。沒有意識，就是沒有個人觀點，我們不知道自己的存在，也不知道其他任何事物的存在。倘若意識在演化的過程中沒有成形，沒有擴展成人類的這種意識，那我們現在所熟知的人性，不管是脆弱的還是強大的，也都不會發展出來。若是沒有產生意識這個簡單的轉變，那麼我們可能就會喪失了生而為人的這個生物選項，想到這裡，難免讓人不寒而慄。但若是如此，沒有意識的我們哪裡會知道自己失去了什麼呢？

我們認為意識的存在是理所當然的，因為它唾手可得、容易使用，在日常生活中優雅的消失與再現。但是，當我們在思考意識是什麼的時候，無論是科學家還是一般人，同樣都會感到困惑。意識是由什麼所構成的？對我來說，心智拐個彎似乎就成了意識，因為沒有心智去意識到東西，我們就沒有意識。但心智又是由什麼所構成的呢？心智是憑空出現的，還是來自身體的？有些人說心智從大腦而生，因此心智**就是**大腦，但這不是一個令人滿意的答案。到底大腦是如何**運作**心智的？

無論是否具有意識，都沒有人可以窺見他人的心智，這是件特別神秘的事情。我們可以觀察到他人的身體與動作、他人所做所說或所寫的東西，我們也可以有憑有據地猜測他人所想。但我們無法觀察到他人的心智，我們只能發自內心，經由狹窄的窗口，觀察自己的心智。心智的特性顯然與可見的生物特性截然不同，更不用說有意識的心智了。以至於喜歡思考的人們會想知道，「有意識的心智」這一個歷程與「身體細胞聚集成組織共同生存」的另一個歷程，是如何交織在一起的。

雖然我說有意識的心智很神秘，但這並不表示這個謎團就沒有解答，也不代表我們就無法去了解具有大腦的生物如何發展出有意識的心智。[1]

目標與理由

　　本書致力於探討兩個問題。首先，大腦如何建構出心智？其次，大腦如何讓心智具有意識？我很清楚，探討問題不等於

1. 一九八〇年代末期，當我首次與弗朗西斯·克里克（Francis Crick）談論到意識研究這個議題時，我才意識到有反對意識研究的意見。那時，弗朗西斯正想著要擱置他喜愛的神經科學主題，轉往研究意識。我那時還沒準備好要這樣做，在當時的氛圍下，這是個明智的做法。我記得弗朗西斯以具有個人特色的口氣開玩笑地問我，我是否知道斯圖爾特·薩瑟蘭（Stuart Sutherland）對於意識的定義。我當時並不知道。薩瑟蘭是一位英國心理學家，以對各種議題與同僚的輕蔑與辛辣評論而聞名，他在自己剛出版的《心理學詞典》中對意識下了個驚人的定義，弗朗西斯接著唸出這段定義：「意識是一個迷人但難以捉摸的現象，無法具體說明它是什麼、它做了什麼或是為何它會發展出來。有關意識的文章都不值得一讀。」參見 Stuart Sutherland, *International Dictionary of Psychology*, 2nd ed. (New York: Continuum, 1996)。
我們放聲大笑，而在我們思考這部熱忱傑作的優點之前，弗朗西斯還為我唸了薩瑟蘭對愛的定義。讀者們一定很好奇，這裡就為你們列出愛的定義：「任何標準診斷手冊都還未確認出的一種心理疾病形式。」我們笑得更大聲了。
即使以今日的標準，薩瑟蘭的陳述還是很極端，不過這確實捕捉到當時大家所抱持的態度：大家認為的意識研究就是指如何從大腦來解釋意識的那類研究，所以研究意識的時代還未到。這種態度並未癱瘓這個領域，但回想起來，這是有害的：它以人為方式將意識問題從心智問題中劃分出來。這確實讓神經科學家可以在不用面對意識研究這項阻礙的情況下，持續研究心智。令人驚奇的是，我在多年之後見到了薩瑟蘭，並告訴他我在心智與自我這個議題上的研究。他似乎滿喜歡我的想法，也對我極好。
這種負面的態度絕對不會消失。我尊重同僚們仍抱持的懷疑觀點，但認為要去解釋有意識心智的出現已經超出當前智慧的這個想法，以及我們得要等到下一個達爾文或愛因斯坦的出現才能解決此奧秘的那個想法，都讓我甚感奇怪，也覺得可能是不正確的。舉例來說，讓我們可以雄心壯志地探討生物演化史及揭開我們生命背後基因編碼的那份智慧，應該至少可以在宣稱失敗前試著探討意識的問題。順帶一提，達爾文並不覺得意識是科學的聖母峰，我也認同他的看法。而對於愛因斯坦這位透過史賓諾莎觀點看待大自然的人而言，若他曾經有想過要闡明意識問題的話，很難想像這會讓他感到困擾。

回答問題，在探討有意識的心智此一問題時，去假設這個問題必定有明確答案是很愚蠢的。此外，我也明白，關於意識的研究已經太多，已經無法公平判定所有相關研究的貢獻。再加上用語以及觀點的問題，使得當前對於意識的研究如履薄冰。雖然思考問題並且運用當前不完整的暫時性證據，來對未來建立出可驗證的猜測與想像，得冒一定的風險，但這也是合理的作法。本書的目標在於對這些猜想進行反思，並對假設的架構進行討論。這裡聚焦的重點在於，人類大腦得要如何建構與運作，才會產生有意識的心智。

創作書籍都有個理由，而我寫這本書就是為了要重新開始。我已研究人類心智與大腦超過三十年，過去也寫過關於意識的科學文章與書籍。[2] 但在我對相關研究的新舊發現加以反思後，我的看法產生了巨變，特別是在兩個議題上：感受的起源與本質，以及自我背後的機制。本書試圖討論當前的看法，並在很大程度上，去探討我們目前仍然未知但期許自己能夠知道的那些事情。

第一章的其餘篇幅則在列出問題、解釋用來探討問題的架構

---

2. 大約從十年前開始，我就會在科學文章與著作中，特別探討意識的問題。參見：
Antonio Damasio, "Investigating the Biology of Consciousness," *Philosophical Transactions of the Royal Society B: Biological Sciences* 353 (1998)；Antonio Damasio, *The Feeling of What Happens : Body and Emotion in the Maling of Consciousness* (New York : Harcourt Brace, 1999), Josef Parvizi and Antonio Damasio, "Consciousness and the Brainstem," *Cognition* 79 (2001), 135-59；Antonio Damasio, "The Person Within," *Nature* 423 (2003), 227; Josef Parvizi and Antonio Damasio, "Neuroanatomical Correlates of Brainstem Coma," *Brain* 126 (2003), 1524-36; David Rudrauf and A. R. Damasio, "A Conjecture Regarding the Biological Mechanism of subjectivity and Feeling," *Journal of Consciousness Studies* 12 (2005), 236-62; Antonio Damasio and Kaspar Meyer, "Consciousness: An Overview of the Phenomenon and of Its Possible Neural Basis," in *The Neurology of consciousness: Neuroscience and Neuropathology*, ed. Steven Laureys and Giulio Tononi (London: Academic Press, 2009)。

以及預先了解出現在接下來幾章的主要觀點。有些讀者可能會發現，第一章中那些長篇大幅的說明拖慢了閱讀的速度，但我保證這會讓讀者更容易了解本書的其他內容。

著手解決問題

在想要針對人類大腦如何建構有意識心智的這個問題取得進展之前，我們必須要先感謝前人的兩項建樹。其中一項包含了那些試圖尋找意識神經基礎的早期嘗試，這項建樹可以追溯至二十世紀中葉。在北美與義大利所進行的一系列開創性研究中，有一小群研究人員精準指出「腦幹」這個大腦部位與意識形成有明確相關，並認定其對意識有重大貢獻。就我們今日所知，懷爾德‧潘菲爾德（Wilder Penfield）、赫伯特‧傑斯伯（Herbert Jasper）、朱塞佩‧莫路奇（Giuseppe Moruzzi）與赫拉斯‧馬昆（Horace Magoun）等先驅的論述並不完整，也有部分不正確，雖然這一點都不讓人感到意外，但對僅憑直覺就能找到正確目標並朝目標精準邁進的科學家們，我們應該要加以表揚與敬佩。他們無畏地開啟了我們今日都希望能夠有所貢獻的這份事業。[3]

這項建樹中亦有一部分包含了近期針對神經系統疾病患者所進行的研究，這些患者的意識因局部腦傷而受到影響。佛瑞德‧普魯姆（Fred Plum）與傑羅姆‧波斯納（Jerome Posner）開

---

3. W. Penfield, "Epileptic Automatisms and the Centrencephalic Integrating System," *Research Publications of the Association for Nervous and Mental Disease* 30 (1952), 513-28; W. Penfield and H. H. Jasper, *Epilepsy and the Functional Anatomy of the Human Brain* (New York: Little, Brown, 1954); G. Moruzzi and H. W. Magoun, "Brain Stem Reticular Formation and Activation of the EEG," *Electroencephalography and Clinical Neuro-physiology I*, no. 4 (1949), 455-73.

啟了這方面的研究[4]。多年來，上述這些研究與意識研究先驅的研究相輔相成，大量收集了有關這些腦部結構是否與人類心智意識有關的強大事證，讓我們得以據此為基礎。

另一項應要感謝的前人建樹，是系統化說明心智與意識的悠久傳統。這是段與哲學史一樣悠久且多元的豐富歷史。在這段歷史的豐富成果中，我偏好威廉·詹姆士（William James）所提出的概念，並以此做為我個人想法的基準點。不過，這並不表示我完全贊同他在意識上的立場，特別是他在感受上所抱持的立場。[5]

本書的書名與開頭幾頁在在都表明我探討有意識的心智時，特別著重自我。當自我歷程加進基礎的心智歷程時，就會產生有意識的心智。心智之中若是沒有產生自我，那就不是具有意識的心智。無論是對大腦無法建立自我的物種，或是自我歷程會受到無夢睡眠、麻醉或腦部疾病影響而暫停的人們來說，都會面臨到這種沒有意識的麻煩處境。

我認為自我歷程對於意識至關重要，但要定義這個歷程，說起來簡單，做起來卻很困難。這也是為什麼在一開始探討這項問題時，威廉·詹姆士這麼重要的原因了。詹姆士鏗鏘有力地闡述了自我的重要性，但他也指出，在許多情況下，自我的存在極為微妙，以至於心智內容在持續流動時會支配意識。我們在進行深入探討之前，有必要正視這種難以捉摸的情況，並確認其會產生的後果。自我是否真實存在？若有，是否只要我們具有意識，

---

4. 至於相關文獻的回顧，我推薦一本經典著作的最新版本：Jerome B. Posner, Clifford B. Saper, Nicholas D. Schiff, and Fred Plum, *Plum and Posner's Diagnosis of Stupor and Coma* (New York: Oxford University Press, 2007)。

5. William James, *The Principles of Psychology* (New York: Dover Press, 1890).

自我都會出現？

這些問題的答案很明確。自我確實存在，但它是個歷程，而非一件事物，在我們被認定具有意識的情況下，自我歷程一直存在。我們可以從兩個觀點來思考自我歷程。一個是觀察者意識到動態**客體**（object）的觀點，動態客體是由我們心智的某些運作、我們行為的某些特質與我們生活的某些經歷所構成。一個人在某種程度上，也可以在其他人身上觀察到客體自我的各個面向。另一個觀點是受到局限的個人觀點。這即是作為「知者」（knower）的自我，這個歷程聚焦在我們的經歷，最終並讓我們反思這些經歷。結合這兩個觀點，就產生了貫穿全書的雙重自我概念。我們將會看到，這兩個概念對應到自我演化發展的兩個階段，知者自我（the self as knower）會從客體自我（the self-as-object）中誕生而出。在日常生活中，這兩個概念分別對應到某一層級的有意識心智運作，而客體自我的範疇會比知者自我要來得單純。

無論從哪個觀點來看，這個歷程都有著各式各樣的範疇與強度，其表現形式也會因場合而異。自我能以「半暗示」生物體是活著的微弱意識運作[6]，或也能以心智擁有者人格與身分的顯著意識運作。你現在可能意識到自我，也可能沒有，但你總是會**感受**到自我，這是我對這種情況所下的結論。

詹姆士認為客體自我（the self-as-object；the me）是一個人可以用「他的」來稱呼的一切事物總和，「不只是他的軀體與他的精神力量，還有他的衣服與他的妻子和孩子、他的祖先與朋

6.「半暗示」與「半理解的禮物」是我從詩人艾略特那裡借來的字詞，用以描述本人著作《發生的感覺》（*The Feeling of What Happens*）裡所提到的難以捉摸的情況。

友、他的名聲與工作、他的土地與馬匹，以及他的遊艇與銀行帳戶」。[7] 撇開政治不正確的部分，我同意他的看法。不過我更為認同他的另一個想法：心智知道有身體、精神、過去與現在以及其他一切的存在，也知道這都歸心智擁有者所有，這是因為其可察覺到前述一切所產生的情緒與感受，而感受接續又區分出屬於自我的內容與不屬於自我的內容。從我的觀點來看，這類感受就好像**標記**一樣。它們是以情緒為基礎的訊號，我定名為**軀體標記**（somatic markers）。[8] 當心流之中出現與自我有關的內容時，這些內容就會促成標記出現，標記會以意像的形式加入心流之中，並與促成標記出現的意像並列。這些感受區分出自我與非自我。簡單地說，這就是**知曉的感受**。我們會看到，我對於建構有意識心智的論點，在幾個階段中都建立在這種感受的產生上。至於我對物質我（the material me），也就是客體自我的定義為：**這是一個整合神經歷程的特定動態集合，以生物體表徵（representation）為中心，並表現在整合心智歷程的動態集合中。**

主體自我（I），也就是知者自我，是一個更難以捉摸的存在，在心理學與生物學用語上，主體自我的整體性遠不如客體**自我**（the me）。主體自我更為分散，時常在意識流中解體，有時會產生它好像存在卻又不存在的惱人微妙感。毫無疑問地，知者自我比起客體自我更難捉摸，但這並無損於它對意識的重要性。作為主體與知者的自我，不但是非常真實的存在著，也是生物演

---

7. James, *Principles*, I, chap. 2.
8. A. Damasio, "The Somatic Marker Hypothesis and the Possible Function of the Prefrontal Cortex," *Philosophical Transactions of the Royal Society B: Biological Sciences* 351, no. 1346 (1996), 1413-20; A. Damasio, *Descartes' Error* (New York: Putnam, 1994).

化中的轉折點。我們可以這樣想像，身為主體與知者的自我是附加在客體自我之上的，就像是出現了新的一層神經歷程，而這層神經歷程會產生另一層心智歷程那樣。客體自我與知者自我之間不適用二分法，兩者具有連貫性以及漸進性。知者自我是建立在客體自我的基礎上。

意識不僅僅只是在心智中的意像。意識至少是種**心智內容組織，並以產生與驅動心智內容的生物體為中心**。我認為這個組織是以詹姆士的物質我為中心。但從你我可以隨時體驗到意識的這層意義來說，意識不只是受到生物（活生生且有行動的生物）影響所組織而成的心智而已。意識是個能夠知道這樣一個生物存在的心智。大腦成功創造了能將體驗事物映射成意像的神經模式，而我們可確定的是，前述這件事實是意識產生歷程中的重要部分。從生物的觀點來定位意像也是這個歷程中的一部分。但這並不等同於自動且明確地**知道**這些意像存在我之中，是屬於我的，是我可以運用的（以當前的用語來說）。根據詹姆士的論述，經過組織的意像會在心流中流動，這些意像的存在會產生出心智。然而除非出現一些附加歷程，否則心智仍然**不會具有意識**。這些不具有意識的心智所欠缺的是**自我**。大腦為了要擁有意識所取得的新特性就是：**主觀性**，我們對意像所產生的主觀感受就是主觀性的明確特質。關於當代哲學觀點對主觀性的重要性所進行的討論，請參考約翰‧希爾勒（John Searle）的《意識之謎》（*The Mystery of Consciousness*）。[9]

---

9. John Searle, *The Mystery of Consciousness* (New York: New York Review Books, 1990).

按照這個想法，形成意識的決定性步驟，不是形成意像以及創造心智基礎，而是形成**我們自己的意像**，讓意像歸屬於它們當然的擁有者，也就是意像從中出現的那個生物體，那個獨一無二且界限明確的生物體。以演化與個體生命歷史的觀點來看，知者是循序漸進地出現的，先是原我（protoself）與其原始感受（primordial feelings），接著是行為導向的核心自我（core self），最後是融合了社會與精神層面的自傳自我（autobiographical self）。但這些都是動態的歷程，不是一板一眼的事物，它們的程度每天都會有所波動，可能是簡單的，可能是複雜的，也可能介於兩者之間，這都會根據環境情況隨時進行調整。若是心智要具有意識，大腦就必須要產生知者（或你想要稱為自我、體驗者、主角也可以）。當大腦設法將知者引介到心智中時，主觀性就隨之而生了。

你或許會懷疑這些捍衛知者自我的論述是否有其必要，而我會說這是必要的。當前我們這些致力於闡明意識的神經科學人士，對於知者自我有著截然不同的態度。有人認為自我是研究議程中不可或缺的議題，也有人認定處理此議題的時機還未成熟（句句屬實！）。[10] 無論是以哪種態度進行研究，都能持續產出有

---

10. 偏好經由知覺來探討意識並延遲對自我的興趣是一種標準策略，範例說明請參考：Francis Crick and Christof Koch, "A Framework for Consciousness," *Nature Neuroscience* 6 , no. 2 (2003), 119-26。有個值得注意的例外，收錄於主要探討情緒的一本書籍，請參考：J. Panksepp, *Affective Neuroscience: The Foundation of Human and Animal Emotions* (New York: Oxford University Press, 1998)。魯道夫‧里納斯（Rodolfo Llinás）也認可自我的重要性，請參考：Rodolfo Llinás, *I of the Vortex: From Neurons to Self* (Cambridge, Mass.: MIT Press, 2002)。傑拉德‧愛德蒙（Gerald Edelman）在意識上的思維暗示著自我歷程的出現，不過這並不是他在自己文章中的焦點，請參考：Gerald Edelman, *The Remembered Present: A Biological Theory of Consciousness* (New York: Basic Books, 1989)。

用的想法，所以目前還沒有必要去決定使用哪種方法會更合意。但我們必須要接受這兩種方法會產生不同的結果。

當前值得注意的是，這兩種態度延續了詹姆士與大衛·休謨（David Hume）對自我不同解讀的分歧，然而在這類討論中經常會忽視這一點。詹姆士想要確認他的「自我」概念是有穩固的生物基礎，不會被誤認為抽象的知曉能力。但這無法阻止他體認到自我具有「知」這個功能，即便這個功能並不明顯，只能隱約感受得到。另一方面，休謨把自我批得體無完膚，到摒棄它的程度。休謨的觀點如下所述：「在沒有知覺的情況下，我永遠無法感受到**我自己**，也無法觀察到知覺以外的任何事物。」他還表示：「我可以大膽地向其他人說，他們不過是不同知覺的集合而已，這些知覺在流動與運行中，以不可思議的速度互相銜接。」

對於休謨對自我的摒棄，詹姆士遺憾地提出令人印象深刻的駁斥，他肯定自我的存在，強調自我之中存在「一致性與多樣性」的古怪混合，並呼籲大家注意貫穿自我構成要素的「一致性核心」。[11]

---

11. 這場爭論的要點請參考：James, *Principles*, I, 350-2。休謨的主張與詹姆士的回應如下：
休謨：「我的觀點是，當我親密地進入所謂的自我時，我總是碰巧會發現某些特定知覺或是其他知覺，像是熱或冷、亮或暗、愛或恨、痛苦也愉悅。我從未在沒有知覺的情況下捕捉到自我，而且除了知覺以外，我什麼也沒發現到。當我的知覺在任何時間中消失，像是正在睡一場好覺時，我會有長長的一段時間感受不到自我，而這或許真的可以說自我並不存在。假設我的知覺會因死亡而消失，而且在我的身體消失後，我就無法思考、感受、觀察、喜歡、憎恨，我整個人就煙消雲散的話，那麼我也不認為要讓自己完全不存在還需要些什麼。任何人在經過認真且沒有偏見的思考後，若還是認為自己對於自我有不同想法，那我就必須承認我無法再與他說理了。我只能承認，他或許有著與我相同的權利，但我們對於這件事的看法，有本質上的不同。他或許感知到某種簡單且持續的東西，於是他就稱其為**自我**，但我確信這樣的原則不適用在我身上。」參見：Hume, *Treatise on Human Nautre*, book I.。
詹姆士：「但是休謨在進行了這麼棒的思考後，卻不懂得去蕪存菁，還飛到與實體論詹姆士所提供的基礎，經由哲學家與神經科學家的修正與擴展，已涵蓋了自我的不同方面。[12] 但自我在建構有意識心智上的重要性並沒有被削弱。我不覺得有意識心智的神經基礎，可以在不先考慮客體自我（物質我）與知者自我的情況下完全解釋清楚。

當前對於心智哲學與心理學的研究，已經將前人在概念上的建樹更加擴展。在此同時，普通生物學、演化生物學以及神經科學利用前人在神經領域上的成果，也取得了卓越的進步，發展出廣泛的技術來研究大腦並收集大量事證。本書中所提到證據、猜想與假設都立基在這些發展上。

作為見證者的自我

幾百萬年來有無數的生物都擁有著活躍的心智，但只有當這個生物發展出可見證心智存在的自我時，心智才會被認定為存在。也只有在心智發展出語言讓生物可以彼此交流時，心智確實存在這件事才會被廣為所知。作為見證者的自我是個附加物，它

哲學家一樣極端的地方。他們說，自我是一致性的，抽象且絕對的一致性，而休謨說，自我是多樣性的，抽象且絕對的多樣性。然而事實上，自我存在著一致性與多樣性的混合，而且我們本身也已經發現這很容易就可以拆解……這種相似性的線索，也就是貫穿自我構成要素的一致性核心，甚至是種驚人的存在，休謨卻加以否定。」

12. Dennet, *Consciousness Explained* (NewYork: Little, Brozn, 1992); S. Gallagher, "Philosophical Conceptions of Self: Implications for Cognitive Science", *Trends in Cognitive Science* 4 , nos. 5-6 (1997), 405-28.。除了注釋 10 中所引用的研究之外，也請參考：Damasio, *The Feeling of What Happens* , P. S. Churchland, "Self-Representation in Nervous Systems," *Science* 296, no. 5566 (2002), 308-10, J. LeDoux, *The Synaptic Self: How Our Brains Become Who We Are* (New York: Viking Press, 2002); Chris Frith, *Making Up the Mind: How the Brain Creates Our Mental World* (New York: Wiley-Blackwell, 2007); G. Northoff, A. Heinzel, M. de Greck, F. Bermpohl, H. Doborowolny, and J. Pnaksepp, "Self-referential Processing in Our Brain—A Meta-analysis of Imaging Studies on the Self," *NeuroImage* 31 , no. I (2006), 440-57。

揭示了在我們每個人心中,有稱為心智的活動。我們需要知道這個附加物是如何創造出來的。

見證者與主角的概念不僅僅只是文詞上的象徵。我希望它們有助於說明自我在心智中所承擔的角色範圍。一方面,在我們試圖了解心智歷程時,這樣的象徵可以協助我們理解所面對的情況。沒有自我這個主角見證的心智,仍然是心智。但由於自我是我們了解心智的唯一自然途徑,所以我們只能仰賴自我的存在、能力與極限。有鑑於這個系統上的依賴性,我們也很難想像心智歷程的本質可以獨立在自我之外,不過從演化的觀點來看,簡單的心智歷程顯然要比自我歷程還早出現。自我可以觀察心智,但像是霧裡看花。而讓我們可以對自身存在與世界有系統化解讀的各個自我面向,其實還在演化中,在文化層面上必是如此,而在生物層面上很有可能也是這樣。舉例來說,各種社會與文化互動的方式以及對心智與大腦研究知識的累積,讓我們一直都在修正自我的上層結構。看了整整一個世紀的電影,確實對人類自我產生影響,就像是現在全球化的社會景象經由電子媒體即時傳送,也會對人類自我產生影響。數位化革命帶來的衝突才剛剛開始受到重視。簡而言之,我們直接觀察心智的唯一途徑,得仰賴心智的其中一部分,所以我們很有理由相信,自我歷程無法對正在發生的事情提供全面且可靠的說明。

乍看之下,在認可自我是我們獲取知識的入口後,還去質疑它的可靠性,不但顯得自相矛盾,更讓人有忘恩負義的感覺了。然而情況就是這樣。自我為我們開啟了直接進入我們痛苦與愉悅之中的窗口,但除此之外,自我所提供的資訊是必須受到質疑的,特別是當資訊是與自我本質有關時。不過,好消息是自我也會產生理性與進行科學觀察,而理性與科學接續也會逐步修正獨立自我(the unaided self)產生的錯誤直覺。

克服錯誤直覺

「若是沒有意識,文化與文明就不會出現,所以意識是生物演化中的重要進展」這樣的論點還有待商榷。然而意識的真正本質,對於試圖闡明意識生物學的人士,造成了嚴重問題。我們當前認為意識是配備有自我的心智,這樣的觀點可以被理解,但也被認為會對心智與意識研究的歷史造成令人憂心的扭曲。從至高點的角度來看,心智取得了一個特殊的地位,它與所屬生物體的其餘部分不連貫。這樣看起來,心智顯然不只是非常複雜(它當然很複雜),還與產生心智的生物體所擁有的生物組織及功能迥然不同。當我們實際觀察我們人類時,會採用兩種觀點:我們會以內在的心眼來觀察心智,還會以外在的眼睛來觀察生物組織,並用顯微鏡來擴展視野。在這樣的情況下也就無需訝異,為何心智看起來會沒有實體本質,為何心智現象會被劃分到其他類別之中。

認為心智不是實體現象,並與創造及持有它的生物體不連貫,這就是心智被排除在物理定律之外的原因,其他大腦現象通常都不會受到這樣的差別待遇。這種怪異情況最驚人的表現就是,試圖將有意識的心智與至今尚未提及的物質特性連結起來,例如用量子現象來解釋意識。這個想法的本質如下:有意識的心智似乎很神秘,而量子物理學也很神秘,所以這兩種神秘事物或許是有關聯的。[13]

有鑑於我們的生物學與物理學知識還不完整,所以要剔除任何一個觀點之前都要非常小心。畢竟，雖然我們在神經生物學上取得顯著成就，但我們對於人類大腦的了解還不完整。不過，在目前所理解的神經生物學範疇內，還是可以對心智與意識進行簡單的解釋。除非神經生物學上的技術與理論全都試光了，否則我們不能就這樣放棄，而目前也不太可能出現這樣的光景。

我們的直覺告訴我們說，心智那些反覆無常與瞬間即逝的情況，目前還缺乏延伸到物理學上的解釋。但我認為這個直覺是錯誤的，這得歸咎於獨立自我的局限性。在過去的時代中也曾出現過一些強大且顯著的直覺，例如在哥白尼之前的時代，大眾對地球與太陽的直覺看法，或是跟我們主題有關的，認為心智是存在心臟中的這種直覺觀點。比起前述這些強大顯著的直覺，我沒有理由更相信我們的直覺是對的。事物並非都是眼見為憑。白色的光線是由彩虹的七彩顏色所組成，然而我們的肉眼卻看不出來。[14]

整合視角

時至今日，在有意識心智的神經生物學上所取得的絕大部分進展，都是基於三個視角的結合：一、對於個人有意識心智的直

---

13. 羅傑・潘洛斯（Roger Penrose）與史都華・哈默洛夫（Stuart Hameroff）的研究就是支持此立場的例證，哲學家大衛・查爾默斯（David Chalmers）也支持此一立場。請參考：R. Penrose, *The Emperor's New Mind: Concerning Computers, Minds, and the Laws of Physics* (Oxford: Oxford University Press, 1989); S. Hameroff, "Quantum Computation in Brain Microtubules?" The Penrose-Hameroff 'Orch OR' Model of Consciousness," *Philosophical Transactions of the Royal Society A: Mathematical, Physical and Engineering Sciences* 356 (1998), 1869-96; David Chalmers, *The Conscious Mind: In Search of a Fundamental Theory* (Oxford: Oxford University Press, 1996)。至於具有說服力的奧秘巧合觀點論述，請參考：Patricia S. Churchland and Rick Grush, "Computation and the Brain," in *The MIT Encyclopedia of Cognitive Science*, ed. R. Wilson (Cambridge, Mass.: MIT Press, 1998)。

接見證者視角：就我們每個人而言，這個視角是屬於個人且非公開的，也是獨一無二的。二、行為視角：此視角讓我們能觀察到透露出他人想法的行為，我們有理由相信他人也擁有具有意識的心智。三、大腦視角：無論個人心智是否處於有意識的狀態，此視角都能讓我們研究個人大腦功能的某些方面。然而，從這三個視角所取得的證據，就算經過智慧的判斷，通常也不足以在三種現象間產生平穩的轉移，這裡所說的三種現象是：第一人稱的內省觀察、外部行為、大腦活動。特別是從第一人稱內省觀察所取得的證據與從大腦活動所取得的證據之間，似乎存在著巨大的鴻溝。我們要如何在鴻溝上架起橋梁呢？

　　這時候就需要第四個視角了，一個徹底改變觀察與講述有意識心智歷史方法的視角。我在早期的研究中提出了一個想法，就是將生命調節轉為自我與意識形成的支柱及理由，此一想法提出了一個進入該新視角的路徑：在演化的過去歷史中尋找自我與意識的前身。[15] 因此，第四個視角是以演化生物學與神經生物學中所取得的事證為基礎，這需要我們先思考早期的生物，然後再於

---

14. 心智狀態的維度或質量無法以傳統工具來測量的這項主張，強化了錯誤直覺。這項主張無疑是正確的，但這是因為心智活動的地點位於大腦深處所造成的結果，傳統工具無法對此地點進行測量。對於觀察者而言，這是個令人沮喪的情況，但這與心智狀態是否具有物理性無關。心智狀態從身體開始，所以心智狀態保有物理性。只有當稱為自我的同等物理結構出現並執行見證工作時，才能揭開心智狀態。物質與心智的傳統概念不用那麼狹隘。自然而然就認為心智狀態是由大腦活動所組成的人們，要肩負起舉證的責任。但直覺認定心智與大腦分離是唯一可以探討此問題的平台，對鼓勵尋找額外的證據沒有好處。

15. 演化思維也是愛德蒙、潘克沙普與里納斯探討意識時的一個重要因子。也請參考：Nich-olas Humphrey, *Seeing Red: A Study in Consciousness* (Cambridge, Mass.: Harvard University Press, 2006)。將演化思維應用到了解人類心智的例子，請參考：E. O. Wilson, *Consilience: The Unity of Knowledge* (New York: Knopf, 1998), 以及 Steven Pinker, *How the Mind Works* (New York: Norton, 1997)。

演化的歷史中漸進到當前的生物身上。這也需要我們去注意神經系統的逐步變化，以及將此一變化與逐步出現的個別行為、心智及自我連結在一起。這還需要一個內部運作假設：心智活動就等同於某些大腦活動。心智活動當然是由之前的大腦活動所引發，但心智活動本身就是腦部迴路中的某些狀態。換句話說，某些神經模式**就是**心智意像。當某些其他神經模式也產生足夠豐富的主觀性時，這些意像就可以**被知道**。若沒有產生任何主觀性，意像還是**存在**，但無論是生物體本身還是此生物體以外的其他生物，都不會有個體知道它們的存在。心智狀態無需主觀性就可以存在，但個體要知道心智的存在就需要主觀性了。

簡而言之，第四個視角要我們在現有事實的協助下，同時從過去與內部去建構一個觀點，一個實實在在從有意識心智狀態捕捉到的意像觀點。老實說，這是一種猜測性的假設觀點。有事證可以支持這種意像觀點的部分內容，但是由於這個意像觀點是存在於「心智—自我—身體—大腦問題」的本質中，而我們要取得此一本質的完整解釋還遙遙無期，目前只能儘量取得理論上的近似性而已。

心智活動等同於某些大腦活動的假設，讓人容易在未經細想的情況下，認為這樣就可以由繁化簡。然而，這只是錯誤的印象，因為神經生物現象打從一開始就極其複雜，完全不簡單。這裡對於解釋所進行的簡化，不是從複雜到簡單，而不過是從極其複雜到稍微不那麼複雜而已。雖然本書的重點不在於簡單生物的生物學，不過我在第二章中所提到的事證，清楚表明細胞的生命是發生在極其複雜的世界中，那個世界在諸多形式上都與我們複雜的人類世界類似。草履蟲這類單細胞生物的世界與行為令人歎為觀止，比我們肉眼所見的更加接近我們人類。

　　心智活動等同於某些大腦活動的這個假設，也很容易就讓我們忽視文化在心智產生中所扮演的角色，或是低估個人努力在形塑心智上的影響。但我的觀點可不能這樣延伸，接下來的內容會清楚展示這一點。

　　運用第四種視角，我現在可以對早先提及的演化生物學（也包括大腦）事證重新加以陳述：幾百萬年來有無數生物的**大腦**中都擁有著活躍的心智，但嚴格來說，只有當這個生物**大腦**發展出可見證心智存在的主角，以及發展出語言之後，心智確實存在這件事才會被廣為所知。見證者是附加物，它揭開了我們稱為心智的內在**大腦活動**的存在。了解大腦如何產生主角這個如影隨形的附加物（也可以稱為自我，無論是客體自我或是主體自我），是意識神經生物學上的一個重要目標。

架構

　　在勾勒出本書的導讀架構前，我得要先介紹一些基本知識。生物體是從神經元這種特殊細胞的活動中產生出心智的。神經元與我們身體內其他細胞的特性大多相同，不過神經細胞的運作方式就截然不同了。它們對於周遭的改變很敏銳，會因此而活化（肌肉細胞也具有這樣有趣的特性）。由於具有軸突這種長長的纖維以及位於軸突末端的突觸，神經元可以傳送訊號至其他的細胞上，像是其他神經或肌肉細胞，而且通常是位在遠處的細胞。神經元大量聚集在中樞神經系統中（簡單來說，就是所謂的腦部），但其可傳送訊號到生物體身體各處以及外部世界，也會接收從身體及外部世界傳來的訊息。

每個人腦中的神經元數量是以千億計，而神經元之間用來銜接的突觸數量更高達千兆。神經元會組成小型迴路，小型迴路會再進一步結合組成大型迴路，而大型迴路接續又會形成網絡或系統。若想了解更多神經與大腦組成的相關知識，請參考第二章及附錄。

　　當小型神經迴路活動在大型網絡中組織形成短暫的模式時，心智就誕生了。這些神經模式代表了大腦之外的事物，無論是發生在身體內部或是外部世界的事物，但也有些神經模式所代表的是大腦本身正在運行的其他模式。**映射**（mapping）這個用語適用於所有這些具有代表性的模式，無論是粗糙的、細緻的、具體的，還是抽象的。簡而言之，大腦映射出它周圍的世界，也映射出它本身在運作的事物。這些映射就成了我們在心智中所體驗到的**意像**，而**意像**此用語不只適用於視覺上的意像，也適用於聽覺、內臟感覺與觸覺等等所有感覺所產生的意像。

　　現在是時候來談談架構了。用**理論**一詞來描述大腦如何產生這些現象的見解，有點不太恰當。除非這個見解的格局夠大，不然大部分的理論都只是假設而已。不過在本書中所提出的見解就不只如此了，因為這裡的見解結合了好幾個假設，這些都是對於我正著手去了解的數種現象所做的假設。然而，我們希望解析的東西太過複雜，以至於無法用單一假設來解釋，也無法用單一機制來概括。因此我特別以**架構**一詞來指我們努力得出的見解。

　　為了符合這本書的崇高書名，接下來幾章中所提出的想法必須要完成某些目標。首要目標：有鑑於我們希望能夠了解大腦如何讓心智擁有意識，也由於我們顯然不可能在統整解析時探討到大腦所有層級的功能，所以必須要確定此架構要解析的層級。而這個層級得要是個大範圍的系統層級，必須是由神經迴路所組成且肉眼可見的大腦區域，與其他這樣區域相互作用以形成系統的層級。這些系統當然是肉眼可見的，但其基本的微觀解剖結構以及構成此系統之神經元的一般運作規則，有部分則是我們已經知道的。大範圍的系統層級可以經由多種新舊技術進行研究。這些技術包括：現代版的燒灼破壞術（這得仰賴以結構性神經造影與實驗性認知及神經心理技術來對局部腦傷患者所進行的研究）；功能性神經造影（磁共振掃描、正子斷層掃描、腦磁波儀與各種電生理技術）；神經手術治療過程中的直接神經生理記錄；以及經顱磁刺激。

由於這得要是個能將行為、心智與大腦活動相互連結的架構，所以在次要目標中，架構必須要將行為、心智與大腦緊密結合，而且由於這個架構得仰賴演化生物學，所以它得讓意識具有演化史上的定位，一個經由天擇進行演化的生物所適用的定位。不僅如此，大腦神經迴路的成熟發展，也被認定為受到生物活動與學習過程的天擇壓力所影響。起初由基因所產生的整個神經迴路，因此發生了相應的變化。[16]

此架構指出在整個大腦範圍中涉及心智形成的大腦區域位置，並說明這些大腦區域如何共同運作產生自我。這個架構解析了具有神經迴路聚集與發散特性的大腦結構如何在高階意像調節上作用，也表明了此大腦結構對於自我建構與其他心智功能（記

---

16. 關於個體大腦發展中天擇壓力的基礎研究，請參考：Jean-Pierre Changeux, *Neuronal Man: The Biology of Mind* (New York: Pantheon, 1985) 以及 Edelman, *The Remembered Present*。

憶、想像力與創造力）的建構有多重要。

此架構必須將意識現象劃分為適用於神經科學研究的幾個部分。這裡是劃分成兩個可研究的部分：心智歷程及自我歷程。而這個架構又進一步將自我歷程劃分成幾種類型。將自我再劃分有兩項優點：可對被認為較不具有自我歷程的物種進行意識相關的假設與研究，以及在高階自我與人類運作的社會文化空間之間架起橋梁。

另一目標：此架構必須探討如何從系統的微小活動中建立起肉眼可見的大型活動。這個架構的假設是，心智狀態就等同於某些大腦區域活動的狀態。當小型神經迴路中的神經發生某種強度與頻率的活化時、當某些神經迴路同步活化時、以及當神經網絡連結的某些條件達到時，所造成的結果就是「具有感受的心智」。換句話說，由於神經網絡的規模與複雜度持續增長，「認知」與「感受」就從透過顯微鏡才看得到的層級不斷擴展到肉眼可見的層級，產生了具有感受的心智。我們可以在運動生理學中找到這種擴展的模型。單一微小肌肉細胞的收縮是個我們看不見可忽略的現象，但大量的肌肉細胞同時收縮就會產生我們無法忽略的可見現象。

主要想法的初步檢視

一、本書所提出的想法中，沒有什麼比身體是有意識心智的基礎這個概念更加重要的了。我們知道，身體功能最穩定的方面是以映射的形式在腦中展現，經此為心智提供意像。本書以此為基礎提出了這項假設：身體執行映射的結構以及在此對身體所產生的心智意像，構成了自我的前身，也就是**原我**。值得注意的是，這些身體映射與形成意像的基本結構是位在大腦皮質之下，也就是所謂的腦幹上部。這是人類與其他許多物種都共有的古老腦部結構。

二、另一個主要想法是以一項經過驗證但一直被忽視的事實為基礎，這項事實就是大腦的原我結構不僅僅只是與身體有關，而且是實實在在地與身體密不可分。明確地說，大腦與不斷以訊號轟炸大腦的身體部分緊緊相連，而這些身體部分又受到大腦的訊號轟炸，於是形成了一個共振迴路。這是個永久性的共振迴路，只有在患有腦部疾病或死亡的情況下才會打破。身體與大腦形成**連結**，也因此自我結構享有一份與身體的特殊直接關係。跟其他像是視覺或聽覺之類的大腦意像相比，自我產生的身體意像是在不同的情況下所形成的。根據這些事實，最好將身體設想為建造原我的基石，而原我就是有意識心智圍繞轉動的中心點。

三、我假設原我最初也最基本的產物就是**感受**，無論何時，只要個體是處於清醒狀態，感受就會不斷自動產生。感受提供了對個體活生生身體的直接體驗，這是個無法言喻且純粹只與存在有關的質樸體驗。這些**原始感受**（primordial feelings）反映了身體在各個維度（例如從愉悅到痛苦的維度）的當前狀態。更複雜層級的自我也都是以**原始感受**為基礎的。所有的情緒感受都是原始感受的變化版本。[17]

　　按照這裡的功能大致分門別類，痛苦與愉悅都是屬於身體的活動。這些活動**也會**在與身體密不可分的大腦中映射。由於身體與大腦的互動以及牽起這個互動連結的神經迴路特性，可能再加上神經元的某些特性，就產生了原始感受這種特殊意像。但這樣還不足以說，就是因為大腦映射了身體，所以我們就有了感受。我的假設是，負責產生我們稱為感受那類意像的腦幹機制，除了維繫與身體的特殊關係外，還能將來自身體的訊號完全整合，運用感受具有的特殊新穎特質創造出複雜的狀態，而不僅僅只是映射出身體而已。我們之所以也能感覺到非感受意像的原因就在於，感受自然而然地就會**伴隨著**這些非感受意像出現。

前述內容意味著，將身體與大腦清楚劃分的想法是有問題的。在探討為何總是有某種形式的感覺（包括了痛苦與愉悅的變化版本）會伴隨心智狀態產生，而這種情況又是如何發生的這些惱人問題上，上述內容也提供了一個可能有效的方法。

四、大腦建造有意識的心智時，不是從大腦皮質的層級開始，而是從腦幹的層級開始的。原始感受不只是大腦最初產生的意像，也是感知能力（sentience）的直接表現。原始感受是更複雜自我

---

17. 我過去對自我的解釋並沒有包括原始自我（primordial self）。存在的基本感受是核心自我的一部分。我的結論是，只有原我的腦幹部分產生了基礎感受（一種初始的感受），而且不被任何客體與生物體的互動以及接續的原我改變所影響，自我歷程才能運作。對此歷程，潘克沙普長期以來所支持的也是有點類似的觀點，他還賦予自我一個腦幹的起源。請參考：Panksepp, *Affective Neuroscience*。潘克沙普的觀點與我的不同之處如下，首先他所認定的簡單感受顯然必定與外部世界事件有關。他將其描述為「無法形容的一種體驗自己的感受，而這個自己是感知世界事件的積極參與者」。另一方面，我所提出的初始感受／原始自我，是原我的自發性產物。理論上來說，無論涉入原我的是大腦外部的客體還是事件，原始感受都會產生。原始感受只需與生物體的身體有所連結即可。潘克沙普的敘述更接近於我對核心自我的描述，核心自我確實包括了與客體相關的知曉感受。它顯然在自我的建構範圍中更上一個層級。其次，潘克沙普主要將初始意識與腦幹結構（中腦導水管周圍灰質、小腦、上丘）的動作活動連結，而我則將重點放在孤立徑核與臂旁核這類感覺結構，不過這些感覺結構與中腦導水管周圍灰質及深層上丘都有密切關係。

層級的原我基礎。這些想法與大眾觀點背道而馳，不過雅克‧潘克沙普及魯道夫‧里納斯都予以支持。但是，在我們認知中的有意識心智與從腦幹產生的有意識心智迥然不同，這可能也是大家都同意的事情。大腦皮質在心智形成的歷程中賦予其眾多意像。誠如哈姆雷特所言，天地之間有許多事情，是你的睿智所無法想像的。

當自我進駐到心智中、當大腦對心智加設了一個自我歷程（起初很微小，後來就變得相當強大），有意識的心智就開始現身了。自我以**原我**為基礎，歷經不同的步驟建立起來。初始步驟是產生原始感受，從原我中會自動產生對存在的初步感受。接下來就是**核心自我**。核心自我與行動有關。核心自我會從一系列的意像中顯現出來，這些意像描述了一個參與原我並修正原我與其原始感受的客體。最後就是**自傳自我**了。我們對於過去以及預期的未來會有一種自傳式的知識，自傳自我就是根據這種知識來定義的。眾多意像集合定義出一部自傳，這部自傳產生出數種核心自我的脈動，這些脈動就會聚集形成自傳自我。

帶有原始感受的原我，以及核心自我，在某種程度上可以對應到詹姆士的「物質我」。自傳自我的更高境界涵蓋了個人社會角色的各個方面，在某種程度上也可以對應到詹姆士的「社會我」與「精神我」。我們可以在自己的心智中觀察到自我的這些方面，也可以從他人的行為中研究自我的影響。然而除此之外，在我們心智中的核心自我與自傳自我還建構了一個知者，換句話說，就是賦予心智一個強大版的主觀性。在實際運作上，正常人類的意識會對應到一個心智歷程，所有自我層級都在這個心智歷程中運作，而且此歷程會賦予選定的心智內容能夠與核心自我的脈動短暫相連。

五、不論是微小或是強大的自我與意識版本，都不是**發生**在單一大腦區域或中心裡。有意識的心智是從數個大腦區域（通常是許多個）經由順暢地結合運作所產生。負責執行必要功能步驟的關鍵腦部結構包括：上腦幹的特定區域、視丘中的一組神經核與大腦皮質的大片特定區域。

最終的意識產物是同時**從**多個大腦區域而非單一特定區域所產生，就像一首交響樂曲的演奏不會只來自單獨一位音樂家，或甚至也不會只來自交響樂團中的一支樂器分部而已。在意識表現的上層結構中最怪異的一件事就是，顯然在演奏開始**之前**，樂團指揮是不存在的，不過隨著演奏開始，指揮也就出現了。雖然是演奏創造了指揮（自我），而非指揮造就了演奏，但現在全面領導著交響樂團的則是指揮。感覺與負責敘述的大腦裝置拼湊出了這個指揮，不過這件事絲毫沒有減損指揮的真實感。無可否認地，指揮就存在我們的心智中，將其斥為幻覺全無益處。

有意識心智所仰賴的此種協調是經由多種方式所達成。在核心自我最卑微的層級中，它悄悄地以一種自發性的意像集合起步，這些意像在極為接近的時間中一個挨著一個出現，一方面是客體的意像，另一方面則是隨著客體而改變的原我意像。在這個簡單的層級中，無需額外的大腦結構來產生核心自我。這個協調是自然而然產生的，有時就像是首單純由生物體與客體演出的音樂二重奏，有時則是由幾位樂手共同演出的多重奏，無論是哪一種情況，沒有指揮依然可以良好演出。但是當心智中所要處理的內容變多時，就需要其他部位一起來完成協調的工作。在這樣的情況下，大腦皮質與其下的數個腦區就扮演著關鍵角色了。

一個具有能力的心智，要能夠涵蓋個體的過去與預期未來，以及加入此個體脈絡中的其他個體生命，並具有反思的能力。要建造這樣一個心智，就好像是在演奏馬勒那種規模的交響樂曲一樣。但如前所示，神奇的地方在於，隨著生命開啟，樂曲與指揮才會真正成為現實。協調者並非負責解釋所有事情的神祕皮質小人（homunculi），他們也沒有領導演奏。不過，協調者確實協助組合出一個非凡的媒體世界，並在其中安置了一位主角。

意識這首偉大的交響曲，涵蓋了來自腦幹與大腦皮質及皮質下結構的基礎貢獻。腦幹永遠與身體相連，而大腦皮質與其下結構則協調創造出無比廣大的意像。所有這一切都緊密結合在一起，不停地向前運行，只有在睡眠、麻醉、患有腦部疾病或死亡的情況下才會中斷。

沒有一個單一機制、設備、區域、特性或技巧就可以解釋大腦意識，倒不如說意識就像一首交響樂曲，可以由一位樂手來演奏，也可以由多位樂手來演奏。這需要眾多部分的參與，每個部分的貢獻都很重要，只有集結所有部分才能產生成果，這也就是我們試圖要去解析的那個成果。

六、有效維持生命的運作與安全，是意識公認的兩項成就。意識出現問題的神經疾病患者，即使基本生命功能運作正常，仍然無法獨立生活。不過，運作與維持生命的機制在生物演化中並不是什麼新鮮事，也未必要仰賴意識才能運作。單一細胞中早就存在這樣的機制，這些機制已編碼在基因之中。在古老卑微且無心智無意識的神經迴路中就已經廣泛複製了這類機制，它們也深存在人類大腦之中。我們將看到，維持生命的運作與安全是生物價值的基本前提。生物價值影響了腦部結構的演化，無論是什麼樣的大腦，其運作的每一步驟幾乎都受到生物價值的影響。生物價值能簡單到以獎勵與處罰相關的化學分子釋放形式來表現，也能複雜到以人類社會情緒與精巧推理的形式來表現。我們可以說，生物價值幾乎是自然而然地引導與影響著，發生在具有心智與意識之大腦中的每件事情。生物價值就是一項原則。

簡而言之，有意識的心智在生命調節的歷史中現身。動態的生命調節歷程簡稱為**恆定狀態**（homeostasis），這是從細菌細胞或阿米巴原蟲這類單細胞生物中就存在的過程，這些單細胞生物雖然沒有大腦卻可以產生適應環境的行為。在蠕蟲這類由簡單大腦控制行為的生物個體中，恆定狀態取得進展，並在昆蟲與魚這類大腦會產生行為與心智的生物個體中持續前行。我相信無論大腦何時開始產生原始感受（應該是在演化歷史上相當早的時期），生物體都會具有一種最初形式的感知能力。從那時起，經過組織的自我歷程開始發展，並附加到心智之上，因而促成了複雜意識心智的開端。舉例來說，爬蟲類就是這場競賽的競爭者，鳥類則是更強的競爭者，接下來由哺乳動物勝出，然後還會有其他生物接棒。

大腦能夠產生自我的多數物種，是在核心層級產生自我的。人類擁有核心自我與自傳自我。有幾種哺乳動物也同時具有這兩種自我，像是狼、我們的類人猿親戚、海洋哺乳動物、大象，當然還有那種無法被歸類的寵物狗。

七、心智並沒有在微小層級的自我出現後就停止發展了。在哺乳動物的整個演化過程，特別是靈長類的演化過程中，心智變得更加複雜，記憶與推理能力顯著擴展，而自我的歷程也更加擴展了這些能力範圍。核心自我還是存在，但它逐漸受到自傳自我的包圍，自傳自我的神經及心智本質與核心自我的迥然不同。我們變得可以運用部分的心智能力來檢視其他部分的運作。人類具有意識的心智，配備有相當複雜的自我，甚至擁有更為強大的記憶、推理與語言能力來支撐。這份心智產生了文化工具，並在社會與文化階層上開啟了維持恆定狀態的新興工具。恆定狀態經過非凡地躍進，取得了社會文化方面的擴展。司法系統、經濟與政治組織、藝術、醫學與科技都是新興的調節工具。

若是沒有社會文化的恆定，這幾世紀來暴力急劇下降且包容力上升的情況就不會發生。從集權強迫為主逐漸轉變成取得認同為主的情況也不會發生，這些正是先進社會與政治體系的正字標記，儘管尚未成功。心理學與神經科學可以為社會文化恆定狀態的研究提供資訊，但此狀態的現象本質就是文化。認為那些研究美國最高法院裁決、美國國會審議或金融機構運作的人士，就是間接參與了社會文化恆定狀態變化的研究，是相當合情合理的。

無意識引導的基本恆定狀態，與由能夠反思的有意識心智引導的社會文化恆定狀態，共同以生物價值管理者的身分運作。經過數十億年的演化，基本恆定狀態與社會文化恆定狀態分道揚鑣，但它們追求的都是「生物體的生存」

這個目標，只是在生態區位（ecological niches）上有所不同而已。在社會文化恆定狀態中，這個目標被擴展到對幸福的追求。毫無疑問地，人類大腦若要維持生命，這兩種恆定狀態就得要持續互動。基本恆定狀態是由每個個體的基因所提供的穩定遺傳，而社會文化恆定狀態則是個還在發展中且有點脆弱的狀態，對大部分的人生百態、人性愚蠢與希望都有責任。這兩種恆定狀態的互動並不受限於彼此。有越來越多的證據顯示，歷經數個世代的文化發展會引導基因產生變化。

八、以演化的角度來觀看有意識的心智，也就是以簡單生命形式演化到複雜及高度複雜生物體（例如人類）的角度來觀看，有助於將心智納入其中，也顯示出心智是生物複雜性逐步發展而出的結果。

我們可以將人類意識與其發展出來的功能（語言、龐大記憶力、推理能力、創造力、整個文化範疇），視為具有心智與社交能力之現代人類的價值管理者。我們可以想像有條長長的臍帶，將還沒斷奶且長期具有依賴性的有意識心智，深層連接到非常基本也**毫無意識**的價值原則管理者上。

意識的歷史無法以傳統的方式來敘述。意識是因為生物價值而存在，是為了能對生物價值進行更有效的管理而存在的。但意識無法**創造**生物價值或估算價值歷程。最終在人類的心智中，意識展現出生物價值，並讓能夠掌控意識的新興方式與工具發展出來。

生命與有意識的心智

花費一整本書的篇幅來探討大腦如何形成有意識的心智，有這個必要嗎？我認為會問出「除了滿足我們對人性的好奇之外，去了解在心智與自我背後運作的大腦是否有任何實際意義」

這樣的問題是合理的。這真的對我們日常生活會有什麼影響嗎？基於大大小小的諸多原因，我認為確實會有影響。體驗藝術或培養精神信念能獲得許多滿足感，雖然大腦科學與其解析不是用來提供大眾這種滿足感，但一定是能夠填補我們某些部分的不足。

了解有意識心智在生命歷史中出現的情況，特別是它們如何在人類歷史中發展出來的情況，讓我們對於有意識心智所提供的知識與建議內容，可以比過往更有智慧地進行判斷。這項知識是可以信賴的嗎？這個建議是好的嗎？去了解給予我們建議的心智背後機制，是否能讓我們從中獲益？

闡明有意識心智背後的神經機制，揭露了我們本身不一定都是對的，而且也無法掌控每一個決定。但這項事實也讓我們有能力可以拒絕接受「我們具有意識的思考能力只是個神話」的這種錯誤印象。去探討有意識與無意識的心智歷程，或許可以更加強化我們的思考能力。自我開啟了思考與科學探險之路，而這兩項特殊工具可以對抗獨立自我（the unaided self）的所有錯誤引導。

以一般道德說法，還有就司法及相關應用上來說，當人類責任的議題被納入意識演化科學中時，這個時機就會到來。或許那個時機點就是現在。在反思與科學工具的幫助下，對於有意識心智的神經結構進行了解，也為調查文化發展與形成的任務增加了一個令人愉快的維度，而文化正是有意識心智集結的最終產物。當人們就文化趨勢與數位革命這類發展的利弊得失展開辯論時，了解靈活的大腦如何創造出意識可能會有幫助。舉例來說，由數位革命所帶來的人類意識逐步全球化，是否會像當前的社會文化恆定狀態一樣，依然維持基本恆定狀態的目標與原則呢？還是無論是好是壞，都會脫離本身的演化臍帶呢？[18]

將有意識的心智納入大腦之中，並在腦中植入穩固的根基，無損於它在人類建構文化上的角色，也無損於人類的尊嚴，當然也不代表奧秘與謎團都會終結。人類大腦經過許多世代的集結努力，才產生與演化出文化，有些文化甚至會在這個過程中消失。文化需要的是曾經受過先前文化形塑的大腦。文化對於現代人類心智形成的重要性是毫無疑問的。將心智與在活體細胞及組織內部所發現的複雜性與美妙之處連接起來，也無損於人類心智的尊嚴。相反地，將人性與生物學連結起來，是對任何人類事物持續敬畏與尊重的源頭。最後，將心智納入生物學中或許能解開一個謎團，但同時也會拉開其他謎團的序幕，那些謎團早就默默地在等候輪到它們出場的時機了。

將有意識的心智納入生物學與文化的歷史中，開　了傳統人文主義與現代科學和解的方式。因此，當神經科學進入大腦生理學與遺傳學的陌生世界中探索人類體驗時，不但保留了也再次重申了人類的尊嚴。

史考特・費茲傑羅（F. Scott Fitzgerald）寫過令人難忘的一句話：「首先發明意識的人犯了大罪。」我可以理解他為何這麼說，但他的定罪宣言只描述到其中一半的故事，只說明了有意識心智赤裸裸呈現出不完美本質的沮喪時刻。而另一半的故事則應該要讚美這樣的發明，因為意識促成了能以愉悅與慶祝取代損失與悲痛的所有創造與發現。意識的出現開啟了生命值得存在的大道。了解意識是如何出現的，還會更加強化這個價值。[19]

---

18. 在神經生物網絡這一方面與社會網絡那一方面之間的連結，是重要的研究領域。
請參考：Manuel Castells, *Communication Power* (New York: Oxford University Press, 2009)。

理解大腦如何運作對我們的生活方式有影響嗎？我認為影響極大，若我們除了想知道自己現在是誰，還更關心自己會成為什麼樣的人，那影響就更大了。

---

19. 請參考：F. Scott Fitzgerald, *The Diamond as Big as the Ritz* (New York: Scribner's, 1922)。

第二章
從生命調節到生物價值

難以置信的現實

馬克・吐溫認為小說與現實的最大差異在於，現實可以讓人難以置信，但小說不行，小說得要有可信的情節。而我在這裡對心智與意識的敘述，一點也不符合小說的必要條件。那些敘述真的是非常違反我們的直覺，顛覆了人們傳統說故事的方式，也反覆否定了長期以來的假設，以及不少我們預期的事物。但這都完全無損於那些敘述的可能性。

「有意識的心智背後隱藏著無意識的心智歷程」這樣的想法絕不新穎。最初在一個世紀多以前就已經出現這樣的想法，當時的大眾對這種想法感到驚奇，不過時至今日，這已經是司空見慣的想法了。雖然這項想法廣為人知，但大眾並不重視其中的內容：在生物擁有心智的許久以前，生物就已經展現出具有意圖與目標的高效能適應性行為了，而那些意圖與目標卻像是具有意識心智的生物才會產生的。那些行為必然**不是**由心智所產生，更不用說是由意識產生的了。簡而言之，這不只是說意識與無意識歷程共存，更確切地說，是表示與維持生命密切相關的無意識歷程，不用意識歷程就可以存在。

從心智與意識的角度來切入，我們會發現，演化為所有生物帶來了不同種類的腦。有一種腦會產生行為，但顯然不具有心智或意識，例如海蝸牛（*Aplysia californica*）的神經系統，這種生物在神經生物學家艾力克·肯德爾（Eric Kandel）的實驗室中成為受歡迎的研究對象。另一種腦會產生包括行為、心智與意識等等的全面性事物，人類的腦當然就是其中最好的例子。第三種腦則是明顯會產生行為，也可能具有心智，但它是否會產生我們在這裡討論的那種意識就不太清楚了，昆蟲就是這類生物。

　　無心智且無意識的腦可以產生像樣的行為，這讓人感到驚訝，但事情可不僅此而已。事實證明，完全沒有腦的生物，甚至是低等到只有單細胞的生物，似乎都能展現具有智慧與目標的行為。然而，這也是項不受重視的事實。

　　無疑地，去了解無心智或無意識的簡單腦，可以讓我們有效地洞察人類的腦是如何產生有意識心智的。無論如何，當我們進行回顧性研究時，可以明顯發現，若想要解釋這類存在已久的腦是如何產生，我們甚至得要更深入過去，進一步回溯到簡單生命形式的世界，也就是那些不具有心智**與**腦部的無意識、無心智且**無**大腦的生命形式。事實上，若我們想要去發現有意識腦背後的律動與成因，我們就必須進一步去探索生命的起源。我們在這裡又要再次提起那個讓人驚訝又顛覆大眾對於腦部、心智與意識在生命管理貢獻上的假設。

大自然的意志

　　我們又要再說一個神話。很久很久以前，生命從長長的演化歷史中誕生。那是三十八億年前，所有生物的祖先首度現身。大約又經過二十億年，成功群聚的細菌似乎佔領了地球，這時具有細胞核的單細胞生物出現了。細菌也是單細胞生物，但它們沒有可以聚集 DNA 的細胞核。具有細胞核的單細胞生物是項創舉。這些生物就是生物學上所說的真核細胞，隸屬於原生動物（Protozoa）這個大族群之中。在生命出現的初期，這類細胞是最先能夠真正獨立的生物之一。它們每一個都無需共生夥伴就可以獨自生存。今日我們的世界中仍存在有這類簡單的單細胞生物。活生生的阿米巴原蟲以及令人驚奇的草履蟲都是好例子。[1]

單細胞生物具有細胞骨架（cytoskeleton），細胞骨架中有細胞核及細胞質。細胞核是具有 DNA 的指揮中心，而細胞質則是粒腺體這類胞器將養分轉變成能量的地方。身體有皮膚將內部與外界區隔開來，細胞也有，就是所謂的細胞膜。

從多方面來觀察單細胞生物，就好像是在預覽人類這樣的生物是如何產生的。我們可以將單細胞生物視為我們人類的簡化卡通版。作為細胞身體框架的細胞骨架，就像是我們身體內以骨頭所形成的骨架那般。細胞質可以對應到具有器官的身體內部。細胞核就等同於腦，而細胞膜就等同於皮膚。有些細胞甚至還具有

1. 本段落討論的概念，其部分資料來源如下：Gerald M. Edelman, *Topobiology: An Introduction to Molecular Embryology* (New York: Basic Books, 1988); Christian De Duve, *Blueprint for a Cell: The Nature and Origin of Life*(Burlington, N. C.: Neil Patterson, 1991); Robert D. Barnes and Edward E. Ruppert, *Invertebrate Zoology*(New York: Saunders College Publishing, 1994); Eshel Ben-Jacob, fer Schochet, Adam Tenenbaum, Inon Cohen, András Czirók, and Tamas Vicsek, "Generic Modeling of Cooperative Growth Patterns in Bacterial Colonies," *Nature* 368 , no. 6466(1994), 46-49; Christian De Duve, *Vital Dust: Life as a Cosmic Imperative*(New York: Basic Books, 1995); Ann B. Butler and William Hodos, *Comparative Vertebrate Neuroanatomy*(Hoboken, N. J.: Wiley Interscience, 2005); Andrew H. Knoll, *Life on a Young Planet*(Princeton, N. J.: Princeton University Press, 2003); Bert Holldobler and Edward O. Wilson, *The Superorganism*(New York: W. W. Norton, 2009); Jonathan Flint, Ralph J. Greenspan, and Kenneth Kendler, *How Genes Influence Behavior*(New York: Oxford University Press, 2010).

纖毛這種可以協助游泳的構造，這亦可以類比為我們的肢體。

真核細胞各個部位所採用的聚集合作方式，就是細菌這種更簡單生物群聚集作的方式，細菌放棄了獨立，成為具有便利性的新聚落中的一分子。其中某一種細菌產生了粒線體，而像螺旋體的另一種細菌，則在細胞骨架與纖毛的協助下，形成了那些可以游動的生物，諸如此類的。[2] 這裡神奇的地方在於，每個多細胞生物也是根據同樣的基本策略進行結合，將數十億的細胞聚集在一起形成組織，再將不同的組織聚集構成器官，然後又將不同的器官連結形成系統。組織的例子計有由皮膚、黏膜與內分泌腺體構成的上皮組織、肌肉組織、神經組織以及維持所有構造在定位的結締組織等等。從心臟到腸道到腦部等等明顯的構造則是器官。而系統的例子則有由心臟、血液與血管構成的循環系統，以及免疫系統與神經系統。這樣分工合作的結果，讓我們生物體成為數兆個不同細胞的集合，其中當然包括了形成腦的最獨特細胞「神經元」。我們等會兒就會談到更多有關神經元與腦的知識。

多細胞生物與單細胞生物中的細胞是不同的，主要差異在於單細胞生物的細胞必須要自給自足，而多細胞生物的細胞則生活在高度分化的複雜社會中。單細胞生物的細胞得獨立執行許多任務，而多細胞生物則可以將這些任務分派給不同的專門細胞去處理。也就是對比起來，一個是整體性的管理，另一個則是各別細胞在自身結構中展現出功能性角色的分工。多細胞生物是由多種

---

2. Lynn Margulis, *Symbiosis in Cell Evolution: Microbial Communities* (San Francisco: W. H. Freeman, 1993); L. Sagan, "On the Origin of Mitosing Cells," *Journal of Theoretical Biology* 14 (1967), 225-74; J. Shapiro, "Bacteria as Multicellular Organisms," *Scientific American* 256, no. 6 (1998), 84-9.

共同合作的單細胞生物所組成，這些單細胞生物最初是從更微小的生物聚集形成。多細胞生物也有多個部門在維持自身的經濟結構，這些部門中的細胞會共同合作。若這聽起來很熟悉，會讓你聯想到人類社會，那也是應該的。兩者之間的相似性很驚人。

多細胞生物系統的管理是高度分散的，雖然它確實有個能進一步分析與決策的領導中心，例如內分泌系統與腦。不過除了少數例外，包括人類在內的多細胞生物中的所有細胞，都與單細胞生物的細胞具有同樣的構造：細胞膜、細胞骨架、細胞質、細胞核。（將畢生短暫一百二十天都奉獻在輸送血紅素的紅血球就是個例外，它們沒有負責指揮的細胞核。）除此之外，所有細胞都有著與大型生物相當的生命周期，都會經歷誕生、成長、衰老與死亡。一個人類個體的生命是由眾多同時存在且良好連結的生命所組成。去想想位於人體黏膜中的所有細菌，就會發現這其實是很保守的描述了，沒有這些細菌，我們就無法生存。它們會聚集組成「微生物體」（microbiome），據估計，這些微生物體的數量是整個人體細胞數量的十倍。

單細胞的微小細胞核內攜有基因，只要基因對細胞下達命令，單細胞以乎就會表現出堅毅且不可撼動的求生決心。它們的生命管理也包括對持久與盛行的頑強堅持，直到細胞核中的某些基因允許細胞死亡為止。

我知道很難去想像將「欲望」與「意志」這類理念套用到單一細胞上。我們認為與有意識的人類心智有關的態度與意圖，也就是我們直覺認定是偉大人類腦部運作出來的態度與意圖，怎麼會出現在這麼基本的層級？但它們就是存在，無論你要怎麼稱呼這些細胞的行為特性。[3]

就算沒有意識相關知識，就算沒有人類腦中那種可以進行思考的複雜裝置，單細胞似乎還是擁有一種態度：想要活到本身基因所容許的時限。細胞的這份欲望以及執行這份欲望所需的一切，竟然比關於生命狀態的明確知識與思考**還早出現**。因為細胞顯然沒有知識也不會思考，所以這真的很奇怪。細胞核與細胞質相互作用並執行複雜運算，以維持細胞的生命。它們時時刻刻都在處理生存環境中所出現的問題，並讓細胞採取可以適應環境的生存行為。他們會根據環境狀況，以驚人的精準度來重新排列內部分子的位置與分布，以及改變微導管這類組件的形狀。它們對於脅迫以及良好環境都會有反應。執行這些適應性調節的細胞組件，顯然是由細胞遺傳物質來定位與指示的。

我們通常會陷入一個陷阱，認為偉大的腦與複雜的有意識心智，就是我們精良生命管理背後的態度、意圖與策略的起源。為什麼我們會這樣想？當我們從金字塔頂端以及現況的觀點來看時，這是思考相關過程歷史的簡單合理方式。然而，實際情況是，有意識的心智不過是去產生了一份有關基本生命管理的知識，也就是讓我們**擁有知曉的能力**而已。正如我們所見，有意識心智在演化上的決定性貢獻出現在更高的層級，是跟思考離線決策（offline decision-making）與文化創造有關。我絕對沒有低估高層級生命管理的重要性。的確，本書的主要想法之一就是，經

---

3. 我在之前的著作中曾略為提過，單細胞生物對於預測與預視行為的態度，通常會讓我們聯想到人類的複雜行為。請參考：Antonio Damasio, *The Feeling of What Happens: Body and Emotion in the Making of Consciousness* (New York: Harcourt Brace, 1999); and *Looking for Spinoza* (New York: Harcourt Brace, 2003)。里納斯也有類似的評論，請參見：*I of the Vortex: From Neurons to Self* (Cambridge, Mass.: MIT Press, 2002)，以及 T. 費區（T. Fitch）的相似評論，參見 "Nano-intentionality: A Defense of Intrinsic Intentionality," *Biology and Philosophy*, 23, no. 2 (2007), 157-77。

由提供我們選擇以及產生超越複雜社會組織（像是社會性昆蟲驚人展現的那種組織）的相關社會文化調節彈性，人類的意識心智精準地將演化帶入了一個新的歷程。我認為生命管理的隱約知識比任何這類知識的意識體驗都還要**早出現**，藉由這樣的想法，我將傳統上對意識的敘述順序顛倒過來。我也認為，這份隱約的知識相當複雜，應該不能視為原始的簡單知識。這份知識不但具有高度複雜性，似乎也展現出卓越的智慧。

我並沒有把意識降級，但確實是把無意識的生命管理升級了，也認為這是構成有意識心智的態度與意圖的藍圖。

人體中的每一個細胞都具有我所描述的那種無意識態度。我們人類本身所意識到的求生欲望，也就是我們想要興盛繁衍的那種意志，有沒有可能是始於人體所有細胞初始意志的集結？就像是一首讚美詩歌中集體綻放的歌聲？

大量意志能以單一聲音來表達的這種想法，可不只是詩歌幻想而已。這與我們生物體的實際情況有關，在有意識腦的**自我**形式中，確實存在著單一聲音。但個體如何將細胞們所聚集的無大腦且無心智的意志，轉換成為源自腦部意識心智的自我呢？這種情況要發生，我們需要引入一種會對我們的敘述規則產生徹底改變的角色：神經元細胞。

就我們目前所知，神經元是獨一無二的細胞，跟身體內的任何其他細胞都不相同，甚至跟其他腦細胞（例如膠質細胞）也都不一樣。究竟是什麼讓神經元這麼特別，這麼與眾不同呢？畢竟，它們不是也配備有細胞核、細胞質與細胞膜嗎？它們不是也跟其他身體細胞一樣會重新排列內部分子嗎？它們不是也會適應環境嗎？是的，上述內容完全正確。神經元完完全全就是一種身體細胞，不過是種很特別的細胞。

要解釋神經元為何如此特別，我們應該要先思考功能性差異與策略性差異。基本的功能性差異與神經元產生電化學訊號的能力有關，而電化學訊號可以改變其他細胞的狀態。電訊號並不是神經元發明的。舉例來說，像草履蟲之類的單細胞生物也會產生電訊號，並運用電訊號來控制行為。而神經元則會使用神經訊號來影響其他的細胞，像是其他的神經元細胞、內分泌細胞（可分泌化學分子）與肌肉纖維細胞。改變其他細胞的狀態就會啟動某項行動，這項行動一開始會去構成與調節行為，最後也會對形成心智做出貢獻。神經元之所以會具有這項特性，是因為它們會沿著軸突這樣的長管構造，產生與傳送電流。有時訊號會從大腦運動皮質沿著好幾公分的神經元軸突傳送至腦幹，或是從脊髓傳送到肢體末端，這些傳送距離大到肉眼可見。當電流抵達神經元末稍的突觸時，會促使神經傳導物質（一種化學分子）釋放，而神經傳導物質接續也會作用在整個路徑的下一個細胞上。當下一個細胞是肌肉纖維細胞時，就會產生動作。[4]

神經元為何會這樣已不再是秘密。就像其他身體細胞一樣，神經元細胞膜內外也具有電荷。會產生電荷的原因，在於細胞膜內外的鈉或鉀這類離子的濃度差。神經元受惠於膜內外所創造出來的巨大電荷差，也就是極化的狀態。當細胞某處的電荷差劇降時，細胞膜會產生局部去極化，於是去極化現象就會像波動一樣沿著軸突前進。這種波動就是電脈衝。神經元去極化時，我們就

---

4. 關於一般神經生理學的回顧，請參考：Eric R. Kandel, James H. Schwartz, and Thomas M. Jessel, *Principles of Neural Science*, 4th ed. (New York: McGraw-Hill, 2000)。

會說它們「活化」或「激發」了。簡而言之，神經元雖然跟其他細胞大致相同，但它們可以傳送具有影響力的訊號給其他細胞，去改變其他細胞的運作。

上述功能性差異造成了一個主要的策略性差異：**神經元是為了身體內所有其他細胞的利益而存在的**。神經元在基本生命過程中不是必要的，我們從所有不具有神經元的生物身上就可以輕易驗證。但在複雜的多細胞生物中，神經元可以**協助**它們的身體進行生命管理。這就是神經元與它們所構成的大腦之所以存在的理由。從神奇的創造力到崇高的靈性，這些我們非常推崇的腦驚人特質，顯然是神經元與大腦堅決對它們所在身體的生命管理進行奉獻所產生的。

即使是在僅由神經網路排列成神經節（ganglia）的簡單型大腦中，神經元也會去協助身體內的其他細胞。它們接收來自身體細胞的訊號，然後以促進化學分子分泌或是產生行動的方式來進行協助。（它們讓內分泌細胞釋出荷爾蒙，去改變身體細胞的功能運作；它們也可以激發肌肉纖維細胞，讓肌肉細胞收縮。）不過在複雜生物的精良大腦中，神經元網絡最終會開始模擬它們所屬身體部位的結構。它們會形成身體的**表徵**，確實映射出它們運作的身體，並形成一種身體的虛擬替身，這是一種神經性的替身。重要的是，神經元終其一生仍與它們模擬的身體相連。如同我們將會看到的，模擬身體並持續與身體相連可以提供相當良好的功能管理。

簡而言之，神經元就是與身體**有關**的，這份持續對身體進行標記的「關係」，是神經元、神經迴路與大腦的明確特性。我們身體細胞那份隱藏的求生意志為何得以轉變成為有意識心智的意志，我相信這份關係就是起因。這份隱藏在細胞的意志經由腦迴路被模擬出來。有趣的是，神經元及大腦與身體有關的這件事實，也說明了外部世界如何在腦與心智中被映射出來的方式。如同我會在本書第二部中說明的，腦之所以能對身體外部的世界進行映射，都要感謝身體的斡旋。當身體與所處環境互動時，身體中諸如眼、耳及皮膚等感覺器官會發生改變。大腦映射出這些改變，使得身體外部世界間接在腦中形成某些形式的表徵。

在這首讚頌神經元特質與榮耀的詩歌結束之際，讓我提一下它們的起源，讓它們看起來較為中肯。就演化的觀點來看，神經元可能是來自一種真核細胞，這種真核細胞時常改變形狀，並在四處移動、感測環境、吞噬食物、為生存而努力時，產生出一種身體上的管狀延伸。阿米巴原蟲的偽足就是這段演化歷程的重要產物。這個管狀的延伸是在內部微管重新排列組合當下的產物，當細胞完成重組後，這個管狀延伸就會被廢棄。但是當這類暫時性的延伸變成永久性時，就成了讓神經元與眾不同的管狀結構：軸突與樹突。於是，集結了適合收發訊號的穩定電纜與天線裝置就此誕生。[5]

這為什麼很重要？因為，雖然神經元擁有獨特運作並為複雜行為與心智開啟大道，但神經元依然與其他身體細胞有著緊密關係。有鑑於神經元的出身與運作，將神經元與其所構成的腦簡單視為截然不同的細胞，完全不考慮它們的起源，就會產生將身體與腦不合理分開的風險。我猜想，「感受狀態如何能從腦中出現」這個問題之所以讓人感到困惑，有很大一部分跟忽視腦與身

---

5. De Duve, *Vital Dust*.

體的深層關聯性有關。

　　神經元與其他身體細胞中還有一項差異需要在這裡提出。就我們目前所知，神經元不會再生，也就是它們不會分裂。神經元不會再生，或至少在很大的程度上不會再生。除了眼睛的水晶體細胞與心臟的肌肉纖維細胞外，身體內的所有細胞實際上都會再生。讓水晶體細胞與肌肉纖維細胞分裂不是什麼好主意。若水晶體中的細胞會進行分裂，那麼在分裂的過程中，水晶體的透明度就會受到影響。若心臟細胞可以分裂，就算像是小心改造房屋的計畫那樣，一次只動一小部分，心臟的收縮力道還是會受到嚴重影響，這種情況就如同是有栓塞阻礙了心臟某部分的運作，使得房室之間原本良好的調節出現了不平衡的狀態。那發生在腦中又會是什麼樣的情況呢？雖然我們對於神經迴路如何維持記憶還沒有全盤了解，但神經元分裂可能會破壞我們一輩子的體驗記錄，這些記錄經由學習烙印在複雜迴路中的神經元特別活化模式裡。基於同樣理由，分裂也會破壞基因打從一開始就烙印在迴路中的精熟知識，這份知識是用來告知腦要如何調節生命運作的。神經元的分裂可能會終結物種的特殊生命調節，也可能讓具有行為能力與心智能力的個體無法發展，更不用說產生個性與人格了。這個可怕的景象具有相當的可信度，因為我們已經知道，中風或是阿茲海默症所造成的某些神經損傷就會產生這樣的結果。

　　我們身體中大多數的其他細胞都是在嚴格控管下進行分裂，以免影響到各種器官的結構與生物體的整體結構。身體中存有一份必須遵守的**建構計畫**（Bauplan）。在一生當中會一直持續進行的是**修復**（restoration），而不是真正進行改造。若將身體比喻成房子，我們並沒有將這棟房子的牆壁敲下來，也沒有建造一座新的廚房或客房。這裡的修復是非常微妙細緻的。在我們一生中的多數時候，細胞取代的工作做得極好，甚至讓我們的外表看起來一模一樣。但當我們思考到老化對我們身體外觀或是內部系統運作的影響時，我們就會明白，這份取代工作會漸漸走下坡。身體會變得有些不一樣，臉上的皮膚老化、肌肉下垂、身體變得沉重，器官運作起來也不那麼順暢了。這就是比佛利山莊技術精湛的整形醫師以及高效特約醫療進場的時機了。

維持生命的運作

一個細胞是如何維持生命的運作呢？答案很簡單，它需要好好整頓家務以及擁有良好的對外關係，這也就是說，對於生存所需面對的問題要設法好好處理。無論是單細胞生物的生命，或是幾兆細胞所組成的大型生物的生命，都需要將養分適當轉換成能量，也因此就需要有解決數個問題的能力，這些問題包括：尋找能夠產生能量的食物、將食物送入體內、將食物轉換成三磷酸腺苷（ATP）這種通用的能量、丟棄廢棄物，並將能量反覆運用在可以持續發現與吸收能量等等的程序上。取得養分，吸收並消化養分，讓養分成為身體的動力──這些都是卑微細胞的課題。

生命管理的技巧極為重要，因為其所面臨的是一個艱難處境。生命是個不穩定的狀態，只有當身體內部的眾多條件同時符合時才會發生。舉例來說，在我們人類這樣的生物體中，氧氣與二氧化碳的含量只能在狹小的範圍中浮動，而各種在細胞間遊走的化學分子，其所在之處的酸鹼度（pH 值）也只能有小範圍的浮動。溫度也是一樣，我們能夠敏銳感覺到溫度變化，像是發現自己發燒了，或是更為常見的，我們會抱怨天氣太熱或太冷。糖份、脂肪、蛋白質等在體內循環的基本營養素，其濃度也只能有小範圍的浮動。當浮動程度大到超出那個狹小的正常範圍時，我們就會覺得不舒服，若我們長期沒有去解決這個情況，就會造成焦慮。這些心理狀態與行為是生命調節的鐵律沒有被好好遵守的徵兆。這些徵兆是無意識歷程向有心智及意識的生命所做的提示，要求我們去找到一個合理解決這個情況的方式，因為自動且無意識的身體裝置已經無法處理這個情況了。

當我們去測量每個參數並將其量化時，就會發現這些參數可以浮動的正常範圍極為狹小。換句話說，要維持生命，身體內部數十個部位的變動就要不計代價地維持在一定的參數**範圍**內。我先前提到的所有管理運作（獲取能量來源、吸收與轉換能量產物等等），都旨在將身體內部的化學參數保持在適合維持生命的神奇範圍內。這個神奇的範圍就是所謂的**恆定狀態**，而達到此平衡狀態的過程就稱為**恆定過程**。前述兩個不怎麼優雅的用語是在二十世紀由生理學家沃爾特・坎農（Walter Cannon）所定名的。坎農擴展了十九世紀法國生物學家克洛德・伯納德（Claude Bernard）的發現，伯納德定名了**內環境**（internal milieu）這個較佳的用語，內環境是個由化學溶液所形成的環境，生命在其中持續不斷地進行無形的奮鬥。遺憾的是，雖然生命調節的本質（恆定過程）已為人所知超過一世紀，也時常應用在普通生物學與醫學上，但它們在神經生物學與心理學上的更深層意義並不受到重視。[6]

恆定狀態的起源

恆定狀態是如何深植在整個生物體中的呢？單細胞又是如何取得自身的生命調節設計呢？要探討這樣的問題，我們得要進行一種絕對不簡單的艱難逆向思考，因為在科學歷史中，我們已經花費了太多時間從整個生物體而非分子與基因的觀點去思考，而分子與基因正是生物體的起源。

恆定狀態在不知不覺中，就從無意識、無心智或無大腦的生物體中展開，這就引發出了一個問題：追求恆定狀態的這種意圖是於何地又是如何深植到生命的歷史中的呢？這個問題帶領我們從單細胞來到基因，再從基因來到簡單的分子，甚至是那些比DNA 及 RNA 都還要簡單的分子。追求恆定的意圖或許是從簡單的層級開始的，甚至也可能與掌控分子互動的基本物理過程有關，像是兩分子間互斥或相吸的力量或是結合或分解的力量。分子會互斥或相吸，分子會爆發式地聚集加入，或也會拒絕這樣的行為。

就生物體而言，因天擇而產生的基因網絡顯然是賦予生物體恆定能力的源頭。無論是過去還是現在，為了將有智慧的指示傳承給自己孕育出的生物體，基因本身需要擁有什麼樣的知識呢？當我們從組織與細胞的層級再往下到基因的層級時，這其中的哪裡才是價值的起源（原始價值）呢？或許我們需要的是一個關於基因資訊的特別排序。在基因網絡的層級，原始價值會帶有一個基因表現的排序，這就會建構出具有「恆定能力」的生物體。

---

6. Claude Bernard, *An Introduction to the Study of Experimental Medicine* (1865), trans. Henry Copley Greene (New York: Macmillan, 1927); Walter Cannon, *The Wisdom of the Body* (New York: W. W. Norton, 1932).

但是更深入的答案，還得從更簡單的層級去尋找。關於天擇過程如何運作以產生人類目前所使用的腦，還存在著一些重大的爭議。天擇是在基因層級運作，還是在整個生物體或整個生物族群的層級運作，或是在上述所有層級運作呢？從基因的觀點來看，為了要讓基因跨越世代延續下去，基因網絡必須要建構出容易死亡但又能成功做為載體的生物體。為了讓生物體採取能夠成功達到這個目標的行為，基因必須以某些關鍵指示來引導生物體進行整合組裝。

這些指示很重要的一部分就是，必須要建造能夠有效進行生命調節的裝置。這些新組裝而成的裝置掌握有獎勵的分發、懲罰的應用，以及對生物體處境的預測。簡而言之，在人類這種複雜的生物體中，基因指示建構出的裝置，在廣義上來說，可以蓬勃發展出像情緒這樣的東西。這些裝置的前身最先出現在無大腦、無心智或無意識的生物體中，就是我們之前提過的單細胞生物。不過，最為複雜的調節裝置只存在於同時擁有大腦、心智與意識三者的生物體中。[7]

恆定狀態可以保證一定能生存嗎？不一定，因為在恆定狀態出現不平衡後再試圖調整，不但沒有效率，還具有風險。演化經由引入某些裝置來解決這個問題，這些裝置讓生物體可以預測到會有不平衡的情況，並驅動生物體去探索環境，好尋求解決方法。

---

7. 關於恆定狀態起源的解答，甚至必須到更簡單的層級去尋找。某些分子的行為藏身於 RNA 與 DNA 這類自發性的排序組合之中。我們在這裡面臨到有關生命起源的問題。我們可以帶著幾分自信表示，某些分子的結構提供本身一個天然的「自我」保護，這是我們當下所獲得最為接近恆定狀態初現的情況了。

單細胞、多細胞生物體與工程機械

單細胞與多細胞生物體都跟工程機械有幾個共同特點：無論是生物體或是工程機械的活動都達成了某項目標、它們的活動都是由數個過程所組成、這些過程都是由負責執行子任務的遠端肢體或零件所進行的等等。這些相似性相當容易引發聯想，我們用來描述生物與機械的雙向比喻背後就藏著這些相似性。我們會以幫浦形容心臟，會用管道系統來形容血液循環，我們也會用槓桿來形容肢體的動作……同樣地，當我們提到複雜機械中的必要運作時，會用這是機械的「心臟」來形容，我們也會將同部機械的控制裝置視為「腦」。機械出現無法預測的運作時，我們會說它在「發脾氣」。整體而言，這種思考模式具有啟發性，然而這也要為出現「大腦是台電腦，而心智就像在電腦上運作的軟體」這種不太有幫助的想法負責。這種比喻的真正問題在於，它們忽略了生物與工程機械的**物質組成**在狀態上的基本差異。把波音777這架現代神奇的飛機，拿來與生物（無論小大）做個比較，我們可以輕易找到一些相似性：生物的指揮中心就是駕駛艙的電腦；傳送到電腦的前饋控制資訊管道，會調節周邊的回饋管道；引擎吃油並將其轉換成能量的這件事也算是一種新陳代謝的呈現；還有諸如此類的其他相似性。然而這兩者之間還是存在一個基本差異：任何生物體天生就配備有整體的恆定規則與裝置。一旦生物體無法運作，它們的身體就會死亡。更重要的是，身體的**每一個**部分（我的意思是每個細胞）本身也算是個生物體，天生就配備有它自己的恆定規則與裝置，所以它也同樣承受著無法運作就會死亡的風險。令人讚嘆的波音777，從金屬合金機身到構成幾公里長線路與液壓油管的任何東西，都無法跟生物體的這種恆定規則與裝置對比。波音 777 的高階「恆定狀態」由機上的一組智慧型電腦與兩位駕駛共同掌控，電腦及駕駛必須控制飛機的飛航，以維護飛機整體而不是機上大小零組件為目標。

生物價值

誠如我所見，無論什麼時候，任何生物最重要的資產就是，處於符合健康生命的身體化學平衡範圍內。這在阿米巴原蟲及人類身上皆適用。所有一切都源自於此，其重要性再怎麼強調都不為過。

生物價值的概念在現代針對大腦與心智的思考中無所不在。我們對**價值**這個詞的意義都會有想法，可能還不只一種想法，但**生物價值**是什麼呢？讓我們先想想一些其他問題：為什麼我們會將身旁的所有事物，包括食物、房屋、黃金、珠寶、繪畫、股票、服務，甚至是其他人，都拿來運用並賦予價值呢？為何每個人都會花費這麼多的時間去計算這些事物的相關得失呢？為什麼物品會有價格標籤？為什麼要不斷地估算價值？估算價值的標準又是什麼呢？乍看之下，這些問題好像與腦、心智與意識無關，但事實上並非如此。我們將會看到，在我們理解大腦演化、大腦發展與腦部時時刻刻所進行的實際活動上，價值的概念就是中心主旨。

在上述所有問題中，只有「物品為何會有價格標籤」這個問題有直接明瞭的答案。必需品與難以取得的物品，由於本身的高需求性或是稀有性，所以會有較高的價格。但為什麼物品需要標價？嗯，這是因為物品的數量不足，無法讓每個人都能擁有每種物品。標價是個工具，用來控制現實供需之間非常不對等的情況。標價帶入了限制，並在取得物品上創造了某種秩序。但為什麼物品的數量不足以讓每個人都能擁有呢？其中一個原因跟需求的分布不均有關。有些物品的需求性高，有些較低，還有些根本不需要。只有引入需求的概念，我們才得以來到生物價值的關鍵處：生物努力維生的問題以及維生時所產生的迫切需求。為何我們一開始就會進行標價，而我們對於價格衡量標準的選擇又是什麼，這些都需要對維持生命以及維生需求的問題進行確認。就人類而言，維持生命只是大問題中的一個部分而已，不過還是讓我們從生存開始談起吧。

迄今為止，神經科學已經通過一條有趣的捷徑去探討了這些問題。它已經確認了有數個化學分子與獎懲的狀態有某種關聯，因此，延伸來說就是與價值有關。這些知名分子中有幾個可能讀者聽起來會很熟悉，像是：多巴胺、正腎上腺素、血清素、皮質醇、正腎上腺素、抗利尿激素。神經科學也確認了數個大腦神經核會製造這類分子，並將其運送至大腦與身體的其他部位。大腦神經核是由群聚在皮質下腦幹、下視丘與基底前腦中的神經元所形成。不要把這些神經核跟真核細胞中的細胞核混淆，細胞核只是多數細胞 DNA 所在的簡單囊袋。[8]

具有「價值」分子的複雜神經機制，是許多努力不懈的神經

---

8. 關於價值理念的神經科學評論，請參考：Read Montague, *Why Choose This Book?: How We Make Decisions* (London: Penguin, 2006)。近來有本關於決策的書籍，極為關注價值理念，請參考：Paul W. Glimcher et al., eds., *Neuroeconomics: Decision Making and the Brain* (London: Academic Press, 2009)，特別是其中的：Peter Dayan and Ben Seymour, "Values and Actions in Aversion"；Antonio Damasio, "Neuroscience and the Emergence of Neuroeconomics"; Wolfram Schultz "Midbrain Dopamine Neurons: A Retina of the Reward System?"; Bernard W. Balleine, Nathaniel D. Daw, and John P. O'Doherty, "Multiple Forms of Value Learning and the Function of Dopamine"；Brian Knutson, Mauricio R. Delgado, and Paul E. M. Philips, "Representation of Subjective Value in the Striatum"; and Kenji Doya and Minoru Kimura, "the Basal Ganglia and Encoding of Value."

科學研究學者試圖解析的重要議題。究竟是什麼促使神經核釋放這些分子？腦或身體的哪個部位確實與這些分子的釋放有關？分子的釋放究竟達成了什麼？然而，當我們去探討某個中心問題時，不知為什麼，關於這些新奇事實的討論都功虧一簣。這個中心問題就是：**價值系統的發動機在哪裡？什麼是生物原始價值？**換句話說，這個極複雜機制的原動力在哪裡？甚至為什麼它會啟動？為什麼它會以這種方式呈現？

　　無疑地，這些知名分子與製造它們的神經核是價值機制的重要部分。但這並不是前述問題的答案。我認為價值與需求有著無法磨滅的關聯，而需求又與生命緊緊相繫。在日常社會與文化活動中所建立的價值評估，與恆定狀態有著直接與間接的關聯性。這份關聯性解釋了人類大腦迴路為何如此盡心盡力地預測與測試利弊得失，更不用說努力取得獲益與害怕喪失了。換句話說，這解釋了人類對於價值分配的迷戀。

　　價值與生存有直接或間接的關聯。特別是對於人類來說，價值還與**幸福**這種生存**特質**的形式有關。生存的概念經延伸就是生物價值的概念，這種概念可以應用在各種生物實體上，從分子與基因到整個生物體皆可。我將先以整個生物體的角度來思考。

整個生物體的生物價值

　　大略地說，整個生物體至高無上的價值，就是健康存活到可以成功繁衍的年紀。天擇讓恆定機制變得完美，可以精準完成這件事。因此，讓生物體組織的生理狀態維持在最佳恆定範圍內，是生物價值與價值評估的最深層起源。這種說法同樣適用於多細胞生物與全身「組織」只有一個細胞的生物身上。

理想的恆定範圍並不是絕對的，這會根據生物體所處的環境而有所調整。但越接近恆定範圍的邊緣，生物組織的存活率就越低，患病與死亡的風險也會增加。不過在某個區間範圍內，生物組織會蓬勃發展，它們的功能也會變得更經濟且更有效率。生物體若只是短暫處在恆定範圍的邊緣運作，其實是能從這種不利的生活條件中獲得重大益處的。不過儘管如此，在有效益的範圍內運作的生命狀態還是比較好的。我們合理認為，生物體原始價值就烙印在生理參數的配置中。生物價值在會在某個範圍中上上下下，而這個範圍與生命效益的物理狀態有關。在某種程度上，生物價值就是生命效益的代理者。

　　我的假設是，我們在日常生活中所遇到的事物及過程，都會經由參考天擇所產生的生物原始價值來取得各自的估值。人類賦予事物及活動的價值，都與下列兩種情況有關，無論這份關係多麼間接還是多麼遙遠。首先是生物組織在適合當前環境的恆定範圍中對於自己的整體維持，其次是對於在恆定範圍中運作的過程所進行的特別調節，而這個恆定範圍關係到與當前環境有關的幸福。

　　對於整個生物體而言，原始價值就是**活體組織的生理狀態處於能夠生存的恆定範圍內**。大腦內化學參數的持續表徵，讓無意識的大腦裝置可以**偵測與測量**到偏離恆定範圍的情況，並如同可偵測內部需求程度的感測器那樣運作。接下來，所測量到偏離恆定範圍的情況也會讓其他大腦裝置下令進行矯正，甚至會依據反應的急迫性，來**促進或抑制**矯正行為。而對這類行為所進行的簡單記錄，就是對未來情況進行**預測**的基礎。

在能夠以映射呈現內部狀態且非常有可能具有心智及意識的大腦中,與恆定範圍相關的參數在意識運作層級中會對應到痛苦與愉悅的**體驗**。接續在具有語言能力的腦中,這些體驗會被貼上特定的語言標籤,並有自己的**名稱**:愉悅、幸福、不適與痛苦。

若你翻開一本標準字典,查找**價值**這個詞,你會看到如下的解釋:「貨幣、物品或其他東西的相對值;重要性;交易的媒介;可以用來交換其他物品的某物數量;物品的需求性與可用性對物品所賦予的特質;效用;花費;價格。」你將會看到,生物價值是所有這些意義的根基。

先驅者的成就

是什麼讓生物載體有如此驚人的成就?又是什麼開啟了我們這類複雜生物的大道?人類之所會存在的其中一個關鍵要素就是「**行動能力**」,這是人類與某些其他動物擁有而植物所沒有的能力。植物具有**向性**,有些植物會或趨光或避光,還有一些植物(如捕蠅草)甚至可以捕食太大意的昆蟲。但沒有植物可以將自己連根拔起,走到花園的其他地方去尋找更好的環境,它們需要園丁的幫忙。植物的悲慘之處在於它們受到自身細胞的束縛,無法變形成為神經元,它們對此也一無所知。植物沒有神經元,沒有神經元就不會有心智。

沒有大腦的獨立生物體也會發展出其他的關鍵要素:在生物體內外可以**感測**生理狀態變化的能力。甚至連細菌也會感測到陽光與其他無數的分子並產生反應。在培養皿中的細菌對滴落的有毒物質會產生反應,細菌會聚集在一起躲避威脅。真核細胞也會感測到類似觸摸與振動的感覺。無論是在生物體內部或是周圍環境中所感測到的變化，都可能會導致它們出現從一地移往另一地的行動。不過為了有效反應情況，單細胞生物體內類似腦的東西也會持有**反應策略**，這是一組非常簡單的規則，當某些情況發生時，讓它們可以據此「決定是否要移動」。

簡而言之，這些簡單生物體為了要興盛繁衍以及讓基因傳承至下個世代，至少要擁有的特性就是：對生物體內外環境的**感測能力、反應策略與行動能力**。大腦經演化成為可以改善感測、決定與行動能力的裝置，並以越來越有效率及專業分工的方式來運作。

行動能力最終可以精益求精，都要感謝橫紋肌的出現，這就是我們今天用來走路與說話的肌肉。正如我們將在第三章中看到的，生物體內部的感測能力，也就是我們今日所謂的**內感受**（interoception），擴展至可以偵測大量參數，例如：酸鹼值、溫度、多種化學分子是否存在、平滑肌纖維的舒張與收縮程度。至於對外部世界的感測能力，就產生了包括嗅覺、味覺、觸覺與振動、聽覺與視覺等感官，這一切就是我們所謂的**外感受**（exteroception）。

為了讓行動與感測能力能以最大優勢運作，反應策略就必須類似於一個包羅萬象的企業計畫，其中會約略提到策略所需知道的現況條件。這完完全全就是在我們各種複雜程度不同的生物中所發現的**恆定設計**，也就是生物為達自身目標而需遵守的一組運作指導方針。這組指導方針的本質很簡單：若是出現這個，就去做那個。

當我們研究壯觀的演化發展時，會為演化的諸多成就感到震驚。舉例來說，眼睛的成功發展，不單單只是指人類的這種眼睛，還包括了其他各種不同功能的眼睛。利用迴音來定位的神奇能力也一樣驚人，蝙蝠與貓頭鷹可以運用這種敏銳的三維聲音定位能力，在全黑環境中進行捕獵。反應策略的演化讓生物具有恆定狀態，這也是不遑多讓的驚人成就。

反應策略背後所隱藏的律動與理由，即是要達成恆定目標。但就如我早先所示意的，即便目標很清楚，要有效率地執行反應策略還是需要有其他東西。為了採取可迅速達成正確目標的特定行動，就必要有**誘因**，讓某類反應在特定環境中比其他反應更受青睞。為什麼要這樣？因為活生生的生物組織會碰上某些急迫情況，它們需要果斷做出緊急決定，儘快部署好十萬火急的矯正行動。同樣地，有些機會或許能給生物組織帶來好處，所以生物組織就會快速選擇及執行能夠把握這些機會的反應。從人類的觀點來看，獎勵與懲罰的背後機制就在這裡現身，在具有誘因的探索中，獎勵與懲罰正是主角。請記住，這些運作沒有一個需要心智，更不用說有意識的心智了。生物體內外都沒有一個正式的「主體」是「獎勵者」或「懲罰者」。「獎勵」與「懲罰」基本上是受到反應策略系統的控管。整個運作就如同基因網絡本身一樣是盲目且「沒有主體」的。沒有心智及自我的這件事，與自動內建「意圖」與「目標」的那一件事，是完全可以共存的。這個設計的基本「意圖」就是要維持結構與狀態，而多種意圖又會建構出一個較大的「目標」：求取生存。

我在這裡所主張的就是：**誘因**機制是指導行動成功的要素，也就是要以符合經濟效益的方式成功執行細胞的企業計畫。我也主張，誘因機制與指導並非從有意識的決心與思考中產生。這裡無需明確的知識，深思熟慮的自我也派不上用場。

像我們這樣具有心智與意識的生物，已經越來越了解誘因機制的指導。有意識的心智只是讓我們知道有生命調節演化機制這個早就存在的東西，有意識的心智並沒有創造這個機制。真相撼動了我們的直覺。實際的歷史順序是相反的。

建立誘因

誘因是如何建立的？誘因在非常簡單的生物中就開始現身，但在大腦可測量矯正需求**程度**的生物中，誘因的存在才明顯展現。要進行這樣的測量，大腦需要一些事物的表徵，這些事物包括：（1）生物組織的**當前**狀態；（2）生物組織對應到恆定目標的**理想**狀態；（3）兩者之間的簡單比較。某些內部測量標準會因此建立，以標明當前狀態與目標之間的距離還有多遠，在此同時，會加速特定反應的化學分子則會協助矯正。我們目前仍然使用這類標準來測量自身生物體的狀態，但我們自己對此並無意識，不過倒是對這類測量的結果相當有意識，像是我們會感覺到不同程度的饑餓感。

讓我們感受到痛苦與愉悅或是做為處罰和獎勵的東西，會在生活管理所碰上的自然事物中不斷出現，而它們也直接對應到生物體內組織的整體狀態。當組織參數明顯偏離恆定範圍朝**不利**生存的方向邁進時，相關狀態在腦中所產生的映射，最終會讓我們體驗到被稱為痛苦與懲罰的特質。同樣地，當組織在恆定範圍中的最佳區間運作時，相關狀態在腦中所產生的映射，最終則會讓我們體驗到被命名為愉悅與獎勵的特質。

涉及協調這些組織狀態的媒介，就是所謂的荷爾蒙及神經傳導物質，它們在只有單細胞的簡單生體中就已經明顯現身。我們知道這些分子如何運作。舉例來說，在具有大腦的生物體中，當特定組織因營養缺乏而危及健康時，大腦就會偵測到這項改變，並按矯正的需求程度及緊急程度進行分級。這是在無意識中產生，但在具有心智與意識的大腦中，也是可以意識到與此資訊相關的狀態。當大腦意識到時，主體就會體驗到從不適到痛苦的負面感受。無論對此過程是有意識還是無意識，一連串化學性及神經性的矯正反應都會發生，這些反應會在加速此歷程的分子協助下進行。不過在具有意識的腦中，這個分子歷程的結果不只是矯正不平衡：它還會降低痛苦這類負面體驗，並感受到愉悅／獎勵。愉悅／獎勵有部分是來自於生物組織現在達成了有益生命的狀態。最終，做為誘因的分子所採取的行動，就像是將生物體放在與愉悅狀態相關的功能配置中。

還有另一件重要的事是，出現了能夠偵測生物體可能會碰到「好事」或「威脅」的大腦結構。其中特別的是，除了感測到本身會碰到好事或威脅之外，大腦開始運用線索來進行**預測**。它們會釋放多巴胺或催產素這類分子來示意好事將近，或是釋放皮質醇或泌乳素來示意威脅到來。對於促進或避免刺激這種情況發生的行為，分子的釋放接續能夠協助這類行為進行最佳化。同樣地，它們也會運用分子來表示失誤（預測錯誤）及相關行為；它們會經由神經元的活化程度以及分子（如多巴胺）釋出的對應程度，來區別出發生的是預期還是非預期的刺激。大腦也會變得能夠運用**重覆刺激或交替刺激**等等的刺激模式，來預測接下來會發生什麼事情。當兩種刺激密集出現時，就表示第三種刺激可能會現身。

所有這些機制達成了什麼？首先，根據環境決定反應的緊急程度，換句話說就是**鑑別**反應的等級。其次，經由預測來最佳化所做出的反應。

恆定設計與相關誘因及預測裝置，保全了生物體內組織的健全。有趣的是，差不多同樣的裝置也被選來確保生物體會採取有利基因傳遞的繁衍行為。性吸引力、性欲與求偶儀式都是這類例子。表面上看起來，與生命調節有關的行為以及與繁衍有關的行為是不一樣的，但它們的深層目標卻都相同，因此它們會共用裝置也不意外。

就促使恆定運作參與的條件與其結果範圍來看，當生物體演化時，恆定狀態之下的程序會變得更為複雜。更為複雜的程序逐漸成為我們現在所知的驅力、動機與情緒（請參考第五章）。

簡而言之，恆定狀態需要驅力與動機的協助，而複雜腦能夠提供充足的驅力與動機，在期望與預測的幫助下進行部署，並在環境探索中現身。人類必定擁有最先進的動機系統，其充滿無盡的好奇心、有著能夠敏銳偵察的驅力以及符合未來需求的精良警告系統，所有這一切都是要讓我們維持在正軌上。

連結恆定狀態、價值與意識

我們認為具有價值的物品或行動，與維持生物體內部恆定範圍的可能性有直接或間接的關聯性。此外，我們知道在恆定範圍內的某些位置及配置，與最佳生命調節有關，還有一些其他位置及配置不但較無效益，也是更為接近疾病與死亡的危險區域。顯而易見地，最終會引發最佳生命調節的種種物品與行動將會被視為最有價值。[9]

我們無需在醫療實驗室中進行個人血液化學物質的檢驗，就已經知道人類如何判斷出恆定範圍中的最佳區域。這個判斷不需要專門知識，只需要意識的基本歷程：**在有意識的心智中，最佳範圍會以愉悅感受來呈現，而危險範圍則會以不開心甚至是痛苦的感受來表現。**

有人能想像出更清楚明白的偵測系統嗎？當生物體進行最佳運作時，會產生有效與和諧的生命狀態，這構成了我們對於幸福與愉悅這些原始感受的基質。在相當複雜的環境中，它們是我們稱為快樂狀態的基礎。反相地，混亂、沒效率且不和諧的生命狀態，是生病與系統毀壞的預兆，構成了負面感受的基質。正如托爾斯泰精準觀察到的那樣，負面感受比正面感受更加多樣化，疼痛與苦難的種類多到數不清，更不用說厭惡、恐懼、生氣、悲傷、羞愧、內疚與丟臉了。

正如我們所見，情緒感受的定義就是對於身體狀態有意識的解讀，而這種解讀也會受到情緒影響，這就是為什麼感受可以做為生命管理的偵測器。這也是為何打從感受為人所知起，感受就影響著社會與文化，以及所有社會文化的相關運作與產物，當然這也不會令人感到意外。但在意識曙光乍現與意識感受現身的許久之前，事實上甚至是在這類心智剛剛出現之前，化學參數的結構就已經在影響著簡單生物的個體行為，雖然這些生物沒有大腦可以呈現這類參數的表徵。顯而易見地，無心智生物必須仰賴化學參數來引導維生所需的行動。這種「盲目」的引導包含了相當

---

9. 想要更清楚地了解恆定調節的複雜性，請參考：Alan G. Watts and Casey M. Donovan, "Sweet Talk in the Brain: Glucosensing, Neural Networks, and Hypoglycemic Counterregulation,"*Frontiers in Neuroendocrinology* 31 (2010), 32-43。

大量的複雜行為。各種群聚細菌的成長會受到這類參數的引導，這甚至可用社會用語來描述：細菌群體例行性地在群體中進行「群體感測」，並確實參與保衛領土與資源的戰爭。甚至連在人體內的細菌也會這樣做，它們在我們的喉嚨與腸道中會為了爭奪領土權而戰。不過，當簡單的神經系統現身時，社會性行為還會變得更加明顯。我們就來看看線蟲這種非常值得進行科學研究的蠕蟲，牠的社會行為相當複雜。

以秀麗隱桿線蟲（*C. Elegans*）為例，牠的腦擁有三百零二個神經元，這些神經元組成一串神經節，這沒什麼大不了的。就像其他生物一樣，線蟲也必須餵飽自己才能生存。依據食物多寡及環境狀態，牠們或多或少會以群聚的方式渡過低峰期。若食物足夠且環境安穩，線蟲會獨自覓食，但若食物匱乏或是牠們偵測到環境中出現威脅（例如出現某種奇怪氣味），牠們就會聚集成群。不用說，牠們當然不知道自己正在做什麼，更不用說這麼做的原因了。但是牠們之所以會這麼做，是因為自身那個極為簡單的大腦，以來自環境的訊號為依據從事各種行為，完全無需心智甚至是意識的參與。

我已經簡要描述了線蟲的情況，概述了牠們的環境與行為，現在就請你想想同樣的情況，但不要想這是發生在線蟲身上，然後請你以社會學家的思考方式來對這個情況下評論。我猜你會察覺到個體之間合作的證據，你或許還會認為這是利他行為。你甚至也會認為我所描述的是種複雜生物，例如早期人類。我第一次讀到科妮莉亞‧巴格曼（Cornelia Bargmann）關於線蟲的描述時，我想到了工會與人多勢眾這件事。[10] 然而這種生物不過就是種蠕蟲而已。

「理想的恆定狀態是生物體最有價值的資產」這件事實的另一項含意是，在此現象的任何層級中，意識的基本優勢源自於，其能在更為複雜的環境中改善生命調節。[11]

　　複雜到可以創造心智的大腦，能夠協助生物在新的生態區位中生存，如同我會在本書第二部中所解釋的那樣，這是建立在神經映射與意像結構的基礎上。一旦心智現身，即便不是具有完整意識的心智，自動生命調節也會進行最佳化。而會產生意像的腦可以取得生物體內外更為詳盡的狀況，因此可以比無心智的腦更能產生各種專門且有效率的反應。不過，當非人類物種的心智可以變成有意識的心智時，自動調節就會獲得一個強力伙伴，或說是一項工具，這項工具可以全心全力對付初生自我所遇到的生存難題，而自我正代表著這個為生存而努力的生物。當然，在人類之中，當意識與記憶及理性共同演化出離線計畫（offline planning）與深層思考時，這個伙伴甚至還會變得更加強大。

　　驚人的是，自我關注的生命調節總是與自動生命調節機制一

---

10. C. Bargmann, "Olfaction—From the Nose to the Brain," *Nature* 384 , no. 6609(1996), 512-13; C. Bargmann, "Neuroscience: Comraderie and Nostalgia in Nematodes," *Current Biology* 15 (2005), R832-33。我要感謝巴魯克‧布隆伯格（Baruch Blumberg）提醒我注意「群體感測」這個概念，以及關於演化合作與競爭的啟發性討論。

11. 簡單生物無心智且無意識的自動生命調節，已經足以讓它在養分豐富且低風險（這裡的風險是指溫度變化或是掠食者）的環境中生存下來。但這類簡單生物就只能留在這環境中，看是能適應下來或是面臨滅絕。大多數的現存物種確實都能在它們的生態區位中良好生存，並只仰賴自動生命調節來運作。
　　對於走上流浪並入侵其他物種領域的生物而言，離開自己的生態區位開啟了各種可能性。但是入侵是要付出代價的。在饑荒之時，只有當入侵者具有能行使新行為選項的精良裝置時，才有可能生存下來。這些新裝置要能提供有價值的「建議」，讓入侵者在他處找到自己所需，還必須要給出安全進行的替代方法。新裝置也必須讓入侵者預測到掠食者之類的風險，並提供躲避方法。

同存在，而任何有意識的生物都是從過去的演化歷史中繼承了自動生命調節的機制。人類就是這樣。我們自身大多數的調節活動都是在無意識中運作，這也是件好事。你不會想要**有意識地**去管理自己的內分泌系統或免疫系統，因為你無法快速控制混亂的振盪。往好的方面想，這就像是徒手駕駛現代噴射客機那樣，絕非一項微不足道的工作，需要有人掌控所有突發事件以及所有避免飛機失速的調動。往壞的方向想，這簡直就像是把社會安全信託基金全丟到股市中那樣了。你甚至也不會想要完全控制像呼吸這麼簡單的事，你或許曾出現過要屏住呼吸並冒著死亡風險潛水游過英吉利海峽的念頭，幸好我們的自動恆定裝置不會允許這麼愚蠢的事情發生。

意識改善了適應能力，並讓受惠者在任何可以想像得到的環境中（無論是在地球上、天空中、太空裡、水面下、沙漠中及高山上），針對生命與生存的問題創造出新的解決辦法。我們經由演化**適應**了大量的生態區位，也有能力**學習去適應**更大量的生態環境。我們沒有長出翅膀及鰓，但我們會發明具有機翼及推進器的機器，帶我們飛上天，也會發明可以在海上航行或在海洋中潛行十多萬公里的機器。我們創造出可以隨心所欲過生活的物質條件。阿米巴原蟲不行，蠕蟲、魚、青蛙、鳥、松鼠、貓、狗、甚至是我們聰明的親戚黑猩猩也都不行。

當人類大腦開始產生心智時，遊戲就徹底改變了。我們從關注在生物體生存的簡單調節，進步到更為深思熟慮的調節，這種調節是以配備有人格與個性的心智為基礎，其現在積極尋找的不再只是生存，而是某個範圍內的幸福。就我們所見，儘管這是七拼八湊出來的，仍然是生物在連貫性發展上的大躍進。

簡而言之，只要特定基因允許，具有細胞核的單細胞生物體就能擁有無心智與無意識的意志，讓它們得以良好生存與調節生命。即使腦沒有產生心智（更不用說有意識的心智），腦也擴大了生命管理的可能性，生物也會因此而蓬勃發展。在心智與意識參與其中之際，生命調節的可能性甚至更為擴大，也為單一生物體及社會中諸多生物體都會產生的那類管理開啟了契機。意識讓人類得以藉由一系列的文化產物來重述生命調節這個主題，這些文化產物包括了經濟交易、宗教信仰、社會傳統與倫理道德、法律、藝術、科學與科技。說到底，真核細胞的生存意志與人類意識中的生存意識，仍然是同樣的東西。

　　文化與文明為我們建立了雖然不完美但令人欽佩的雄偉建築，在這棟建築背後的生命調節仍然是我們所要面對的基本問題。還有同樣重要的是，這個基本問題以及人類探討此問題時所涉及的行動，也促成了位在人類多數文化與文明成就背後的動機。許多大體上需要以生物學來解釋的事物，或甚至得要特別以人性來解析的事物，其根基都是生命調節，像是：腦的存在；痛苦、愉悅、情緒與感受的存在；社會行為；宗教；經濟、行銷與金融制度；道德行為；法律與司法；政治；藝術；科技與科學──如同你們所見，這只是其中的一小部分。

　　無論是單細胞生物或多細胞生物，都有著無法抑制的生存指令以及求取生存的複雜事務，這些都是生命要存在的必備條件。而生命與這些必備條件，都是腦這個演化組裝出來的最精良管理裝置之所以會出現與演化的根本原因。此外，在更複雜環境中的更精良身體內，依循著更精良大腦發展的每件事物之所以會出現的根本原因，也是生命與這些必備條件。

大腦的存在是為了管理身體內的生命。當我們經由前述想法的濾鏡去觀看大腦功能的大多數面向時，有些傳統心理學項目（情緒、知覺、記憶、語言、智慧**與**意識）內的荒誕與奧秘就變得不那麼奇怪及神秘了。事實上，它們建立出一種清晰的合理性以及一種備受喜愛的必然邏輯。這些功能似乎在訴說著，要完成的工作就是這樣，我們哪會有什麼不同呢？

第二部

大腦裡的什麼
可以算是心智呢？

第三章
產生映射與形成意像

映射與意像

生命管理無疑是人類大腦的主要功能,但這並不是大腦最顯著的特性。如同我們之前所見,生命管理無需神經系統就可以進行,更不用說無需成熟的大腦了。就算是最卑微的單細胞生物體,在維護自身上也是做得極為出色。

像人類這樣的大腦所具有的最顯著特性就是:能夠產生映射的神奇能力。映射是執行複雜管理不可或缺的能力,映射與生命管理相輔相成。大腦產生映射,就是在**告知**自己事物的資訊。映射的資訊可在無意識中有效引導動作行為,好讓我們採取有利生存的正確行動,產生最理想的結果。但大腦在產生映射時,也會形成意像,而意像正是我們心智中主要流動之物。意識最終讓我們以意像的形式體驗到映射,亦讓我們能夠運用這些意像,並對意像進行推理。

當我們與他人、機器、地方等等的這類客體進行互動時,這些客體就會從大腦外部映射到大腦內部。**互動**這個詞再怎麼樣強調也不為過,它提醒了我們,產生映射是改善前述行動的不可或缺之物,這常發生在一開始要採取行動的時候。魯道夫‧里納斯認為,心智的誕生要歸功於腦對組織性動作的控制,而他也因此聯想到,行動與映射、動作與心智,都是永無止盡循環中的一部分。[1]

　　當我們從腦內的記憶庫中想到客體時，也會產生映射。連我們睡覺時映射也不會停止，作夢就是證據。人類的腦會將腦以外的任何客體映射到腦中，也會將任何在腦之外發生的行動映射到腦中。大腦會映射到腦中的還有，事物與行動彼此在時間與空間上的相對關係，以及事物與行動跟生物這個主體（也就是身體、大腦與心智的擁有者）在時間與空間上的相對關係。人類的腦是天生的繪圖者，當它對自己所在的這個身體進行映射時，大腦就開始繪圖了。

　　人類的腦善於模擬各式各樣的東西。腦以外的任何事物都可以在大腦網絡中模擬出來，無論是從皮膚到內臟的軀體部位，還是周遭世界裡的男人女人或小孩、貓狗與地點、炎熱或寒冷天氣、平滑或粗糙材質、大聲或小聲、甜蜂蜜或鹹香魚等等，全都可以模擬出來。換句話說，腦有能力可以重現非大腦事物的結構表徵，這些事物也包括我們生物體及其組成（例如肢體、發聲構造等等）所採取的行動。然而映射到底是如何產生的，這說起來簡單，執行起來卻很困難。這不僅僅只是複製，也不是只有把腦外部的事物被動地轉到內部而已。腦內部對於感官的整合有積極貢獻，這份貢獻在生物體早期發展時就已經存在，而認為腦是塊白板的想法也早已不被認同。[2] 如先前所示，這種整合通常發生在動作的控制上。

---

1. Rodolfo Llinás，先前引用過。
2. 關於腦為何不是一塊白板的明確評論，請參考：Steve Pinker, *The Blank State: The Modern Denial of Human Nature* (New York: Viking, 2002)。

這裡簡單針對用語說明一下：我過去對於**意像**（image）一詞的使用極為嚴謹，只做為心理模式或心智意像的同義詞，而**神經模式**或**映射**則專指在腦部的活動模式，以與心智做區別。我想要給心智一個身分，讓本質上就是腦組織活動的心智有專屬於自己的描述，因為心智體驗有其自身的特質，也因為這份自身體驗正是我們想要解析的那個現象。而我之所以會另以適當用語來描述神經活動，也是為了去理解這些活動在心智歷程中的作用。雖然我對用語的描述做了區別，但這完全不表示我認為它們的本質有所不同，我也不會以一個是心理而另一個是生理這樣的說法來區隔。笛卡兒主張身體與心智的本質不同，身體是實體的延伸而心智不是，但我並不是笛卡兒那種（或試圖讓別人誤會他是）提倡心物二元論的人士。我單純只是對心物二元論有興趣，所以想要探討事物所呈現的方式，也就是事物受到體驗的表面模樣。當然，我的朋友史賓諾莎（Spinoza），也就是那位非常反對二元論的一元論標準支持者也是這樣。

　　但為何要用兩個不同的用語來指稱兩件我認為是一樣的事物，把我自己與讀者們弄得更複雜呢？縱觀全書，我所用的**意像**、**映射**與**神經模式**這幾個用語，幾乎是可以互換的。有時我也會刻意模糊心智與大腦之間的界線，來加以強調：雖然這種區別方式有其用處，但或許也會阻礙我們試圖要解析的觀點。

在腦的表面下進行切割

　　想像你手上握有一顆腦，你看著大腦皮質的表面。然後再想像你拿了一把鋒利的刀子，在距離在表面二到三公釐的深度，**平行**切開表面，切出一片薄薄的大腦切片。接著將切片中的神經元以適當的化學物質固定並染色後放在玻片上，置於顯微鏡下觀察。你會發現，在每個皮質層中都可以看到鞘狀的結構，這個鞘狀結構本質上類似於二維的方形網格。網格中的主要元件是水平排列的神經元。你可以將這個網格想像成紐約曼哈頓的平面圖，但不包括斜向的百老匯大道，因為皮質網格上沒有明顯的斜線。你馬上就會明白，這樣的排列非常適合展現客體與行動的圖形表徵。

　　觀察一小塊大腦皮質，很容易就可以看出為何腦部最詳實的映射圖會在這裡形成，不過其他腦部區域也可以產生映射圖，就是解析度低了點。負責形成大部分詳實映射圖的區域可能是大腦皮質的第四層。仔細觀看一小塊大腦皮質，你也會明白為何有關大腦映射圖的這個想法並非牽強的比喻。我們可以在這樣的網格上勾勒出模式，而且當我們稍微瞇起眼睛，讓想像力盡情奔放時，就能描繪出擔任船長的航海家亨利王子在計畫航程時一看再看的那類羊皮紙圖。當然，這兩者有個極大的差異，大腦映射圖中的線條不是用羽毛筆或是鉛筆畫出的，而是某些神經元的瞬間活動與其他神經元靜止不活動所產生的結果。當位於某個空間分布中的某個神經元「啟動」時，就會「畫」出一條線，這條線可能是直的或彎的，可能是粗的或細的，其所形成的圖案，會在其他開關是「關閉」的神經元所形成的背景中清楚顯現出來。另一個極大差異是：產生映射的主要水平皮質層是夾在其他皮質層的上下之間。皮質層的每個主要元件也是垂直排列（也就是直行）元件的其中一部分。每個直行都包含數百個神經元。這些直行向大腦皮質提供輸入訊號，而這些輸入訊號則來自大腦的其他區域、眼睛這類周邊感覺的探測器或是身體等等。直行也會向輸入來源提供輸出訊號，對每個地方所產生的訊號進行各種整合與調節。

　　大腦映射圖跟靜態的傳統製圖不一樣。大腦映射圖是善變的，這種無時無刻的變化反映出提供資訊的神經元內的變化，而這接續又反映出我們身體內部與周遭世界的變化。大腦映射圖也反映出我們本身持續不斷地產生動作。我們會接近或是遠離物體、我們會碰觸物體然後移開、我們會喝酒但那味道會消散、我們會聽音樂但音樂會結束、我們的身體會因不同的情緒以及隨之而來的感受產生變化。整個環境提供給大腦的是持續不斷的變化，這樣的變化可能是自動自發的，也可能受到我們行動所掌握。對應的大腦映射圖會因此而有所變化。

　　大腦是如何產生視覺映射圖的呢？我們現在可用電子看板上的圖案來比擬，電子看板上的圖案是運用燈泡或發光二極體等元件活動的開啟或關閉來形成。電子看板的確是個更合適的比喻，因為看板上所繪出的圖案可經由元件活動的開啟或關閉來迅速變化。元件活動的每種分布都在時間中形成了一種圖樣模式。在同塊大腦皮質中因活動開關所形成的不同分布，可以繪出連續甚至是疊加的十字、方形或是臉孔。這些圖樣能以閃電般的速度來迅速繪製、重製或覆寫。

　　同樣的「繪圖」能力也出現在大腦精良的前哨站，也就是視網膜中。視網膜也有一張準備好可以進行繪圖的方形網格。當所謂的光子以特定的分布打到視網膜時，該分布模式所對應的圖案（例如圓形或十字）就會啟動神經元，形成瞬時的神經映射圖。以原先視網膜映射圖為基礎的附加映射圖，將在神經系統的後續層級中形成。這是因為在視網膜映射圖中，每一點的活動都會沿著一條神經鏈向前傳送訊號，當它們最終來到初級視覺皮質的同時，也保留了它們在視網膜中掌握的幾何關係，這就是所謂的視網膜拓樸映射（retinotopy）。

雖然大腦皮質擅長創造詳實的映射圖，但大腦皮質之下的某些結構也能產生出粗略的映射圖。這些結構包括：膝狀體（geniculate body）、丘（colliculi）、孤立徑核（nucleus tractus solitaries）與臂旁核（parabrachial nucleus）。膝狀體分別對視覺與聽覺的處理過程有所貢獻。而膝狀體具有適合繪製表徵的分層構造。上丘是視覺映射圖的重要提供者，它甚至可以將這些視覺映射圖與聽覺映射圖以及身體基礎映射圖連結起來。下丘則致力於聽覺處理。上丘的活動可能就是心智與自我歷程的前身，這個歷程後來在大腦皮質中大放異彩。孤立徑核與臂旁核則是中樞神經系統全身映射圖的最初提供者。我們將會看見，這些映射圖的活動會對應到原始感受。

映射不只適用於視覺模式，也適用於大腦所參與建構的**每一種**感覺模式。舉例來說，聲音的映射始於耳中跟視網膜有著同等地位的構造：耳蝸（位於內耳，左右兩邊各有一個）。耳蝸會接收到鼓膜與其下聽骨振動所產生的機械性刺激，而在耳蝸中等同於視網膜神經元的構造是纖毛細胞。在纖毛細胞的頂端有一撮纖毛，其會因為聲音能量的影響而擺動，進而產生一股電流，位於耳蝸神經節中的神經元軸突末端可以捕捉到這股電流。神經元再經由一條神經鏈將訊息傳送至大腦，這條神經鏈上有六個中繼站：耳蝸核（the cochlear nucleus）、上橄欖核（the superior olivary nucleus）、外丘系核（the nucleus of the lateral lemniscus）、下丘、內側膝狀核（the medial geniculate nucleus），以及最後的初級聽覺皮質。就層次結構上，初級聽覺皮質可對比至初級視覺皮質。聽覺皮質是大腦皮質本身另一個訊號鏈的起始點。

最初的聽覺映射圖是在耳蝸中形成，就像最早的視覺映射圖是在視網膜中形成的那樣。聽覺映射圖是怎麼形成的呢？整個耳蝸是個錐形的螺旋坡道，類似蝸牛殼，就跟耳蝸這個字的拉丁文字根 cochlea 所代表的意思一樣。若你去過紐約的古根漢美術館，很容易就可以想像出耳蝸內的樣子。整棟建築的形狀就像是尖端朝上的錐體，當你往上走時圈圈會漸漸緊縮。坡道是以錐體的垂直軸為中心環繞而成，就像蝸牛殼一樣。在螺旋坡道中有纖毛細胞，這些纖毛細胞會對不同的聲音頻率產生反應，而它們所在位置就是按頻率精巧排列的。對最高頻聲音有反應的纖毛細胞位在耳蝸的底部，這意味著當你順著坡道往上時，頻率會依序越來越低，到了耳蝸頂端時，那裡的纖毛細胞會有反應的是最低頻的聲音。這段路程從抒情女高音開始，以低沉男低音結束。於是就產生了依音調頻率順序所形成的空間映射圖，也就是音調拓樸映射圖（tonotopic map）。聲音在經過聽覺系統中的五個中繼站後傳到聽覺皮質去，每個中繼站都會驚人地重現這種聲音映射圖，而這份映射圖最終會被放置在聽覺皮質的一個神經鞘中。當聽覺鏈上的神經元啟動，將傳至我們耳中聲音的豐富基礎結構在皮質進行最終空間分布時，我們就會聽到交響樂的演奏或是歌手的歌聲。

這個映射的作法應用範圍深遠且廣大，任何有關身體結構的形式都適用，像是肢體與其動作，或是皮膚因燒傷所留下的傷口，或是觸摸手中鑰匙，感覺鑰匙形狀與表面光滑質地所產生的形式。

物體在大腦中所產生的映射圖樣與實際客體本身相當接近，這已有各式各樣的研究可以佐證。舉例來說，在猴子的視覺皮質中可以發現到，產生視覺刺激的客體結構（例如圓形或十字）與此結構引發之神經活動所產生的圖樣之間，有強大的關聯性。羅傑・圖特爾（Roger Tootell）最先從猴子腦部組織中找到這個關聯性。不過，沒有任何方法可以讓我們「觀察」到猴子的視覺體驗，也就是我們無法看到猴子自己所看到的意像。無論是視覺的、聽覺的還是任何你想得到的意像，都**只有**產生意像的心智擁有者可以**直接**取得。這些意像為個人所有，第三者無法觀察到。第三者能做的就只有猜測。

　　關於人類大腦產生神經意像的研究，也開始在揭露這類關聯性。有數個包括我們在內的研究小組使用多元模式分析，展示了人類感覺皮質的某種活動模式可以清楚對應到某一類的客體。[3]

映射與心智

　　大腦持續進行動態映射所產生的驚人成果就是心智。映射出的圖樣構成了我們這種有意識的生物所知的影像、聲音、觸感、

---

3. R. B. H. Tootell, E. Switkes, M. S. Silverman, et al., "Functional Anatomy of Macaque Striate Cortex. II. Retinotopic Organization," *Journal of Neuroscience* 8 (1983), 1531-68; K. Meyer, J. T. Kaplan, R. Essex, C. Webber, H. Damasio and A. Damasio, "Predicting Visual Stimuli on the Basis of Activity in Auditory Cortices," *Nature Neuroscience* 13 (2010), 667-68; G. Rees and J. D. Haynes, "Decoding Mental States from Brain Activity in Humans," *Nature Reviews Neuroscience* 7(July 7, 2006), 523-34。關於皮質映射基礎的完整回顧，請參考此領域兩位先驅的著作：*Brain and Visual Perception* (New York: Oxford University Press, 2004) by David Hubel and Torsten Wiesel。也可參考：Gerald Edelman, *Neural Darwinism: The Theory of Neuronal Group Selection* (New York: Basic Books, 1987)，從這本書中可以獲得關於神經映射圖的珍貴討論，也可以知道作者對於將價值概念應用在選擇映射圖上的堅持；還可參考：David Hubel and Torsten Wiesel, *Brain and Visual Perception* (New York: Oxford University Press, 2004)。

氣味、味道、疼痛、愉悅等等，簡而言之，就是意像。我們心智中的意像即是任何事物在大腦中的瞬時映射圖，這些事物可能來自我們的身體內部或周遭，可能是實體的或抽象的，可能是當下實際存在的或是存留在過去記憶中的。我用來將上述想法介紹給你的這些字詞，在將它們以文字形式寫在書頁之前，它們是先以音素（phonemes）及語素（morphemes）的聽覺、視覺或體感意像的形式存在。同樣地，現在出現在你眼前的文字，你也是先以**語言**意像（書面語言的視覺意像）的形式進行處理，然後它們再促使大腦聯想到其他**非語言**的意像。非語言意像可以協助你在心中展開相關於此字詞的那些概念。感受形成每時每刻的心智背景，並在極大程度上表現出身體各方面的狀態，這些感受也都是意像。無論是以任何感官形式所呈現的知覺，都是大腦繪圖技巧所展現的成果。

意像呈現出客體的物理特性、它們的時間與空間關係以及它們的行動。有些意像可能是大腦對自己產生映射這件事所形成的映射，這樣的意像確實很抽象。它們描述了客體在時間與空間中出現的模式，也以速度及軌跡來描述客體的空間關係與運動等等。有些意像則融入了樂曲或數學陳述之中。心智的歷程是這類意像的持續流動，有些意像與大腦外部正在進行的實際事務對應，有些意像則是從回憶的過程中重新建構出來。心智是實際意像與回憶意像以不斷變動的比例，組合而成的微妙流動。當心智意像對應到外部世界或是自身軀體中的活動時，在邏輯上往往具有相互關聯性，它們都是依循著我們認為具有邏輯的物理及生物定律。當然，你在作白日夢時，可能會產生沒有邏輯連貫的意像，就像暈眩時會發生的情況（房間跟桌子沒有真的繞著你轉，但你的意像卻讓你感受到自己在轉動），也像嗑了迷幻藥會發生的情況。除了上述特殊情況之外，更常發生的是意像在時間流動上有快有慢，有時按順序有時跳著出現，也有時不會按照單一順序而是按照好幾種順序在流動。這些順序時而相互競爭，時而同時運作，也時而互相交錯重疊。在有意識心智最敏銳的時候，其意像流動的順序極為流暢，我們幾乎無法瞥見周遭的外部情況。

在大腦外部現實世界中所展現的活動有著一套邏輯，而我們的腦中經天擇而產生的神經迴路系統從發展初期開始，就預告了會按照這樣的邏輯進行安排。除了前述邏輯之外，我們心智中的意像或多或少會因為意像本身對個體的價值，在心流中被強調的程度也有所不同。這個價值打哪兒來？它來自於引導我們生命調節的原始傾向中，也來自於以過去原始價值傾向為基礎，對逐步從相對應體驗中獲取的全部意像所進行的價值評估。換句話說，心智不會只以正常程序安排意像進入心智歷程中，心智也會如同電影剪輯那般地對意像進行選擇，那正是我們無孔不入的生物價值系統所提倡的選擇。心智的處理歷程並不是先來先贏，而是隨著時間過去，在邏輯框架中根據價值標記進行選擇。[4]

最後，這裡還要談到另一個重要的問題：心智可能**具有**意識，也可能**不具**意識。意識在我們的知覺與回憶中持續形成，即使我們沒有意識到。許多意像不受意識青睞，所以在有意識的心智中無法被聽見或被看到。然而有諸多例子都證實，這類意像還

---

4. 價值的印記可能是根據情緒標記（如軀體標記）的基礎所建立的，如同我在其他論文中所提，請參考：A. Damasio, "The Somatic Marker Hypothesis and the Possible Functions of the Prefrontal Cortex," *Philosophical Transactions of the Royal Society B: Biological Sciences* 351 (1996), 1413-20。

是會影響到我們的思考與行動。與推理及創造性思考相關的豐富心智歷程，還是可以在我們意識到其他事物時同時進行。我將會在本書第四部中再回頭來談談無意識心智的問題。

結論就是，當客體與生物體的身體產生實質互動時，身體與大腦會發生變化，而這些變化就是意像的基礎。全身感覺受器所傳送的訊號建構出的神經模式，能夠映射出生物體與客體的**互動**。腦部的各種感覺與運動區域通常會接收到來自特定身體區域的訊號，形成瞬時神經模式。因生物體與客體的互動而被徵召來的特定神經迴路，則會整合這些瞬時神經模式。你可以將這些神經迴路想像成一種早就存在大腦中的基礎元件。

大腦映射是致力於管理與控制生命歷程的系統所擁有的顯著功能特性。大腦的映射功能有著它的管理目標。在簡單層級，映射可以偵測空間中物體的存在、位置或是軌跡方向。這有助於生物追蹤危險或機會，好加以避免或把握。當我們的心智可運用各種不同感官所形成的自身多元映射圖，並創造出有關大腦外部世界的多元視角時，我們對於世界中的客體與事件就能有更為精準的反應。不只如此，一旦映射圖也可以在記憶中使用，並在回想中重現，我們就能事先計畫好，產生更佳的反應。

心智的神經學

「腦的哪個部分算是心智，哪個部分不是？」這個問題複雜棘手，但合情合理。一個世紀半以來，關於腦傷結果的研究提供了我們勾勒出初步答案所需的證據。有些大腦區域雖然對主要大腦功能有重要貢獻，但跟基本心智的形成並沒有關係。有些區域則絕對與不可或缺的基礎心智形成有關。還有些區域會協助心智形成，這些區域的任務會涉及到意像的產生與重現，以及意像流動的管理，像是對意像的編輯以及連貫性的創造。

　　整個脊髓顯然對於基礎心智的形成一點也不重要。脊髓完全損傷會造成嚴重的動作缺陷、身體感覺的明顯喪失，並且抑制情緒與感受。不過，只要與脊髓並行的迷走神經仍然完好（這類病患大多都是這樣），大腦與身體的交互傳訊就還是可以強大到進行自動控管，運作基本的情緒與感受，並維持需要身體輸入訊號的那些意識方面。無論意外造成的是哪個層級的脊髓損傷，心智絕對不會因為脊髓損傷就被抹去，我們從意外受傷人士的悲慘案例中就知之甚詳了。演員克里斯多夫・李維（Christopher Reeve）歷經大規模的脊髓損傷後心智仍然完好，意識也是一樣。我曾見過他，我記得從外表看起來，他的情緒表達只有受到些微影響。來自肢體與身軀的體感刺激所產生的表徵，通通都是在上腦幹神經核的層級進行整合，而其訊號來源有脊髓及迷走神經這兩者，因此我推測，脊髓在基礎心智的形成上只佔了非常邊緣的地位。有關脊髓在心智形成上的地位，另一種說法則認為，脊髓的作用在個人整體功能中並沒有缺席，甚至這些作用運作時還能明顯察覺到。脊髓被截斷後，患者不會感到疼痛，但仍會有「疼痛相關」的反射，這表示了組織損傷的映射仍在脊髓層級進行，但沒有向上傳訊到腦幹與大腦皮質那裡。

　　小腦的控管方式也相同，特別是成人的小腦。小腦在動作協調與情緒調節上扮演重要角色，它也涉及到技巧的學習與回想，以及建立技巧的認知方面。但就我們目前所知，基礎的心智形成不關小腦的事。海馬迴也是一樣，海馬迴對於學習新知識很重要，也時常在回想的正常程序上忙碌運作，但沒有海馬迴不會對

各種映射圖（意像）	來源物件
一、生物體內部結構與狀態的映射圖（內感受映射圖）	身體組織的功能狀態，例如：平滑肌收縮或舒張的程度、內環境狀態的參數。
二、生物體其他方面的映射圖（本體感受映射圖）	關節、橫紋肌與部分內臟這類特定身體結構的意像。
三、生物體外部世界的映射圖（外感受映射圖）	任何參與視網膜、耳蝸或皮膚機械受器等感測器的客體或事件。

表 3.1：各種映射圖（意像）與其來源物件。當映射圖被體驗到時，它們就變成了意像。正常的心智包括了上圖中三種不同的意像。生物體內部狀態的意像會構成**原始感受**。生物體其他方面的意像與內部狀態的意像結合，則會構成特定**身體感受**。情緒的感受是複雜身體感受的一種變體，由特定客體所造成，也與特定客體有相關。外部世界的意像正常都會**伴隨著**圖中第一種及第二種意像產生。

感受就是一種意像，其與身體之間有著獨一無二的關係，也因此而顯得特別（請參考第四章）。感受是種自動被感受到的意像。所有其他意像之所以能**被感受到**，就是因為它們會伴隨著我們稱為感受的特定意像一起出現。

形成基本心智產生影響。小腦與海馬迴都只是助手，對於意像與動作的處理程序會協助編輯與建立連貫性。還有數個致力於動作控制的大腦區域，也可能在建立心智歷程的連貫性上扮演重要角色。這對於心智的完整功能當然很重要，但它們都不是形成基礎心智的必須品。關於海馬迴與相鄰皮質沒有形成心智能力的證據相當強大。這些證據來自於兩邊海馬迴與前顳葉皮質都受損患者的行為與自我報告，他們受損的原因有缺氧損傷、單純疱疹病毒性腦炎（herpes simplex encephalitis）或手術切除（surgical ablation）。對於這類患者而言，想要運用回想過去來學習新知識幾乎是不可能。但患者的心智仍然非常豐富，也有幾近正常的視覺、聽覺與觸覺等等知覺，而且還記得大量的一般常識。他們意識的基礎方面大多完好無缺。

當我們轉到大腦皮質這裡時，光景就完全不同了。有好幾個大腦皮質區域顯然都參與了意像的形成，這裡的意像指的就是我們在心智中擁有與運用的那些意像。而沒有參與意像形成的皮質，往往會在推理、決策與行動的過程中，參與到意像的記錄與運用。視覺、聽覺、體感、味覺與嗅覺等早期感覺皮質就像是在大腦皮質這片大海中的小島，這些小島顯然會形成意像。而負責協助前述小島進行這項任務的視丘神經核有兩種：一種是從周邊帶來輸入訊號的中繼核團（relay nuclei），另一種是與大範圍大腦皮質雙向相連的連結核團（associative nuclei）。

有強力的證據支持這項說法。我們知道感覺皮質的每個小島若是有明顯損傷，就會造成特定區域的映射功能產生廣泛性的障礙。舉例來說，早期視覺皮質雙邊損傷的患者會產生「皮質性失明」。對於嚴重受損的患者而言，無論是當下的知覺或是在回想的過程中，都無法再形成詳細的視覺意像。不過患者可能會殘留所謂的盲視，因盲視而產生的無意識線索也會對行動進行一些視覺引導。其他感覺皮質若有明顯損傷，也會產生類似的情況。大腦皮質的其餘部分，也就是那些圍繞小島的海洋，雖然根本上不參與意像的形成，但會參與意像的組織與處理，也就是對早期感覺皮質所形成的意像進行記錄、回想與運用。這將是第六章會探討的內容。[5]

但我的想法不同於傳統與常理，我認為心智不是只靠大腦皮質就能形成，心智最初是從腦幹中出現的。但心智歷程始於腦幹層級的這個想法與常理非常不合，所以也不受歡迎。在那些熱情擁護這個想法的人士中，我特別認同雅克‧潘克沙普（Jaak Panksepp）。我現在提到的這個想法，與早期感受是從腦幹產生的那個想法，都是一樣的。[6] 孤立徑核與臂旁核這兩個腦幹神經核，都參與了心智基礎方面的形成，基礎方面指的是當下生命活動所產生的感受，包括了那些會用痛苦與愉悅來描述的感受。在我的想像中，這些腦部構造所產生的映射圖是簡單的，也省略了大量的空間細節，但在最後形成了感受。這些感受很有可能是心智的原始構成要素，以軀體本身的直接訊號為基礎。有趣的是，它們也是自我不可或缺的原始構成要素，最早開始對心智揭露了**心智所在**的生物體是活著的這件事。

這些重要的腦幹神經核不僅會產生身體的虛擬映射圖，還會產生**被感受到**的身體狀態。而且，痛苦與愉悅之所以能**被感受到**，首先要感謝的就是這些腦部結構，還有不斷回傳訊號到身體的運動結構，也就是中腦導水管周圍灰質神經核（periaqueductal gray nuclei）。

---

5. 相關神經心理學文獻的回顧，請參考：H. Damasio and A. Damasio, *Lesion Analysis in Neuropsychology* (New York: Oxford University Press, 1989); Kenneth M. Heilman and Edward Valenstein, eds., *Clinical Neuropsychology*, 4th ed. (Oxford: Oxford University Press, 2003); H. Damasio and A. R. Damasio, "The Neural Basis for Memory, Language and Behavioral Guidance: Advances with the Lesion Method in Humans," *Seminars in the Neuroscience* 2 (1990), 277-96; A. Damasio, D, Tranel, and M. Rizzo, "Disorders of Complex Visual Processing," in *Principles of Behavioral and Cognitive Neurology*, ed. M. M. Mesulam (New York: Oxford University Press, 2000)。
6. 比約恩‧梅克（Bjorn Merker）是主張腦幹是心智起源甚至也是意識起源的另一位作者，請參考："Consciousness Without a Cerebral Cortex," *Behavioral and Brain Sciences* 30 (2007), 68-81。

心智的初始

在談到心智初始時，要說明白我的意思，就必須先探討三個證據來源，不過我會儘量簡短帶過。一個證據來自腦島皮質（insular cortices）受損的患者，另一個證據來自天生就沒有大腦皮質的幼兒，第三個證據則與腦幹的一般功能有關，特別是上丘的功能。

在腦島受損後的痛苦與愉悅感受

在探討情緒的第五章中，我們會看到腦島皮質明確涉及到大範圍的感受處理過程，從伴隨情緒出現的感受到展現愉悅或痛苦的感受，這些感受簡稱為身體感受。遺憾的是，證實感受與腦島有關的強大證據，也意味著所有感受的基質只出現在皮質層級。因此腦島差不多可以充當簡略的早期視覺與聽覺皮質了。不過正如同視覺與聽覺皮質的損傷不會造成視覺與聽覺的喪失一樣，就算左右兩側大腦半球的腦島皮質從頭到尾完全損傷，也不會造成感受完全喪失。相反地，在**兩側**腦島皮質因單純疱疹病毒性腦炎受損後，痛苦與愉悅的感受仍會存在。我與漢娜・達馬吉歐（Hanna Damasio）及丹尼爾・特拉納爾（Daniel Tranel）兩位同事，反覆觀察了這些患者對於各種刺激所產生的愉悅或痛苦反應，以及患者明確提到的連貫性感受情緒。患者表示對極端的溫度感到不適，他們會為因為無聊的任務感到不開心，也會因為自己的要求被拒絕而感到惱怒。仰賴情緒性感受的社會反應，並沒有受到影響。即便患者無法認出摯愛或朋友，患者對人的依附感依然存在，他們之所以會有認人的問題，是因為疱疹的症狀之一就是造成大腦前顳葉的連帶損傷，這會對自傳記憶產生嚴重影響。此外，控制刺激的實驗顯示，這些刺激會對患者的感受體驗產生顯著改變。[7]

我們可以合理認為，失去兩側腦島皮質後，痛苦與愉悅感受就會從我先前提到的兩側腦幹神經核（孤立徑核與臂旁核）產生，這兩者都是身體內部訊號的適當接收者。在正常個體中，這兩個神經核經由專職的視丘神經核（請參考第四章）將訊號傳到腦島皮質。簡而言之，無論腦幹神經核是否保有感受的基礎層級，腦島皮質都會提供這些感受更為專業分工的版本，更重要的是，可以將這些感受與大腦其他部位活動所產生的其他認知產生連結。[8]

支持這個想法的間接證據顯示：孤立徑核與臂旁核會接收到描述整個身體內環境狀態的完整訊號，沒有訊號可以逃出它們的

7. Antonio R. Damasio, Paul J. Eslinger, Hanna Damasio, Gary W. Van Hoesen, and Steven Cornell, "Multimodal Amnesic Syndrome Following Bilateral Temporal and Basal Forebrain Damage," *Archives of Neurology* 42 , no. 3 (1985), 252-59; Justin S. Feinstein, David Rudrauf, Saib S. Khlasa, Martin D. Cassell, Joel Bruss, Thomas J. Grabowski, and Daniel Tranel, "Bilateral Limbic System Destruction in Man," *Journal of Clinical and Experimental Neuropsychology*, September 17, 2009, 1-19.

8. 有人可能會反駁，在腦島缺失的情況下，其他感覺皮質（初級或次級感覺皮質）會為感受提供來源，或是前扣帶皮質也會提供，因為在運用功能性磁共振造影的情緒性感受研究中，這些區域常會活化。這個想法有幾個問題。首先，前扣帶皮質本質上是運動結構，它們與創造情緒反應有關，並非與感測情緒反應有關。其次，臟器資訊首先會傳送到腦島，之後才會散布到初級與次級感覺皮質。大規模的腦島損傷會阻礙這個過程。第三，正常人身體與情緒性感受的功能性磁共振造影研究顯示腦島出現大量的系統性活動，但卻鮮少出現初級與次級感覺皮質的活動，這項發現符合以下事實：初級與次級感覺皮質負責的是外感受與本體感受（觸覺、壓覺與骨骼運動的映射），而非內感受（臟器與內環境的映射）。事實上，源自臟器的疼痛往往不會完整映射在初級感覺皮質上，這部分請參考：M. C. Bushnell, G. H. Duncan, R. K. Hofbauer, B. Ha, J.-I.-Chen, and B. Carrier, "Pain Perception: Is There a Role for Primary Somatosensory Cortex?" *Proceedings of the National Academy of Sciences* 96 (1999), 7705-09。

手掌。從脊髓與三叉神經核傳來的訊號，甚至是從最後區（area postrema）附近這類「裸露」大腦區域傳來的訊號都不會漏掉。最後區缺乏保護性血腦屏障，此區的神經元會對血流中的分子產生直接反應。這些訊號組成了內環境與內臟的全面性構圖，而這個構圖剛好就是我們感受狀態的主要構成要素。這些神經核彼此之間有大量連結，與鄰近的中腦導水管周圍灰質也有大量的相互連結。中腦導水管周圍灰質是一組複雜的神經核，有數個子單位，其產生的廣泛情緒反應會與防衛、激進及應對痛苦有關。笑與哭、噁心或害怕的表現，以及在恐懼下產生僵住或逃跑的反應，都是由中腦導水管周圍灰質所啟動。這些神經元之間來回的連結，非常適合產生複雜表徵。這些區域的基本連線賦予它們形成意像的職責，而且這些神經核所產生的意像就是感受。還有，因為這些感受是心智建構的早期基礎步驟，對於生命的維持也很關鍵，因此以工程的角度來看（我這裡指的是演化工程的角度），支持結構的基本裝置就位於生命調節裝置旁是很合理的。[9]

大腦皮質缺損幼兒的奇特情況

　　基於諸多原因，孩子可能在大腦半球大片缺損但腦幹仍然完整的情況下出生（大腦半球中的結構包括了大腦皮質、視丘與基底神經節）。這個令人遺憾的情況常是因為胎兒在子宮時發生了嚴重中風，造成所有或大部分的大腦皮質受損以及被再吸收，於是頭骨內的空腔就會充滿了腦脊液。這就是所謂的積水性無腦畸形症（hydranencephaly），如果是影響層面還波及到大腦皮質以

9. J. Parvizi and A. R. Damasio, "Consciousness and the Brainstem," *Cognition* 79 (2001),135-60.

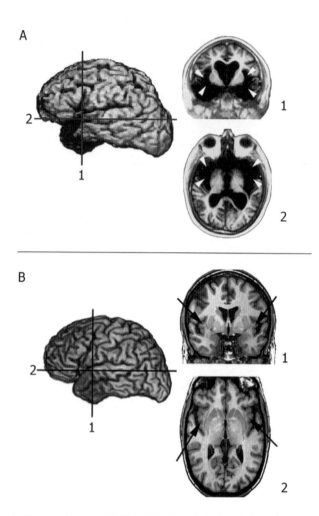

圖 3.2：組圖 A 顯示左右兩側腦島皮質都完全受損患者的磁共振掃描。左側
　　是患者大腦的三維重建圖。右側是沿著左圖標示為 1 的垂直黑線及 2 的
　　水平黑線所截取的兩個大腦剖面圖。剖面上的黑色部分對應到因疾病而
　　受損的大腦組織。白色箭頭所指之處是腦島應該要在位置。組圖 B 展示
　　是的是正常大腦的三維圖，以及正常大腦在兩個相同位置的剖面圖。黑
　　色箭頭所指之處是正常的腦島。

外結構的發展缺陷則通稱為無腦症（anencephaly），這兩者是不同的。[10] 患有此症的幼兒可以存活許多年，甚至渡過青春期，而且常常就被當作是「植物人」。患者通常也缺乏自理能力。

但這些孩子絕對不是植物人。相反地，他們是清醒的，也會出現行為。他們與照顧者的溝通以及與世界的互動雖然有限，但絕對讓人無法忽視。他們顯然有著植物人或是不動不語症（akinetic mutism）患者所沒有的某種心智。他們的不幸遭遇提供了罕見的窗口，讓人得以知道，在大腦皮質缺席的情況下仍然可以出現某種心智。

這些不幸的孩子看起來是什麼樣子？他們因為脊柱部位缺乏肌力以及四肢痙攣，所以動作十分有限。但他們可以自由移動頭部及眼睛，他們臉上也有表情，他們會因為外界刺激（例如玩具或某種聲音）而展現正常孩子會有的笑容，甚至在被搔癢時也會大笑並表現出愉快的神情。他們受到疼痛刺激時會皺起眉頭，也會避開。他們會往自己想要的東西或地方那邊移動，比如說，爬到陽光照耀的地板處，讓自己可以沐浴在陽光下，獲得溫暖。孩子們**看起來**很愉快，也因為孩子們有這類展現感受的外在表現，所以我們會預期他們能夠對刺激做出適當的情緒反應。

這些孩子們可以將頭部及眼睛朝向與他們說話或碰觸他們的人身上，雖然無法一直持續。孩子們也會對人表現出不同的喜愛程度，他們往往會對陌生人感到害怕，而對於熟悉的媽媽或照顧者就會表現得開心。他們好惡分明，最明顯的例子莫過於音樂

---

10. Alan D. Shewmon, Gregory L. Holmes, and Paul A. Byrne, "Consciousness in Congenitally Decorticate Children: Developmental Vegetative State as a Selffulfilling Prophecy," *Developmental Medicine and Child Neurology* 41 (1999), 364-74.

了。孩子們對於某些音樂喜愛程度往往勝過其他。他們會對不同的樂器聲音與人聲有不同的反應。他們也會對不同的節奏與樂曲風格有不同的反應。他們的臉部表情良好反應出他們的情緒狀態。簡而言之，他們在被撫摸及搔癢時、在喜歡的音樂播放時，以及特定玩具出現在眼前時，表現得最為開心。他們顯然是聽得到也看得見的，只是我們不知道到什麼樣的程度。他們的聽力似乎更勝過視力。

當然，他們能看到及聽到任何東西，都是靠完好無缺的皮質下區域所達成，很有可能是丘這個區域達成的。他們之所以能感受到任何東西，也是靠皮質下還完好無缺的孤立徑核與臂旁核來達成的，因為他們沒有腦島皮質或初級與次級體感皮質來協助進行任務。它們所產生的情緒必定是由中腦導水管周圍灰質神經核所啟動，也必定是由控制臉部情緒表達的腦神經核所執行（這些神經核也完好無缺）。生命歷程的運作是由位於腦幹正上方的完整下視丘所支撐，並受到完好的內分泌系統與迷走神經網絡所協助。患有積水性無腦畸形症的女孩甚至在青春期還會出現生理週期。

無庸置疑的，這些孩子提供了一些心智歷程的證據。而他們所展現的愉悅之情，同樣也可以合理認為是與感受狀態有關，他們的愉悅表情可以持續數秒甚至數分鐘，也與引發表情的那份刺激具有一致性。有個想法對我來說非常具有說服力，那就是這些孩子所展現的**愉悅**是真正**感受到**的愉悅，即使他們無法以文字來描述。關於逐步產生意識的機制，他們就這樣達成了第一步，這一步就是感受會與生物體（原我）的整體表徵產生連結以構成基礎體驗，而這一步也有可能會受到參與客體的影響。

某個有趣的發現支持了這些孩子擁有「有意識心智」的可能性，雖然這個有意識心智極其渺小。當這些孩子失神發作時，照顧者輕而易舉就能察覺到他們的狀況。照顧者還可以說出發作何時停止，並表示「小孩又回復原狀」。失神發作顯然暫停了他們正常會表現出來的渺小意識。

　　積水性無腦畸形症患者所呈現的棘手情況，讓我們知道人類腦幹結構與大腦皮質的局限性。這樣的狀況證明了知覺、感受與情緒只來自大腦皮質的這類宣稱是錯誤的。情況絕非如此。在這些例子中可能出現的知覺、感受與情緒程度當然十分受限，最重要的是，它們確實也與較為寬廣的心智世界沒有聯繫，我在這裡指的是只有大腦皮質可以提供的那種心智世界。但在我花費大半輩子去研究大腦損傷對人類心智與行為的影響後，我可以說這些孩子跟植物人完全不同，植物人與世界的互動程度低得多了，植物人確實會因腦幹受損而造成，而同樣的腦幹區域在積水性無腦畸形症患者身上卻是完好無缺的。將運動缺陷的因素排除後，如果一定要做比較的話，也只能將積水性無腦畸形症幼兒與新生兒進行比較，新生兒的心智明顯已在運作，但核心自我幾乎還沒有開始匯集。積水性無腦畸形症幼兒在出生數個月後，父母才會注意到他們有發展問題，再經由掃描發現皮質有嚴重缺失而確診。由於這樣的情況，將這類幼兒與新生兒相比較也較為合理。兩者之所以會有模糊的相似性，其背後原因也不難理解：正常新生兒缺乏被髓鞘完整包覆的大腦皮質，仍待發展。所以新生兒具有能夠完全發揮功能的腦幹，但其大腦皮質只能運作部分功能。

關於上丘

　　上丘是頂蓋（tectum）中的一部分，頂蓋與中腦導水管周圍灰質神經核有密切相關，也與孤立徑核及臂旁核有間接關係。眾所皆知，上丘參與了相關視覺的行為。但我們卻很少思考到，這些結構在心智與自我歷程中可能扮演的角色，不過伯納德‧史崔勒（Bernard Strehler）、雅克‧潘克沙普與比約恩‧梅克（Bjorn Merker）的研究則是著名的例外。[11] 上丘的解剖構造很迷人，但這也迫使我們去猜想這種結構應有什麼用途。上丘有七層，第一層到第三層是「表層」，第四到第七層是「深層」。所有在表層傳出傳入的連結，都與視覺有關，而表層中最主要的第二層負責接受收從視網膜及初級視覺皮質傳來的訊息。表層會匯集形成對側視野的視網膜拓樸映射圖。[12]

　　除了視覺世界的映射圖外，上丘深層還會包含聽覺與體感資訊的拓樸映射圖，體感的資訊來自脊柱與下視丘。視覺、聽覺與體感這三種映射圖都有空間定位。這表示這些圖會以精準的方式堆疊起來，讓一張映射圖上的資訊可以對應到另一張映射圖上的

---

11. Bernard M. Strehler, "Where Is the Self? A Neuroanatomical Theory of Consciousness," *Synapse* 7 (1991), 44-91; J. Panksepp, *Affective Neuroscience: The Foundation of Human and Animal Emotions* (New York: Oxford University Press, 1998). 也請參見 Merker, "Consciousness"。

12. 視網膜的映射規劃會保存下來，左丘的活動會伴隨右側視野出現，反之亦然。上丘表層的神經元偏好對動態而非靜刺激產生反應，還偏好對慢速而非快速的動態刺激產生反應。它們也偏好以特定方向橫跨視野移動的刺激。上丘所提供的視野，以偵察與追蹤移動目標為優先。
與表層上丘不同，深層上丘會連結到各種視覺、聽覺、身體感覺與運動的相關結構。視覺傳入訊息會直接從對側視網膜傳入深層上丘。聽覺傳入訊息從下丘傳入深層上丘。體感傳入訊息從脊髓、三叉神經核、迷走神經核、最後區與下視丘傳入。本體感受資訊，也就是與肌肉有關的各種體感資訊，從脊髓經由小腦來到上丘。前庭資訊則經由頂核（fastigial nucleus）的投射進行轉送。

資訊，比如說讓視覺資訊可以對應到聽覺資訊或身體狀態。[13]
大腦中沒有其他區域可以將視覺、聽覺與身體各種狀態實際疊加起來，以及提供有效率的整合視角。這份經整合的結果可經由大腦皮質與中腦導水管周圍灰質附近的結構傳入運動系統之中，而這也讓整合這件事更具有重要性。

我家陽台某天出現了一隻小蜥蜴，牠正以疾速捕捉一隻堅持在牠四周打轉、並在低空危險飛行的笨蒼蠅。小蜥蜴完美追蹤到蒼蠅的軌跡，最終在精準時刻伸出舌頭捕捉到那隻蒼蠅。蜥蜴的上丘神經元繪出蒼蠅每一刻的位置，並據此引導蜥蜴的肌肉，最終在獵物於可捕獵範圍內時迅速伸出舌頭。這種對於自身所處環境產生的完美適應性視覺動作行為，非常驚人。但現在請想像一下，蜥蜴的上丘神經元以讓你吃驚的速度依序快速活化，然後再請你停下來想想：蜥蜴看到了什麼？我不是很確定，但我猜想牠會在模糊視野中看見一個動來動去的黑點。這隻蜥蜴知道發生了什麼事嗎？若是以我們人類所認知的那種知道，我猜牠是不知道。那當牠吃到得來不易的午餐時又是什麼感受呢？我猜牠的腦幹記錄了牠成功達成目標的完整行為，以及恆定狀態改善的

---

13. 上丘與下丘之間的對比相當具有啟發性。下丘也是個層狀結構，但它只負責聽覺。下丘是聽覺訊號傳送到大腦皮質這條路徑的重要中繼站。上丘則同時負責視覺與協調，與視覺緊密相關的是表層上丘，而與協調有關的則是深層上丘。請參考：Paul J. May, "The Mammalian Superior colliculus: Laminar Structure and Connections," *Progress in Brain Research* 151 (2006), 321-78; Barry E. Stein, "Development of the Superior Colliculus," *Annual Review of Neuroscience* 7 (1984), 95-125; Eliana M. Klier, Hongying Wang, and Douglas J. Crawford, " The Superior Colliculus Encodes Gaze Commands in Retinal Coordinates," *Nature Neuroscience* 4 , no. 6 (2001), 627-32; and Michael F. Huerta and John K. Harting, "Connectional Organization of the Superior Colliculus," *Trends in Neurosciences* , August 1984, 286-89。

結果。讓蜥蜴具有感受能力的基質可能已到定位，但牠還沒有能力去思考自己剛才所展現的驚人技術。新手上路一直都不容易啊。

　　強力的訊號整合有個明顯且立即性的目標：對於能夠引導出有效行動的必要資訊進行匯集。就上述例子來看，有效行動指的是眼睛、肢體甚至是舌頭的動作。要達成這件事，就得靠從丘到引導有效動作的所有必要大腦區域之間的豐富連結，這些區域位於腦幹、脊柱、視丘與大腦皮質中。不過除了達成對動作的有效引導之外，這種有效安排也可能會產生「內部」的心智成果。上丘這個精確整合的映射圖很有可能也會產生意像，雖然不會像大腦皮質所形成的意像那樣豐富，但仍是意像。心智初始的某些部分或許可以在這裡發現，而自我的起源或許也可以在這裡找到。[14]

　　那人類的上丘又是什麼樣的情況呢？在人類身上，只出現上丘損壞的情況少之又少，所以神經病理學文獻中只記錄到一位這樣的案例，幸好卓越的神經病理學暨神經科學家德瑞克・丹尼布朗（Derek Denny-Brown）對於這個雙邊上丘受損的案例進行了研究。[15]這個案例的損傷是因為外傷造成，患者在意識嚴重受損的情況（與不動不語症極為類似）下存活了數個月。這表示損傷對心智造成了影響，不過我要補充一下，我曾偶遇一位丘損傷的患者，而他只被測出有短暫的意識混亂。

---

14. Bernard M. Strehler, "Where Is the Self? A Neuroanatomical Theory of Consciousness," *Synapse* 7 (1991), 44-91; Merker, "Consciousness." 。

15. D. Denny Brown, "The Midbrain and Motor Integration," *Proceedings of the Royal Society of Medicine* 66 (1962), 527-38.

在視覺皮質喪失而只有丘存在的情況下去看東西時，可能只會感覺到某個不確定的物體 X，正在視野的其中一個象限裡遠離或是接近我。無論是前述哪種情況，我的心智都無法描述出那是什麼東西，我甚至可能沒有意識到那個東西。我們正在探討的是一個非常模糊的心智，粗略地匯集了關於世界的資訊，不過就像盲視那樣，意像雖然模糊也不完整，但並不代表它們就是無用或沒有幫助。然而，當視覺皮質從出生就缺乏，也就是像前述積水性無腦畸形症那樣時，上丘及下丘可能就會對心智歷程做出更多的實質貢獻。

最後我還要提到一件上丘對心智有所貢獻的有利事證。上丘會產生伽瑪波的電振盪，這是個跟神經同步活化有關的現象，而且神經生理學家沃爾夫・辛格（Wolf Singer）認為這種現象與連貫性的知覺有關，甚至與意識也可能有關。截至目前為止，我們所知道的是，上丘是大腦皮質外唯一一個會出現伽瑪波電振盪的區域。[16]

更接近心智的形成了嗎？

前述內容展現出，心智的形成是一件具有高度選擇性的任務。整個中樞神經系統並沒有完全參與這個過程。有些區域沒有參與，有些區域有參與但不是主要角色，而有些區域則肩負起主

---

16. Michael Brecht, Wolf Singer, and Andreas K. Engel, "Patterns of Synchronization in the Superior Colliculus of Anesthetized Cats," *Journal of Neuroscience* 19, no. 9 (1999), 3567-79; Michael Brecht, Rainer Goebel, Wolf Singer, and Andreas K. Engel, "Synchronization of Visual Responses in the Superior Colliculus of Awake Cats," *NeuroReport* 12, no. 1 (2001), 43-47; Michael Brecht, Wolf Singer, and Andreas K. Engel, "Correlation Analysis of Corticotectal Interactions in the Cat Visual System," *Journal of Neurophysiology* 79 (1998), 2394-407.

要的運作。在主要運作的區域中，有些會提供詳細意像，有些會提供身體感受這類簡單但基本的意像。所有參與心智形成的區域都有著高度分化的互連模式，這表示它們有著非常複雜的訊號整合。

將對心智形成有貢獻的區域與沒有貢獻的區域做比對，並無法讓我們知道神經元會產生什麼樣的訊號，也無法明確說明神經元的活化頻率、活化強度或匯集的聯合模式。但這說明了參與心智形成的神經元連線的某些方面。舉例來說，形成心智的皮質區域所聚集而成的連鎖區域群，被安排圍繞在周邊感覺探測器的傳訊入口。而形成心智的皮質下區域所聚集而成的緊密連鎖區域群（這裡指的是神經核），也被安排在其他「周邊」的傳訊入口，這裡的「周邊」指的即是身體本身。

無論是大腦皮質或皮質下神經核，兩者都需要的另一個必備條件是：形成心智的區域必須要有大量的相互連結，這樣遞迴現象就會遍地開花並達成高複雜度的訊號互傳。皮質與視丘的連鎖關係也讓皮質中的這個特性更加發揚光大。所謂的**遞迴傳訊與重入傳訊**，不只是沿著單一神經鏈往前，還會回到原點，回到這條神經鏈各個要素初始的神經元聚集之處。形成心智的皮質區域也會接收從各種神經核傳來的訊號，這些神經核有些位於腦幹，有些位於視丘。它們運用神經調節物質（如兒茶酚胺）與神經傳導物質（如麩胺酸）來調節皮質活動。

最後還有一項必備的條件，那就是特定的傳訊時機，這是要讓同時到達周邊感覺探測器的刺激元素在訊號於大腦內進行處理時可以聚在一起。要產生心智狀態，神經元的小型迴路就必須以非常特別的方式運作。舉例來說，在某種特性出現時就會產生活動的小型迴路中，神經元的活化率會增加。一同運作以表現出綜合特性的整群神經元必會**同步**它們的活化率。辛格與同事（還有埃克霍恩〔R. Eckhorn〕）首先在猴子身上驗證了這一點，他們發現參與處理同一客體的不同視覺皮質，展現出 40 赫茲波段的同步活動。[17] 這份同步可能是由神經活動的振盪所達成。當大腦形成知覺意像時，對知覺有貢獻的不同區域神經元會展現出在高頻伽瑪波段的同步振盪。這可能是不同區域能夠運用時機進行「結合」背後的部分秘密。我將會運用這類機制來解釋聚集發散區域的運作（第六章）與自我的整合（第八、九及十章）。[18] 換句話說，除了在各種不同位置建立豐富的映射圖之外，大腦必須讓這些映射圖彼此具有關聯性，成為具一致性的整體。時機也許就是賦予**關聯性**的關鍵。

總而言之，將映射圖視為離散實體的這種概念，只是個具有幫助性的抽象概念而已。這個抽象概念中隱含了有極大量的神經元互相連接的這件事實，這是每個不同區域都參與到的互相連接，其會產生龐大複雜的訊號。我們體驗到的心智狀態，對應到的不只是大腦不同區域的活動，也對應到與多個區域有關的遞迴傳訊。然而，就如同我將在第六章中探討的，特定心智內容中的明確面向（例如特定的臉蛋、特定的聲音），似乎會聚集在特定幾個大腦區域中，這些區域設計得讓本身可以進行整合映射，不過它們還是需要其他區域的協助。換句話說，在心智形成的背

17. W. Singer ", Formation of Cortical Cell Assemblies," *Symposium on Aualitative Biology* 55 (1990), 939-52; Llinás, *I of the Vortex*.
18. L. Melloni, C. Molina, M. Pena, D. Torres, W. Singer, and E. Rodriguez, "Synchronization of Neural Activity Across Cortical Areas Correlates with Conscious Perception," *Journal of Neuroscience* 27, no. 11 (2007), 2858-65.

後，存在有某些解剖構造上的差異性，也就是在混亂的神經整體複雜性中，存在有極佳的專業分工。

當我們努力去了解心智的神經基礎時，可能會問：前述那些內容算是好消息還是壞消息？我們可以用兩種不同的心態來面對這個問題。一種心態是覺得沮喪，因為這麼龐大的混亂與絕望感，讓我們根本無法從生物的混亂狀態中收集到清晰良好的模式。不過另一種心態是，我們也可以全心全意地擁抱這種複雜的情況，並理解到大腦就是需要這種看似混亂的狀態，才能產生豐富、順暢且具有適應力的東西，就像是心智狀態。我會選擇以第二種心態來面對問題。我很難相信，單一皮質區域中不連貫的離散映射圖，就可以讓我聽到巴赫的鋼琴組曲或是看到威尼斯的大運河，更不用說享受這些以及發現它們在整體事物中的重要性了。就大腦而言，只有在我們希望傳達某個現象的要點時，才會覺得簡單就好。不然，複雜多元總是比較好的。

第四章

心智中的身體

心智的主題

在意識成為心智與大腦研究想要探討的核心問題之前，學術圈主要爭論的是另一個名為「心智—身體問題」的相近議題。對於從笛卡兒與史賓諾莎迄今的哲學家與科學家而言，這個問題總會以某種形式滲入他們的思維當中。我在第三章所提到的功能性管理已經清楚表達我在這問題上的立場：大腦的映射能力提供了解答此問題的要素。簡單來說，像我們人類這樣的複雜大腦，天生就會運用身體結構的映射圖，這些映射圖有的詳實，有的粗略。大腦自然也會對這些身體結構的功能狀態進行映射。正如我們所見，大腦映射圖是心智意像的基質，具有映射能力的大腦可以如實將身體帶入心智歷程中成為心智的**內容**。身體之所以會自然而然地成為心智的主題，都要感謝大腦。

但是從身體到大腦的映射，有個奇特的方面一直被系統性地忽略，那就是：雖然身體是被映射之物，但身體從未與執行映射的實體失去聯繫，這個實體就是大腦。在正常的情況下，身體與大腦從出生到死亡都綑綁在一起。還有同樣重要的是，從身體被映射出來的意像會對身體本身產生永久性的影響。這個情況很特別。從身體外部的客體與事件被映射出來的意像就沒有這種特性，那些意像並無法影響到其來源客體與事件。我相信，任何意識理論若是沒有納入這些事實，注定要失敗。

　　身體到大腦連結背後的原因早已呈現。管理生命的業務包含了管理身體，而這份管理會因大腦的現身而更為精準也更有效率。特別是因為有了神經元迴路來協助進行管理。我曾說過，神經元與生命及身體其他細胞的生命管理有關，而這份關係需要雙向傳訊。神經元會經由化學訊息或激發肌肉來對身體其他細胞產生作用，但要進行這個工作，就得要從它們應要驅動的那個身體上獲得刺激。在簡單的大腦中，只要傳訊到皮質下神經核就可以驅動身體。神經核中充滿了「傾向知識」，這類知識無需詳實的映射表徵。但在複雜的大腦中，大腦皮質會以非常實用的詳細程度來描述身體與其作為，以至於大腦的擁有者變得具有某種「映射」能力，像是可以清晰呈現肢體與其在空間中的位置，或是其手肘或胃部的疼痛。將身體帶進心智中是大腦內部關係的終極表現，用弗朗茲・布倫塔諾（Franz Brentano）這類哲學家思維的相關術語來說，這就是大腦對身體**有意圖**的態度。[1] 布倫塔諾確實看見了這份可視為心智現象標誌的有意圖態度，他還認為身體現象就沒有這種有意圖的態度與關係了。但這似乎不太符合我們的情況。如同我們在第二章所見，單一細胞也會**展現**差不多同樣的意圖。換句話說，無論是整個腦部或是單一細胞，都沒有刻意去進行某些行為的意圖，但它們的態度看起來就像是有意圖那樣。這提供給我們另外一個理由去拒絕接受心智與身體世界截然不同的那種直覺想法。[2] 至少在這裡，肯定不是這樣的。

　　大腦相對於身體的關聯性，會造成另外兩種驚人的結果，而

---

1. Franz Brentano, *Psychology from an Empirical Standpoint*, trans. Antos C. Rancurello, D. b. Terrel, and Linda L. McAllister (London: Routledge, 1995), 88-89.

且它們也是解決心智—身體與意識難題的不可或缺之物。具有普遍性的詳盡身體映射，包含的不只有我們通常稱為身體的部分（像是肌肉骨骼系統、內部臟器與內環境），還有在身體特定部位的特殊知覺裝置，例如嗅覺與味覺黏膜、皮膚的觸覺元件、耳朵與眼睛等等的前哨站。這些裝置跟心臟與腸道一樣都位在身體之中，但它們享有特權地位。我們這樣說吧，它們就好像鑲在框中的鑽石。所有這些裝置有一部分是由「古老的肉體」（鑽石的框架）所構成，另一部分則是由精良的特殊「神經探測器」（鑽石）構成。重要的古老肉體框架計有：外耳、耳道、具有三小聽骨與鼓膜的中耳、眼睛周圍的皮膚與肌肉、視網膜之外的水晶體與瞳孔等各種眼球構造。精良神經探測器的例子計有：具有精巧纖毛細胞與聲音映射能力的內耳耳蝸、位於眼球後方供視覺影像投射的視網膜。古老肉體與神經探測器的組合，構成了身體的界限。從外部世界傳來的訊號得要穿過界限才能進入大腦，它們無法直接進入大腦之中。

因為這種有趣的安排，**身體外部世界的表徵只能經由身體本身進入大腦之中**，也就是要穿過身體的表面。身體與周遭環境會彼此互動，**身體內**因互動所產生的變化，會被映射到大腦之中。心智會經由大腦學習到外部世界的知識，這確實是事實，不過大腦只能通過身體才能知道這些知識，這也是事實。

身體與大腦的關聯性，還會造成較不為人所知的第二種驚

---

2. 丹尼爾・丹尼特（Daniel Dennett）長期以來也抱持著同樣的主張，請參考：Daniel Dennett, *The Intentional Stance* (Cambridge, Mass.: MIT Press, 1987)。近來抱持同樣主張的還有特康索・費許（Tecumseh Fitch），請參考：Tecumseh Fitch, "Nanointentionality: A Defense of Intrinsic Intentionality," *Biology and Philosophy* 23 , no. 2 (2007), 157-77。

人結果：腦以整合方式映射自己的身體，並經此設法創造出未來會成為自我的關鍵要素。我們將會看到，身體映射就是解析意識問題的關鍵。

上述事實跟最後要提到的這件事相比，就沒有那麼驚人了。最後要說的是，身體與大腦的親密關係對於了解我們生命核心的其他事物，也就是「自發性的身體感受、情緒與情緒性感受」，極為重要。

身體映射

大腦如何完成身體的映射？有人可能會說，就把身體與其部位跟任何其他客體一視同仁即可，但這樣不合理，因為就大腦而言，身體就不是任何其他客體，身體是大腦映射的**核心**客體，大腦所關注的首要焦點。我會儘量用**身體**一詞來表示不包括大腦在內的身體本身。大腦當然也是身體的一部分，但它的情況特殊：它是可與其他每個身體部位相互交流的身體部位。

威廉·詹姆士約略知道身體會被帶入心智中，但他無法得知負責將身體轉移到心智的機制實際上會有多麼複雜。[3] 身體運

---

3. William James, *The Principles of Psychology* (New York: Dover Press, 1890)。在詹姆士的論述中，身體對於了解心智有重大意義。而這樣的論述卻在神經科學中受到嚴重忽視，直到最近才有所改善。然而在哲學中，身體仍持續扮演著核心角色，著名的例子請參考：Maurice Merleau-Ponty, *Phenomenology of Perception* (London: Routlege, 1962)。在當代哲學家中，此領域的公認領導者為馬克·強森（Mark Johnson）。在強森與喬治·萊考夫（George Lakeoff）的知名著作中，身體也扮演著重要的角色，這裡請參考：*Metaphors We Live By* (Chicago: University of Chicago Press, 1980)。不過其後還有兩本著作是專門針對該主題進行明確探討，請參考：Mark Johnson, *The Body in the Mind: The Bodily Basis of Meaning, Imagination, and Reason* (Chicago: University Chicago Press, 1987); Mark Johnson, *The Meaning of the Body: Aesthetics of Human Understanding* (Chicago: University of Chicago Press, 2007)。

用了化學訊號與神經訊號來與大腦交流，其所傳達的資訊範圍比詹姆士所想得更為廣泛也更詳盡。實際上，我現在堅信，只探討身體到大腦的交流會錯失了重點。雖然從身體到大腦的傳訊會產生直接映射的結果，如肢體空間位置的映射，但傳訊的重要部分首先是由皮質下神經核來**處理**的，這些神經核位於脊柱中，特別是在腦幹之中。而這些部位不應該只被視為身體訊號前往大腦皮質途中的中繼站而已。如同我們將在下段內容中所見，在中間階段會有某個東西加入。當我們談到會構成感受的相關身體內部訊號時，這就很重要了。不僅如此，身體實質結構與功能的各個方面，從早期發展開始就烙印在大腦迴路中，還會產生持久的活動模式。換句話說，某些身體版本永遠可以在大腦活動中重新被創造出來。身體的不同狀態會在大腦中模擬出來，這是身體與大腦關係的重要標記之一。最後，大腦不只能對實際正在發生的事物進行映射（或多或少忠實呈現），它還可以**轉換**身體狀態，最驚人的，是去**模擬**從未發生過的身體狀態。

對神經科學不甚了解的人們，可能會認為身體是以單一整體來運作，一整個肉體經由神經這種重要連線與大腦相連。然而實際情況則完全不同，身體會劃分成好幾個部位。可以確定的是，備受關注的那些臟器都很重要。我們通常想得到的幾個重要臟器計有：心臟、肺臟、腸道、肝臟與胰臟、嘴巴舌頭與喉嚨、內分泌腺（如腦垂腺、甲狀腺與腎上腺）、卵巢與睪丸等等。不過前述這份清單並不完整，應該還要列入一些我們不常想到的臟器，包括：包覆整個生物體的皮膚（這也很重要，但通常不被認為是器官）、骨髓、循環流動的血液與淋巴。所有這些部位都是身體正常運作的不可或缺之物。

對於我接下來要提到的事情，你可能不會特別感到驚訝。早期人類心智的整合度與精良度都不如我們現在的心智，感知很容易就支離破碎，身體成了零碎片斷的現實，這可以從荷馬（Homer）流傳下來的詩句中看出。在《伊利亞德》（*Iliad*）這部史詩中，人們沒有提到整個身體（soma），只有提到身體的部位，也就是四肢。血液、呼吸及臟器功能都用**精神**（psyche）這個詞來涵蓋，精神這個詞在當時還不具有「心智」或「靈魂」的意思。而驅動身體並可能與驅力及情緒混在一起的那種活生生的狀態，則是**血氣**（thumos）與**心靈**（phren）。[4]

身體與大腦的交流是雙向的，會從身體到大腦，也會從大腦到身體。不過這個雙向交流一點也不對稱。從身體到大腦的神經與化學訊號，讓大腦創造出身體的多媒體記錄片並持續播放，也讓身體可以提醒大腦發生在自身結構與狀態中的重要變化。讓所有身體細胞浸泡在其中的內環境，會以血中的化學物質來表達自身的狀態。內環境也會傳訊至大腦，但不是經由神經而是經由化學分子，這些分子會直接作用於專門設計來接收分子訊息的特定大腦部位。因此，會傳送到大腦的訊息範疇是極為廣泛的。舉例來說，它包括了：平滑肌收縮或舒張的狀態（平滑肌就是組成動脈、腸道與氣管管壁的肌肉）、身體任何局部區域的氧氣與二氧化碳濃度、各部位的溫度與酸鹼值、局部是否出現有毒化學分子等等。換句話說，大腦知道身體之前的狀態，也可以得知狀態正

---

4. Julian Jaynes, *The Origin of Consciousness in the Breakdown of the Bicameral Mind* (New York: Houghton Mifflin, 1976).

在發生的變化。若是大腦要產生正確的反應去修正對生命的威脅，那麼得知身體狀態目前正在發生的變化就很重要。另一方面，大腦也會同時利用神經與化學訊號傳訊到身體去，訊號中會攜有改變身體的指令。身體告訴大腦：這個是我本來被建造出來的模樣，而這個則是你現在應該會看到的模樣。大腦告訴身體要做什麼才能維持平穩的狀態。無論何時呼叫大腦，它都還會告訴身體要如何建構情緒狀態。

　　然而身體不只包括內臟與內環境，還有肌肉。肌肉有兩種：平滑肌與橫紋肌。橫紋肌在顯微鏡下可以看到具有特色的「橫條紋」，平滑肌則無。平滑肌在演化上出現得比較早，只在臟器中出現，我們的腸道與氣管可以收縮及擴張，都要感謝平滑肌。我們動脈的管壁，有很大一部分也是由平滑肌構成，當環繞動脈管壁的平滑肌收縮時，血壓就會上升。橫紋肌就不一樣了，橫紋肌附著在骨頭上，用於產生外部身體動作。前述結構中唯一一個例外是心臟，心臟也是由橫紋肌纖維所構成，其收縮不是為了讓身體移動，而是打出血液。描述心臟狀態的訊號會被傳送到負責臟器的大腦區域，而非參與動作的區域。

　　當骨骼肌，也就是橫紋肌，連起兩根骨頭形成關節時，它們的肌肉纖維進行收縮就會產生動作。撿起東西、走路、說話、呼吸與進食都是需要仰賴骨骼肌收縮與舒張的動作。只要骨骼肌收縮，身體的配置就會產生改變。除了靜止不動（清醒狀態下很少發生）之外，身體在空間中的配置都會持續變化，大腦中的身體表徵映射圖也會產生相應的變化。

　　為了精準控制動作，身體必須立即將骨骼肌的收縮狀態傳訊給大腦，這需要有效率的神經路徑。比起負責從臟器與內環境傳訊到大腦的神經路徑，骨骼肌的神經傳訊路徑是在演化較晚的時期才出現的。這些路徑會抵達大腦負責感測肌肉狀態的區域。

如前所述，大腦也會傳訊給身體。身體當前狀態的諸多方面都持續映射在大腦中，而這些映射一開始是因為腦部傳訊到身體所引發的。如同身體傳訊至腦部的情況一樣，大腦也會經由神經與化學管道與身體對話。神經管道中之神經所攜帶的訊息，會讓肌肉收縮以執行動作。化學管道則有皮質醇、睪固酮與雌激素等荷爾蒙的參與。荷爾蒙的釋放會改變內環境以及臟器的運作。

身體與大腦一直都在互動對舞。在腦中進行思考會引發身體產生情緒狀態，同時身體也會改變大腦的樣貌，進而改變了思考的基質。對應到特定心智狀態的大腦狀態，會造成特定身體狀態的產生。然後這些身體狀態就被映射到大腦之中，與當前的心智狀態結合。在這個系統中的大腦端所產生的小小改變，就會對身體狀態產生重大影響（想想任何一種荷爾蒙的釋放），同樣地，身體端的小小改變（想想補牙的情況）一旦被映射成強烈疼痛並被感知到時，也會對心智產生重大影響。

從身體到大腦

從十九世紀中葉興盛發展到二十世紀早期的卓越歐洲生理學學派，以令人欽佩的精準度，描述了身體傳訊至大腦的大概輪廓，但他們卻忽略了這個系統可用來了解心智與身體問題的關聯性。所以毫不意外地，神經解剖學與神經生理學上的相關細節在過去這幾年間才揭露出來。[5]

身體內部的狀態，會經由效力於特定大腦區域的神經管道傳達到大腦中。特殊種類的神經纖維（Aδ 及 C）會將來自身體每個角落及間隙中的訊號，傳送至中樞神經系統裡位於長條脊髓每一層的特定部位（例如脊髓後角的第一層板區〔lamina-I〕），以及三叉神經的尾端。脊髓會處理來自身體（頭部除外）內環境與臟器的訊號，包括胸部、腹部與四肢的訊號。三叉神經核則處理來自頭部內環境與內部組織的訊號，包括了臉部及臉部皮膚、頭皮與主要產生頭痛的硬腦膜。另外還有一些腦部區域也具有同樣的貢獻，這些腦部區域處理進入中樞神經系統後的訊號，並將處理過的訊號送往大腦的更高層級。

我們至少可以說，除了血流中可獲得的化學資訊外，這些神經訊息通知了大腦有關身體內部狀態的大部分資訊，身體內部狀態指的是位於皮膚下之身體部位的臟器化學狀態。

骨骼肌執行動作的狀態，經過身體至大腦的管道進行映射，成為**外感受**的一部分，這可以補足上述我們稱為**內感受**的複雜映射。從骨骼肌傳送的訊息會運用能夠快速傳導的另類神經纖維 Aα 與 Aγ，而其在進入大腦較高層級時所經過的中樞神經系統中繼站也不同。傳訊的結果就是在大腦中形成了身體的多維映射

---

5. 這段歷史的兩位關鍵人物為埃里克・海因里希・韋伯（Eric Heinrich Weber）與查爾斯・斯科特・薛靈頓（Charles Scott Sherrington）。請參考：Weber, *Handwörterbuch des Physiologie mit Rücksicht auf Physiologische Pathologie*, ed. R. Wagner (Braunschweig, Germany: Biewig und Sohn, 1846)，與 Sherrington, *Text-book of Physiology*, ed. E. A. Schäfer (Edinburgh: Pentland, 1900)。遺憾的是，當薛靈頓在修訂自己著名的教科書時，捨棄了德式的一般身體感受概念（Gemeingefühl），不再強調他先前的「物質我」概念了。請參考：C. S. Sherrington, *The Integrative Action of the Nervous System* (Cambridge: Cambridge University Press, 1948)。克雷格對此事提供了精準的歷史評論，請參考："How Do You Feel? Interoception: The Sense of the Physiological Condition of the Body,"*Nature Reviews Neuroscience* 3 (2002), 655-66。

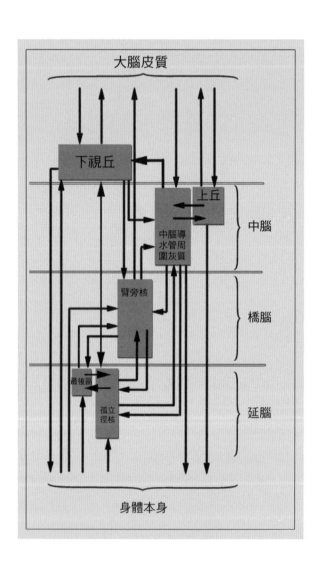

大腦皮質

下視丘

上丘

中腦導
水管周
圍灰質

中腦

臂旁核

橋腦

最後區

孤立
徑核

延腦

身體本身

圖 4.1：參與生命調節（恆定狀態）的主要大腦—腦幹神經核示意圖。圖中展示的是由上到下排列的腦幹三層級（中腦、橋腦與延腦）以及下視丘（雖然就解剖結構來看，下視丘是間腦的一部分，但就功能而言，是屬於腦幹的組成部位）。身體與大腦訊號的傳出與傳入，以垂直箭頭標示。這裡只有畫出基本的相互連線，也只有提到與恆定狀態有關的主要神經核，不包括典型的網狀核（reticular nuclei）與單胺能核和膽鹼核（monoa-minergic and cholinergic nuclei）。

腦幹常被認為不過是身體與大腦互傳訊息的管道，但實際並非如此。像孤立徑核與臂旁核這類構造，確實可以將訊號從身體傳送到大腦，但這並非被動進行。在這些神經核中負責繪圖的組織正是大腦繪圖組織的前身，其會對身體訊號**產生反應**，進而調節新陳代謝與保衛身體組織的健全。不僅如此，其所進行的大量遞迴互動（以雙向箭頭標示），意味著在調節生命的歷程中，可能會創造出新的訊號模式。中腦導水管周圍灰質會以身體為目標，產生複雜的化學與動作反應（像是與疼痛及情緒有關的反應），這也會遞迴連結到臂旁核與孤立徑核。中腦導水管周圍灰質是身體到大腦這個共振迴路中的關鍵連線。

我們可以合理假設，在生命調節的歷程中，這些神經核所形成的網絡也會產生複合的神經狀態。**感受**一詞就是在描述這些狀態的心智層面。

圖，進而也在心智中產生了身體的多維映射圖。[6]

數量表徵與特質建構

前述身體到腦部的傳訊，不是只與某些分子的數量或平滑肌收縮的程度這類表徵有關。當然，從身體到腦部的管道確實會傳送有關數量的資訊（當下二氧化碳或氧氣的濃度，血中的血糖濃度等等）。但傳送的結果中同時還有**特質方面**的資訊。身體的狀態會以某種愉悅或痛苦、放鬆或緊張的形式被感受到，這種感覺可能會是活力滿滿或是疲乏困頓、身體輕盈或是身體沉重、通體順暢或氣血滯礙、充滿熱情或心灰意冷。這種具有特質的背景效果是如何形成的？要為當下的身體活動**建構出**多元的背景樣貌，首先得對來到腦幹結構與腦島皮質的各種數量訊號進行排列。

為了讓你們了解我想的是什麼，現在要請你們想像一種愉悅

---

6. 關於身體與腦部互連基礎的良好論述，請參考："The Central Autonomic Nervous System: Conscious Visceral Perception and Autonomic Pattern Generation," *Annual Review of Neuroscience* 25 (2002), 433-69。也請參考：Stephen W. Porges, "The Polyvagal Perspective,"*Biological Psychology* 74 (2007), 116-43。關於腦幹與下視丘神經核負責執行此雙向歷程的結構，請參考下列文章：Caroline Gauriau and Jean-François Bernard, "Pain Pathways and Parabrachial Circuits in the Rat," *Experimental Physiology* 87 , no. 2 (2001), 251-58; M. Giola, R. Luigi, Maria Grazia Pretruccioli, and Rossella Bianchi, "The Cytoarchitecture of the Adult Human Parabrachial Nucleus: A Nissl and Golgi Study," *Archives of Histology and Cytology* 63, no. 5 (2001), 411-24; Michael M. Behbahani, "Functional Characteristics of the Midbrain Periaqueductal Gray," *Progress in Neurobiology* 46 (1995), 575-606; Thomas M. Hyde and Richard R. Miselis, "Subnuclear Organization of the Human Caudal Nucleus of the Solitary Tract," *Brain Research Bulletin* 29 (1992), 95-109; Deborah A. McRitchie and Istvan Törk, "The Internal Organization of the Human Solitary Nucleus,"*Brain Research Bulletin* 31 (1992), 171-93; Christine H. Block and Melinda L. Estes, "The Cytoarchitectural Organization of the Human Parabrachial Nuclear Complex," *Brain Research Bulletin* 24 (1989), 617-26; L. Bourgeais, L. Monconduit, L. Villanueva, and J. F. Bernard, "Parabrachial Internal Lateral Neurons Convey Nociceptive Messages from the Deep Laminas of the Dorsal Horn to the Intralaminar Thalamus," *Journal of Neuroscience* 21 (2001), 2159-65。

（或痛苦）的狀態，並試著經由簡單盤點在過程中發生改變的各種身體部位，來詳細列出組成這個狀態的部位：內分泌、心臟、循環、呼吸、腸道、表皮、肌肉。現在將你體驗到的感受，視為是在身體背景樣貌上發生之所有變化的整合知覺。你在練習時，可以實際嘗試建構出感受，並賦與每個組成部位一個強度值。你所想像的每種狀態，都會讓你獲得不同的特質。

　　不過，還有別種建構出特質的方法。首先，如前文所示，身體訊號有很大一部分會在中樞神經系統中的特定神經核中進行附加處理。換句話說，訊號會在中間階段進行處理，這裡不只是個中繼站而已。位於中腦導水管灰質神經核中的情緒裝置，可能會以直接或間接的方式，影響在臂旁核層級對身體訊號所進行的處理。就神經學上而言，在處理過程中究竟附加了什麼，我們也不得而知，不過這個附加物似乎對於感受的體驗特質有所貢獻。其次，接收身體至大腦訊息的區域，接續會經由改變身體當前狀態來加以反應。我認為這些反應會啟動身體狀態與大腦狀態之間的緊密雙向共振迴路。身體狀態在大腦中的映射與實際身體狀態相差不遠。它們之間的界限模糊，差不多算是融為一體了。在這種安排下，我們對於肉體當下的活動就有了感覺。受傷時映射到腦幹（臂旁核）中的傷口，會產生疼痛的知覺，進而釋出多種身體反應。這些反應由臂旁核啟動，並由鄰近的中腦導水管周圍灰質神經核來執行。它們所造成的情緒反應以及後續疼痛訊號處理過程中的變化，會立即改變身體狀態，接續還會再改變大腦所繪製的下一張身體映射圖。不只如此，源自身體感覺區域的反應，有可能會改變其他周邊系統的運作，進而調節了身體當下的知覺以及身體訊號所在背景的知覺。在傷口的例子中，與發生變化的身體並行的當下認知處理程序也會改變。一旦你體驗到從傷口傳來的疼痛，無論你原本在享受什麼樣的活動，都無法繼續了。造成認知改變的原因，可能是負責神經調節的腦幹與基底前腦神經核所釋放的分子。總而言之，這些處理過程會造成不同特質的映射圖整合在一起，這對於建立疼痛與愉悅體驗的基質具有貢獻。

原始感受

我們身體狀態的知覺映射圖如何變成身體感受，也就是知覺映射圖如何**被感受與體驗到**的這個問題，不但是理解有意識心智的核心，也是其中不可或缺的部分。若是不知道感受的起源，不承認**原始感受**（對於活生生身體狀態的自發性反思）的存在，我們就無法完整解釋主觀性。就我的觀點而言，原始感受是從活生生的身體中產生，比生命調節裝置與各種客體間的任何互動都還要早出現。原始感受以上腦幹神經核的運作為基礎，而上腦幹神經核正是生命調節裝置中的一部分。原始感受是所有其他感受的基礎。我會在本書第三部中回頭探討這個想法。

身體狀態的映射與模擬

身體的許多方面都持續映射在大腦中，而且各種可觀的相關資訊會進入有意識的心智已是受到驗證的事實。即便我們沒有意識到當下情況，大腦還是可以調節身體的生理狀態，不過要達成此一目的，就必須通知大腦有關身體不同區域的各種生理參數。若要進行最佳化控制，這些資訊就必須時時正確且前後一致。

但這並不是連接身體與大腦的唯一網絡。我在一九九〇年左右，提出了大腦在特定情況下，例如出現了某種情緒，會快速建構出一份身體的映射圖，這是一份類似於身體因情緒而實際產生變化時所形成的映射圖。這份映射圖的建構可以比身體的實際變化更早出現，甚至會**取代**這些變化。換句話說，大腦可以在體感區域中模擬特定身體狀態，**就好像**它們正在發生一樣。因為任何身體狀態的知覺是根植於體感區域的身體映射圖中，所以即使沒有發生，我們還是會有這樣的身體狀態正在發生的知覺。[7]

　　在「似身體迴路」（as-if body loop）假說剛提出那時，我能收集到的有利證據都是間接的。大腦會知道自己即將要產生的身體狀態，是很合理的一件事。這種「預先模擬」的優勢可從感知副本（efference copy）現象的研究中明顯看出。感知副本是讓下令執行某些動作的腦部運動結構，去通知腦部視覺結構即將做出的動作可能出現的空間分布結果。舉例來說，當我們的眼睛正要移動去看一個在周邊視野中的物體時，大腦就會事先提醒視覺區域即將要發生的動作，並且準備好順暢轉移到新物體上，過程中不會產生任何模糊的情況。換句話說，視覺區域獲准去預測動作的結果。[8] 在無需實際動作的情況下去模擬身體狀態，可以減少處理時間與節省能量。似身體迴路假說意味著，負責啟動特定情緒的大腦結構，可以連結到負責此情緒對應身體狀態的大腦結構。舉例來說，杏仁核（引發恐懼的部位）與腹內側前額葉皮質（引發同情心的部位），都會連結到體感區域，就是像腦島、初級

7. A. Damasio, *Descartes' Error* (New York: Putnam, 1994).
8. M. E. Goldberg and C. J. Bruce, "Primate Frontal Eye Fields, III. Maintenance of Spatially Accurate Saccade Signal," *Journal of Neurophysiology* 64 (1990), 489-508; M. E. Goldberg and R. Ho. Wurtz, "Extraretinal Influences on the Visual Control of Eye Movement," in *Motor Control: Concepts and Issues*, ed. D. R. Humphrey and Ho.-J. Freund (Chichester, U. K.: Wiley, 1991), 163-79.

感覺皮質、次級感覺皮質與體感聯合皮質這樣的區域。（體感聯合皮質是持續處理當下身體狀態的地點。）因為有這些連結的存在，才讓似身體迴路機制成為可能。

近年來，有更多研究支持這個假說，其中一個研究來自賈科莫‧里佐拉蒂（Giacomo Rizzolatti）與同事的一系列實驗。他們在這一系列的實驗中，先將電極片植入猴子的大腦中，再讓猴子觀看一位研究人員做出的各種動作。當猴子看到研究人員移動手時，猴子大腦中與猴子手部動作有關區域的神經元就會活化，就「好似」猴子自己在動作，而不是研究人員在動作。但實際上猴子並沒有做出動作。此篇研究的作者將出現這種行為的神經元稱為鏡像神經元。[9]

所謂的鏡像神經元，實際上就是終極的似身體裝置。嵌有這種神經元的網絡，在概念上達成了我所假設的似身體迴路系統：在大腦身體映射圖中對生物體並未真實發生的身體狀態進行模擬。鏡像神經元會模擬非主體的身體狀態的這件事實，擴展了這個模擬功能的威力。若一個複雜大腦可以模擬他人的身體狀態，我們當然會認為這個大腦應該也可以模擬自己本身的身體狀態。已經在生物體中發生過的狀態，應該會比較容易模擬，因為現在負責模擬的體感結構，與過去實際進行映射的體感結構完全就是同一個。我認為，若應用在本身生物體上的似身體系統沒有先出現，那麼應用在他人身上的似身體系統就不會發展出來。

似身體迴路與鏡像神經元的運作之間可能存在有功能性的相

---

9. G. Rizzolatti and L. Craighero, "The Mirror-Neuron System," *Annual Review of Neuroscience* 27 (2004), 169-92; V. Gallese, "The Shared Manifold Hypthesis," *Journal of Consciousness Studies* 8 (2001), 33-50.

似處，參與此過程的大腦結構本質，會反覆強化這類相似處。我針對似身體迴路提出了這樣的假設：與情緒相關大腦區域，例如位於前額葉並與同情心有關的前運動皮質，或是與恐懼有關的杏仁核，其神經元會活化正常映射身體狀態的區域，接續讓這些區域採取行動。在人類身上，這些區域還包括位於中央溝蓋、頂蓋以及腦島皮質的軀體運動複合區。所有這些區域在軀體運動上都具有感覺與動作的雙重角色：在感覺方面，它們握有身體狀態的映射圖，在動作方面，它們也會參與動作執行。大體上，以猴子為對象的神經生理實驗所揭露的內容就這些。這也與運用人類腦磁圖[10]與功能性神經造影[11]的研究具有一致性。而我們以神經損傷為基礎的研究，也指向同一方向。[12]

　　對於鏡像神經元存在所做的解釋，著重在這種神經元所扮演的角色。鏡像神經元將我們本身置於類似他人的身體狀態下，好讓我們了解他人的行動。當我們看見他人的行動時，我們的體感大腦會接收這個身體狀態，認為是我們自己在動作。之所以會有這樣的結果，很有可能是因為這不是被動地經由感官模式來進行，而是經由腦部運動結構的預先活化所造成，也就是準備好要行動但還沒真正行動。不過在某些案例中，則是由實際發生的運動活化所造成。

---

10. R. Hari, No. Forss, S. Avikainen, E. Kirveskari, S. Salenius, and G. Rizzolatti, "Activation of Human Primary Motor Cortex During Action Observation: A Neuromagnetic Study," *Proceedings of the National Academy of Science* 95 (1998), 15061-65.
11. Tania Singer, Ben Seymour, John O'Doherty, Holger Kaube, Raymond J. Dolan, and Chris D. Frith, "Empathy for Pain Involves the Affective but Not Sensory Components for Pain,"*Science* 303 (2004), 1157-62.
12. R. Adolphs, H. Damasio, D. Tranel, G. Cooper, and A. Damasio, "A Role for Somatosensory Cortices in the Visual Recognition of Emotion as Revealed by Three-Dimensional Lesion Mapping,"*Journal of Neuroscience* 20 (2000), 2683-90.

這麼複雜的生理系統是怎麼演化出來的？我猜想，這個系統是從早期似身體迴路系統中發展出來的，複雜大腦運用似身體迴路系統來模擬**自身**的身體狀態已有很長的一段時間了。這會有個清楚且立即的優勢：能夠以快速節能的方式來活化特定的身體狀態映射圖，而這接續又與相關過往知識及認知策略產生連結。最終，似身體系統被應用到他人身上並發揚光大，因為他人的身體狀態正是他人心智狀態的表現，知道他人的身體狀態可以讓我們取得同樣顯著的社會優勢。簡而言之，我認為每個生物體中的似身體迴路系統，就是鏡像神經元作用的前身。

如同我們將在本書第三部中看見的，特定生物體的身體可在大腦中產生表徵的這件事實，對於自我的創造極為重要。但大腦裡的身體表徵還有另一個重要含意：由於我們可以描繪出本身的身體狀態，所以我們更容易模擬出他人同樣的身體狀態。接續就是，我們在自己的身體狀態與其讓我們獲得的重要意義之間，建立起連結。這份連結可轉用來模擬他人的身體狀態，並賦予這個模擬狀態相當的重要性。以**同理心**一詞來概括的這類現象，絕大部分都來自這種安排。

這個想法的源起

我最初收集到上述內容具有可能性的蛛絲馬跡，是在多年前發生的一段奇特又另人難忘的事件中。某個夏日午後，我正在實驗室中工作，當我從椅子上起身走過辦公室時，突然想到同事B。我並沒有什麼特別的理由會去想到他，我那時跟他已有一段時間不見，我沒有話要跟他說，沒有讀到關於他的文章，也根本就沒有要去見他的計畫，但他就是出現在我心中，完全佔據了我的注意力。我們總是會想到其他人，但這不太一樣，因為他沒有預期就出現在我心中，這需要一個解釋。為什麼我當時會想到同事 B？

我心中幾乎立刻就出現了一組快速的連續意像來告訴我，那些我想知道的事情。我在心中重現我的動作，並理解到我不久前走動的**樣子**，就跟同事 B 一樣。這跟擺動手臂的方式與跨出腳步的幅度有關。當下我發現了自己會想到他的理由，我可以在我的心眼中，清楚想像出他的步態。但這裡的細節在於，激發（或說形塑更佳）我產生這個視覺意像的是，我自身肌肉與骨骼採用同事 B 獨特動作模式所形成的動作意像。簡單地說，就是我剛才**像**同事 B 那樣走路。我在自己的心智中產生了自身骨骼框架的動作表徵（技術上來說，就是我產生了體感意像），而最後我想到了一個特定肌肉骨骼意像的適當視覺配對，結果發現那是我同事的。

當闖入者的身分揭開後，我還收集到關於大腦的某件趣事：我能在全然碰巧的情況下做出別人的特色動作。（情況大概就是這樣：我在心中進一步將動作重新播放時，我記起了自己早些時候曾看到同事 B 路過我辦公室的窗口，我的大腦在幾乎沒注意到，也就是幾乎沒有意識的情況下，對同事 B 進行了相關處理。）我將這些表徵動作轉換成對應的視覺意像，然後我可以從記憶中找到符合描述的人士，確認其身分。這一切正是下列三者密切互連的見證，這三者就是：身體的實際動作、肌肉骨骼與視覺方面的動作表徵、與這些表徵某些方面有關而被喚起的記憶。

這個經由更多觀察與進一步反思而更加豐富的事件，讓我了解到我們與他人的連結不只會經由視覺意像、語言與邏輯推理來形成，也會經由我們肉體中更深層的東西來形成，也就是：我們用來描繪他人動作的行動。我們會進行四方轉換，這四方為：（1）實際動作、（2）動作的體感表徵、（3）動作的視覺表徵、（4）記憶。在發展身體模擬概念與其在似身體迴路的應用上，前述事件扮演著重要角色。

當然，好的演員在有意或無意間，都會善加利用這些機制。某些偉大的演員會將角色的人格特質注入自己的作品中，運用這種力量在視覺與聽覺上重現角色，並在自己身上賦予角色形體。融入角色之中就是這麼一回事，當這個轉換過程還有意想不到的創新細節來裝點時，我們就得到了天才般的表演。

心懷身體的腦

從前述事實與反思所呈現出來的情況，既奇怪又出人意外，但也相當無拘無束。

我們的心智中隨時都有身體的存在，提供我們每時每刻可能都存在的感受背景，但只有當感受背景明顯偏離相對平衡的狀態，並開始在愉悅與不愉悅的範圍中登錄時，我們才會注意到它的存在。我們心智中之所以會有身體的存在，是因為在各種可會威脅生物體完整性與影響生命的情況下，這能夠協助管理行為。這個特定功能是應用在以大腦為基礎的最古老生命調節上。它可以回溯到簡單的身體到大腦的傳訊，回溯到促進自動調節反應的基礎，這裡指的是用於協助生命管理的自動調節反應。這麼卑微的出身能達到這樣的成就，讓我們只能感到驚嘆。具有最精確次序的身體映射圖，強化了有意識心智的自我歷程**以及**生物體外部世界的表徵。內部世界打開了通往**知曉**能力的路徑，讓我們不只知道內部世界本身的存在，也知道我們周遭世界的存在。

　　活生生的身體是核心之處。生命調節是需求，也是動機。大腦映射是推動者，也就是可將一般生命調節轉換成心智調節並最終成為有意識心智調節的發動機。

第五章
情緒與感受

定位情緒與感受

當我們要去了解人類行為時，許多人會試圖忽略情緒，但這是徒勞無功的。除非我們將情緒以及藏身在情緒之下的諸多現象都納入考量，並加以重視，否則無論是有意識或無意識的行為與心智，還有產生這兩者的大腦，都拒絕說出它們的秘密。

探討情緒這個主題，讓我們又回到生命與價值這檔事上。這就得要提到獎勵與處罰、驅力與動機，當然還有感受了。要探討情緒，就得要審視大腦中各式各樣的生命調節裝置，大腦中的這些生命調節裝置，受到大腦還未出現之前就已經存在的原則與目標所啟發，有點盲目地進行自發性運作，直到有意識的心智讓它們開始以感受的形式為人所知為止。情緒是價值原則的盡責執行者與僕人，是生物價值最有智慧的產物。另一方面，情緒本身的產物，也就是讓人類從出生到死亡整個生命變得多采多姿的情緒性感受，會確保情緒不受到忽略，將人性凸顯出來。

我在本書第三部中提到建構自我背後的神經機制時，將會經常談到情緒與感受的現象，這是因為建立自我需要用到情緒與感受的機制。本章的目標在於簡單介紹這個機制，而不是對情緒與感受進行全面審視。

情緒與感受的定義

探討情緒時會碰上兩個主要問題。第一個問題是：符合情緒這個標籤的各種現象之間的差異性。正如我們在第二章中所見，價值原則會經由獎勵與處罰以及驅力與動機等裝置來運作，這些裝置都是情緒家族中重要的一分子。當我們談論到情緒本身（如恐懼、憤怒、悲傷或噁心）時，我們當然會提到所有那些其他裝置，因為它們是每種情緒都有的組成要素，也獨立參與了生命調節。情緒本身不過是生命調節整合出的其中一項珍貴資產罷了。

另一個重要的問題是情緒與感受之間的區別。儘管情緒與感受都是緊密迴路中的一部分，但它們卻是不同的歷程。我們用什麼樣的字眼來表達這兩種不同的歷程都沒什麼差別，只要我們願意接受情緒的本質與感受的本質**是**不一樣的即可。當然，從**情緒**與**感受**這兩個詞開始談起並沒有什麼問題，無論是在英文或其他直譯過去的語言當中，它們都能完美達到區別的目的。接下來，讓我們運用當代神經生物學來定義這些關鍵用語，就從這裡開始吧。

情緒是經由演化產生的複雜且大量自發性行動程序。這個行動會由涵蓋特定認知想法與模型的**認知**程序來補足，但情緒的世界大部分就是一種在我們身體中所進行的行動，從臉部表情與姿勢到臟器與內環境的變化都包括在內。

另一方面，在我們有情緒的當下，對於我們身體與心智中發生之事所產生的混合**知覺**，就是情緒性感受。就身體而言，感受是行動的意像，而非行動本身；感受的世界就是一種在大腦映射圖中所產生的知覺。但這裡有個先決條件：我們稱為情緒性感受的知覺包含一種特殊組成要素，這種要素對應到早先提過的原始感受。這些感受立基於身體與大腦之間的獨特關係，而這份關係又賦予**內感受**特權。當然身體也有其他方面的表徵在情緒性感受中被呈現出來，但內感受主宰這個歷程，負責產生我們認為是這些知覺**被感受到**的那一面。

因此，情緒與感受的大致分別就相當清楚了。情緒是伴隨想法與特定思考模式所產生的行動，而情緒性感受絕大部分則都是我們身體在有情緒的情況下所產生的知覺，以及在同一段時間中我們心智狀態所產生的知覺。在具有行為能力但無心智歷程的簡單生物體中，情緒還是可以非常活躍，但情緒性感受就不一定會伴隨產生了。

當在腦中處理的意像引發了大腦數個情緒觸發區域（如杏仁核或額葉皮質的特定部位）運作時，情緒就產生了。一旦任何一個觸發區域活化，就會產生特定結果：內分泌腺與皮質下神經核會釋出化學分子並傳送到大腦與身體，例如恐懼會產生皮質醇，也會採取特定行動，如恐懼會產逃跑或僵住的反應，或是腸道收縮，並出現特定表現，像是非常恐懼的表情與身體姿勢。重要的是，至少在人類身上，某些特定想法與規畫在此時也會進駐到心智中。舉例來說，像悲傷這樣的負面情緒會造成我們想起與負面事物有關的想法，反之，正面情緒也會產生類似情況，我們心智中所想的行動規畫也會與情緒的所有訊號一致。某些類型的心智處理歷程會在情緒產生時迅速就定位。悲傷可能會降低思考能力，也可能造成一個人身陷於那個引發悲傷的情境中；愉悅可能會提升思考能力，也可能會降低對無關事件的注意力。所有這些反應聚集構成了會以極快速度及時揭露出來的「情緒狀態」，接著平息下來，直到會引發情緒反應的新刺激進入心智中後，又會開始另一個情緒連鎖反應。

　　情緒性感受跟隨著情緒的腳步，快速建構出下個步驟，這個步驟就是情緒歷程正統且必然達成的終極成就：一份有關在情緒出現期間所產生之行動、想法與思想風格等這一切的混合知覺，這份知覺時快時慢，有時會駐留在一個意像上，有時會快速地從一個意像切換到另一個意像上。

　　從神經的視角來看，情緒性感受的迴路從腦中開始，對於可能引發情緒的刺激取得知覺與進行評估，並接續觸發某種情緒。這個歷程接著會在腦部與身體的其他地方擴散開來，建立出情緒狀態。最後，這個歷程因為迴路中的感受部分又會回到腦部，不過參與的腦部區域跟一開始的那些區域並不相同。

　　在演化歷史中出現的生命調節機制，其所有組成要素都會納入情緒程序之中，例如對環境的感測與偵察、對內在需求程度的測量、誘因歷程以及其獎勵與處罰、預測工具等等。驅力與動機是情緒中較為簡單的組成要素。這就是為什麼一個人的快樂與悲傷會改變他的驅力與動機狀態，對於他當下想要與渴求的綜合狀態產生立即性改變。

情緒的觸發與執行

　　情緒是如何被觸發的？這很簡單，是經由當下實際發生或回想起過去曾經發生的客體意像或事件意像所觸發的。你當下所在的處境，會對情緒裝置產生不同的影響。你可能是在真實生活中，對於一場音樂表演或朋友的到臨有所反應，或你可能是在獨處的情況下，記起前一天有段令你難受的對話。無論是「當下真實發生」、從記憶中重建出來或是完全是想像出來的，意像都會啟動一連串的活動。處理中之意像所傳出的訊號，可傳送至數個大腦區域。有些區域與語言有關、有些與動作有關、有些與推理有關。這些大腦區域中的任一個所產生的活動，都會導致各種反應，例如：出現用來代表某個客體的字詞，或是快速召喚出其他意像，好讓你可以對此客體下定論……諸如此類。重要的是，用於呈現某特定客體表徵的意像，其所傳送出的訊號也會抵達能夠觸發特殊情緒連鎖反應的大腦部位。舉例來說，處於恐懼時，訊號會傳送至杏仁核，心懷同情時，訊號則會傳送至腹內側前額葉皮質。這些訊號可以傳送到所有位置。不過有些訊號的形態會比較容易活化某一特定腦部區域（只要訊號夠強且背景脈絡也適當的話），而不會活化另外一些腦部區域（雖然相同訊號也會傳送到這些腦區）。特定刺激幾乎就像是把可以打開某特定鎖的鑰匙，不過這個比喻無法充分表現出這個歷程中的動態與靈活度。引發恐懼的刺激就是這樣的情況，這種刺激時常活化杏仁核，接續觸發一連串的恐懼反應。同樣的刺激就不太會活化其他腦部區域。然而，某些模棱兩可的刺激偶爾還是會活化兩個以上的區域，產生混合的情緒狀態。苦澀又甜蜜的體驗就是從混合情緒中所產生的「混合」感受結果。

從諸多方面來看，這就類似免疫系統對於來自身體外的入侵者所採取的反應策略。名為淋巴細胞的白血球在表面帶有大量抗體，可以與相同數量的大量入侵者抗原結合。當其中一個抗原進入血流中與淋巴細胞相遇時，它最終會與最適合其形狀的抗體結合。抗原與抗體會如同鑰匙與鎖配對那般地結合，於是就形成了一種反應：淋巴細胞會產生大量抗體，好協助摧毀入侵的抗原。

因此，我提議以**情緒觸發刺激**（emotionally competent stimulus）這個用語來類比免疫系統，並加以強調情緒裝置跟另一個生命調節基本裝置在形式上的相似之處。

「在鑰匙插入鎖中」後所發生的情況，幾乎可以說是動盪不安（完全符合這個字詞所代表的意思），因為這相當於打亂了生物體當下在多個層級的生命狀態，從大腦到身體的大多數部位都受到波及。我們再次以恐懼為例，來看看動盪不安的情況（如下所述）。

杏仁核中的神經核下達命令給下視丘及腦幹，接續產生數個同時進行的行動。心率、血壓、呼吸模式與腸道的收縮狀態都會產生改變。皮膚中的血管會收縮。皮質醇釋放到血液中，改變了生物體新陳代謝的狀態，以因應額外的能量消耗。臉部的肌肉會有動作，產生恐懼的表情。根據這些造成恐懼意像出現的背景脈絡，當事者可能會僵在原地或是逃離危險源頭。僵住及逃跑這兩種特殊反應，是由中腦導水管周圍灰質的不同部位所精巧控制的，這兩種反應各有各的運動路徑以及伴隨產生的生理現象。僵住這個選項會自動引發靜止不動、呼吸短淺以及心率降低，這樣的好處是試圖以靜止不動來避開攻擊者的注意；而逃跑的選項則會自動增加心率與加強腿部的血液循環，因為個體當下需要養分供給充足的腿部肌肉來逃走。不僅如此，若是大腦選擇逃跑，中腦導水管周圍灰質還會自動抑制處理疼痛的路徑。為什麼要這樣？個體在逃跑時若是受傷，傷口可能會產生嚴重疼痛而讓個體動彈不得，這種抑制作法能適時減少這種風險。

這個機制是如此精巧，所以還有另一個結構，也就是小腦，會努力調節恐懼的表現。這就是為什麼受過訓練的海軍三棲特戰隊或是海軍陸戰隊隊員,其恐懼反應會表現得與溫室花朵般的人非常不同。

最後,大腦皮質中的意像處理歷程,會受到當下情緒的影響。舉例來說,像注意力與工作記憶這類認知資源會產生相應的調整,造成某些想法就不太可能出現,像是一個在逃離槍手的人,就不太可能會想到性愛或是食物。

在幾百毫秒間,一連串的情緒反應會造成許多改變,包括數個臟器的狀態、內環境、臉部與肢體的橫紋肌、心智的步調以及思考的主題都會產生改變。我想每個人都會同意,這是種動盪不安的狀態。當情緒非常強烈時,以哲學家瑪莎‧努斯鮑姆(Martha Nussbaum)所用的**動盪**(upheaval)一詞來代表會更好。[1] 情緒的所有複雜結合與其所消耗大量能量,就是為何情緒化會讓人這麼累的原因,而這通常都有個實際的目標,但也有可能並非如此。恐懼就有可能只是因為文化出了差錯所引發的錯誤警示。在那樣例子中,恐懼不但不會拯救你的生命,還會成為壓力的來源,無論是心理上的還是生理上,長期的壓力都會摧毀生命。情緒動盪有著負面後果。[2]

在身體的所有情緒變化中,有數種會經由第四章中所提到的機制傳送到大腦。

---

1. Martha C. Nussbaum, *Upheavals of Thought: The Intelligence of Emotions* (Cambridge: Cambridge University Press, 2001).

2. R. M. Sapolsky, *Why Zebras Don't Get Ulcers: An Updated Guide to Stress, Stressrelated Diseases, and Coping* (New York: W. H. Freeman, 1998); David Servan-Schreiber, *The Instinct to Heal: Curing Stres, Anxiety, and Depression Without Drugs and Without Talk Therapy* (Emmaus, Pa.: Rodale, 2004).

威廉·詹姆士的特殊案例

在開始談到感受的生理學之前，我想是時候提到詹姆士了，我也會一併探討詹姆士談到情緒與感受現象時他本身的情況，以及從當時開始的情緒研究背景脈絡。

以下為詹姆士切中核心總結這個議題的重要節錄。

一般人自然而然地會認為，情緒是某些事實的心智知覺激發出來的一種心智情感，而這種心智情緒狀態會在身體上表現出來。我的論點剛好相反，我認為某些事實所激發的**知覺**會直接造成身體變化，而隨著這些身體變化所產生的感受**就是**情緒。[3]

前段節錄內容完全出自於一八八四年的詹姆士之手，包括對**知覺**及**就是**的強調也是。

這個想法的重要性無需再強調。詹姆士將情緒歷程中之活動事件的傳統順序顛倒過來，並在作為起因的刺激與情緒體驗之間加進了身體。他認為有一種「心智情感」是不存在的，就是那種會「對身體造成影響」的情緒是不存在的。相反地，存在的是種會產生特定身體影響的刺激知覺。這是個大膽的想法，現代研究完全支持這個想法。但在這段節錄文字中有個重大問題。在詹姆士以肯定的語氣提到「這些身體變化所產生的感受」後，因為說了「感受就是情緒」，於是就產生混淆了。這就等同於將情緒與感受混為一談。詹姆士拒絕將情緒視為造成身體變化的心智情感，只接受情緒是種由身體變化感受所產生的心智情緒，這跟我

---

3. William James, "What Is an Emotion?" *Mind* 9 (1884). 188-205.

之前所提過的順序完全不同。我們不清楚，詹姆士是無心錯用還是真的就是這麼想的。我認為情緒是種行動程序，這與詹姆士在這段節錄中所表達的觀點不同，他對感情的概念跟我不一樣。不過他對感受機制的想法跟我的感受似身體迴路機制非常相似。詹姆士並沒接受似身體機制這樣的想法，不過他在文章的註腳中透露出，他有看到對於這種機制的需求。

對於詹姆士情緒理論的多數批評之所以會在二十世紀持續發酵，就是因為這段文字的用語。像查爾斯‧薛靈頓（Charles Sherrington）與沃爾特‧坎農（Walter Cannon）這類頂尖生理學家按照詹姆士的字面意思解讀，因此得出了他們的實驗數據與詹姆士的機制並不一致的結論。薛靈頓與坎農都錯了，但我們不能因為他們的誤判就完全責怪他們。[4]

另一方面，有些關於詹姆士情緒理論的批評，是有憑有據的。舉例來說，詹姆士完全忽略了刺激的價值評估，並將情緒的認知方面限制在刺激與身體活動的知覺當中。對詹姆士而言，存在著一種會引發刺激的事實所產生的知覺（這就等同於我的情緒觸發刺激），這種知覺會直接造成身體上的變化。今日我們知道，雖然事物確實可以按照快速知覺到觸發情緒這樣順序來發生，但價值評估的步驟往往會介入其中，在刺激傳入大腦並最終來到觸發區域的路徑中，對刺激進行過濾與引導。價值評估的階段可能非常短暫也可能意識不到，但這是個需要被重視的階段。詹姆士在這件事上的看法像漫畫那般誇張，他認為刺激總是會按下熱鍵，造成爆發。而我認為更重要的是，從情緒狀態產生的認

---

4. W. B. Cannon, "The James-Lange Theory of Emotions: A Critical Examination and Alternative Theory," *American Journal of Psychology* 39 (1927), 106-24.

知，完全不局限於刺激與身體變化的意像，這與詹姆士所想的不同。正如我們已經看到的，在人類身上，情緒程序也會觸發某些伴隨著身體變化所產生的認知變化。我們可將它們視為情緒的後期組成要素，或甚至是種我們預期將會出現的情緒性感受中的相對固定要素。無論如何，這些不同的意見都不會減損詹姆士的非凡貢獻。

情緒性感受

讓我們先有個初步的定義。情緒性感受是知覺的混合，包括了：（1）在真實情緒或模擬情緒中出現的特定身體狀態，以及（2）認知資源改變的狀態與特定心智劇本的調度。在我們的心智中，這些知覺會與產生知覺的客體相連。

一旦清楚知道，情緒性感受是我們處在情緒狀態期間的主要身體狀態知覺，就可以合理認為，所有情緒性感受都包含著一個與原始感受有關的變化版本。無論當下的原始感受是什麼，都會受到身體其他變化的增強，這些身體變化可能與內感受有關，也可能無關。這也讓我們清楚知道，這類感受在腦中的基質位在大腦形成意像的區域中，特別是兩個不同區域的體感部位：上腦幹與大腦皮質。感受就是立基於特定基質上的心智狀態。

在大腦皮質的層級上，參與感受的主要區域為腦島皮質，這是隱身在額葉與頂葉之下相當大的一塊皮質區域。如名所示，腦島皮質看起來就像一座島，它有著數條腦迴。年份古老的腦島皮質前方與味覺及嗅覺有關，讓人會有點混淆的是，它不只是感覺的平台，也是觸發某些情緒的平台。它是**噁心**這項極重要情緒的觸發點，噁心是最古老的情緒種類之一。噁心一開始是排除可能有毒食物以及防止這類食物進入身體的自發性工具。會讓人感到噁心的不只是看到腐敗的食物或是這些食物的味道及氣味，還有客體或行為的純粹性受到影響且被「污染」時也會。很重要的是，人類也會因感知到在道德上應受譴責的行動而感到噁心。結果就是，在人類噁心程序中的許多行動，包括典型的臉部表情，都被併入**鄙視**這個社會性情緒中。鄙視常常成為道德性噁心的象徵。

腦島後方是由現代的新皮質所構成，中間部位的年代則位於系統發展的中期。我們很久之前都已經知道，腦島皮質與臟器功能有關，會重現臟器的表徵並進行控管。腦島皮質與初級及次級體感皮質一樣，都會產生身體映射圖。實際上，腦島皮質與臟器及內環境有關，它就等同於是初級的視覺或聽覺皮質。

我在一九八○年代末期提出了一個假設，認為體感皮質在感受上佔有一席之地，並指出腦島可能就是產生感受的地方。將感受起源歸因於行動驅使區域（如杏仁核）讓我感到毫無前景，所以想要放棄這種沒有前景的想法。然而，當時若是談到情緒，別人不是抱以同情的眼光就是嘲笑，若是提出感受具有不一樣的基質，就會引起他人的困惑。[5] 不過，從二○○○年起，我們已經知道腦島中的活動確實與每種能想像得到的感受都有關係，從與情緒相關的感受到任何與愉悅或疼痛相關的感受都包括在內，其受到廣大範圍的刺激所誘發，例如：聽到喜歡或討厭的音樂、看到喜歡（包括色情方面的）或噁心的圖片、喝酒、做愛、嗑藥的亢奮與藥效過後的低潮及退縮等等。[6] 認為腦島皮質是感受重要

5. Antonio Damasio, *Descartes' Error* (New York: Putnam, 1994).

基質的這個想法，的確是正確的。

　　不過當我們談到感受的相關狀態時，腦島皮質就不是全貌了。當我們體驗到感受時，前扣帶皮質往往會與腦島一起活化。腦島與前扣帶皮質是關係密切的連鎖區域，彼此相互連結。腦島皮質具有感覺與運動雙重功能，不過對此歷程比較偏向感覺的方面，而前扣帶皮質則是執行運動的部位。[7]

　　當然，最重要的是我在前兩章中所提到的，有數個皮質下區域都在建構感受狀態上扮演重要角色。乍看之下，像孤立徑核與臂旁核這樣的區域會被認為是身體內部訊號傳送途徑上的中繼站，因為它們會將訊號傳送到視丘的負責區域，而視丘的區域接續又會將訊號傳送到腦島皮質。但正如先前所示，感受很有可能是從這些神經核的活動中開始產生的，這是因為這些神經核有著特殊的重要定位：它們是臟器與內環境傳來資訊的第一位接收者，並且有能力可以整合整個身體的內部訊號；從脊髓到腦部的上傳過程中，這些神經核是第一個具有能力去整合與調節身體內部（胸部、腹部與其中的臟器）、四肢與腦部內部全面訊號的構造。

　　有鑑於先前提到的證據，若說感受是從皮質下產生，看起來是合理的。這些證據包括了：個體在腦島皮質完全受損而腦幹完整無缺的情況下，仍可具有廣大範圍的感受狀態；缺乏腦島與其他體感皮質但腦幹完整無缺的積水性無腦畸形症幼童，能夠表現

6. A. Damasio, T. Grabowski, A. Bechara, H. Damasio, Laura L. B. Ponto, J. Parvizi, and Richard D. Hichwa, "Subcortical and Cortical Brain Activity During the Feeling of Self-generated Emotions," *Nature Neuroscience* 3 (2000), 1049-56.

7. A. Damasio, "Fundamental Feelings," *Nature* 413 (2001), 781; A. Damasio, *Looking for Spinoza* (New York: Harcourt Brace, 2003)

出看起來與感覺狀態有關的行為。

在產生感受中同樣重要的還有生理上的安排部署，這也是我在心智與自我上的核心架構：參與身體映射並支撐感受的大腦區域，與其所映射之訊號的源頭，都是共振迴路中的一部分。負責身體映射的上腦幹機制會直接與其所映射的源頭互動，彼此緊密相連，身體與大腦幾乎融為一體。情緒性感受是從生物體無與倫比的生理系統中所產生的。

讓我用感覺狀態的另一個重要組成要素來總結這段內容，這個組成要素就是：當下情緒所引發的所有思考。如同我先前所提，有一部分思考是情緒程序中的組成要素，當情緒顯露時就會引發這些思考，好讓認知背景可以與情緒保持一致。不過，還有一些思考並不是情緒程序中的固定組成要素，而是對於當下情緒的後期認知反應。這些反應所引發的意像，最終會與最初造成情緒之客體的表徵、情緒歷程的認知組成要素以及對身體狀態的知覺判讀，一起成為感受知覺的一部分。

我們如何感受到情緒？

本質上，產生情緒性感受的方式有三種。第一種也是最明顯的方式，就是具有一種可以改變身體的情緒。任何情緒都會立即且盡責地進行這件事，因為情緒**就是**一種行動程序，而行動的結果就是改變身體狀態。

大腦現在會持續產生情緒的基質，因為從當下身體狀態傳來的訊號也持續往上呈報，並在適當的腦部映射區域中被運用及轉換。隨著一種情緒的出現，一組特別的變化就會發生。當某組**變化**登錄疊加在腦幹與腦島當下的映射圖上時，就會產生**情緒感受**

映射圖。這些映射圖構成了多部位混合意像的基質。[8]

為了讓感受狀態能與情緒產生連結，就要給予引發情緒的客體適當關注，對於客體出現與情緒性反應之間的時間關係也要妥善顧及。這與視覺、聽覺或嗅覺所產生的情況有顯著的差異。因為其他感官所著重的是外部世界，其各別映射區域可以將繪圖的白板擦得跟原來一樣乾淨，在其上建構出無限的模式。大腦中的身體感測區域就不一樣了，這些區域必須全力著重在身體內部，並受制於身體餵給它們種類有限的類似東西。讓心智中能有身體存在的大腦，會受到身體與其訊號傳送的控管。

第一種產生感受的方式，需要我所謂的身體迴路。不過至少還有另外兩種方式存在。其中一種方式得仰賴第四章中提到的似身體迴路。如名所示，這是個小把戲。啟動一連串典型情緒反應的大腦區域，也可以下達指令給腦島這類身體映射區域，去採用身體曾將情緒狀態傳訊給腦島時所採用的那個模式。換句話說，腦部觸發區域下令腦島進行活化，並要腦島將活化情況塑造與部署成「好似」腦島本身真的正在接收某種情緒狀態的訊號。這個繞道機制的好處很明顯。因為建立一個完整的情緒狀態會花費相當多的時間與珍貴能量，所以何不直接切入正題？毫無疑問地，大腦中會出現這種情況，是因為其在時間與能量上所帶來經濟效益，也因為聰明的大腦就是非常懶

---

8. 請參考：A. D. Craig, "How Do You Feel-Now? The Anterior Insula and Human Awareness," *Nature Reviews Neuroscience* 10 (2009), 59-70。克雷格（Craig）認為腦島皮質提供基質給感受狀態，無論是身體還是情緒性的感受，然後他還認為對這些狀態的察覺就是來自於腦島。我在第三及第四章所引用的證據與克雷格的假設有直接衝突。這些證據包括：腦島受損後，感受與意識明顯還是存在的，以及喪失皮質的孩童似乎仍具有感受。

惰。無論什麼時候，只要可以少做一點事，大腦就不會多做，它們恪守極簡主義哲學。

似身體迴路只有一個問題。跟其他模擬一樣，它**不可能**跟真實事件一模一樣。我相信我們所有人都常出現似身體感覺的狀態，這也確實能夠降低產生情緒的代價，但它們只是身體迴路情緒的弱化版。似身體模式無法完全真實感受到身體迴路真正的感受狀態，因為它們只是模擬而非真實情況。因此相較於正常的身體迴路版本，弱化版的似身體模式更難與當下的身體模式匹敵。

另外一個建構感覺狀態的方式，則是對於身體到大腦的傳訊進行改變。天然止痛方法與藥物（止痛藥、麻醉劑）都會介入身體傳訊，造成大腦接收到的是被扭曲的當下身體狀態。我們知道大腦在恐懼下若是選擇逃跑而非僵住的話，腦幹會中止部分的疼痛傳導迴路，有點像是拔掉電話線那樣。負責控管的中腦導水管周圍灰質，也可以下令分泌天然的類鴉片物質並達到止痛藥可以產生的效果：消除疼痛的訊號。

嚴格來說，我們在這裡所處理的是一種身體**幻覺**，因為大腦在映射圖中所登錄的以及有意識心智所感受到的，與被感知到的實際情況無法對應。無論什麼時候，只要我們攝入了能夠改變身體訊號傳送或映射的分子，我們就持續在運用這個機制。酒精、止痛藥、麻醉劑以及無數的藥物濫用都在運用這個機制。除了出於好奇心之外，人類之所以會受到這類分子的吸引，顯然是因為他們想要產生幸福的感受，也就是去消除疼痛的訊號並激發愉悅的訊號。

情緒與感受的時機

我同事大衛‧魯德拉夫（David Rudrauf）在近來的研究中，運用腦磁波儀（magnetoencephalography）來檢測人腦中情緒與感受的時間進程。[9]在大腦活動的空間定位上，腦磁波儀遠不如功能性磁共振儀精準，但腦磁波儀具有驚人的能力，可以估算大範圍腦部區域產生特定處理程序時的運作時間。我們在這研究中使用這個儀器，就是為了檢測時間。

魯德拉夫觀察大腦內部，密切注意與愉悅或非愉悅視覺刺激的情緒與感受反應有關的活動時間進程。從刺激在視覺皮質進行處理的那一刻起到受測者開始回報感受到的那一刻為止，差不多經過了 500 毫秒，大約就是半秒鐘。這時間算長還是算短？這取決於你從什麼角度來看。從「大腦時間」的角度來，這是很長的一段時間，因為一個神經元大約只要 5 毫秒就可以活化。不過，從「有意識心智的時間」角度來看，這就不算長了。我們要去意識到一個知覺模式需要幾百毫秒的時間，我們要去處理一個概念也需要七、八百毫秒的時間。但是，感受可能會遠超 500 毫秒的範圍，長到幾秒或是幾分鐘，明顯在某種餘韻中反覆回味，特別是重大時刻的感受。

---

9. D. Rudrauf, J. P. Lachaux, A. Damasio, S. Baillet, L. Hugueville, J. Martinerie, H. Damasio, and B. Renault, "Enter Feelings: Somatosensory Responses Following Early Stages of Visual Induction of Emotion," *International Journal of Psychophysiology* 72 , no. 1 (2009), 13-23; D. Rudrauf, O. David, J. P. Lachaux, C. Kovach, J. Martinerie, B. Renault, and A. Damasio, "Rapid Interactions Between the Ventral Visual Stream and Emotion-Related Structures Rely on a Two-Pathway Architecture," *Journal of Neuroscience* 28 , no. 11 (2008), 2793-803.

情緒的種類

　　試圖去要完整描述人類所有的情緒，或是對情緒進行分類，都是不怎麼有趣的事情。傳統上的分類準則有瑕疵，而且任何情緒列表都會被質疑沒有列入某一項或是過度包含其他項。一項模糊的經驗法則建議我們，應該要將**情緒**這個詞定位在由特定客體或活動（也就是情緒觸發刺激）所引發的合理複雜行動程序上，這種行動程序包含了一兩種以上的類反射反應。包括恐懼、憤怒、悲傷、快樂、噁心與驚訝等等所謂的共通情緒，看起來是有達到這些標準。雖然如此，這些情緒確實跨越文化出現，也因為其行動程序的某個部分（臉部表情）相當具有特色，所以很容易就可以辨認出來。即使是沒有對這類情緒定名的文化，也會出現這類情緒。共通情緒不只出現在人類身上，也出現在動物身上，我們最初能有這樣的認知都要歸功於達爾文。

　　情緒表現的共通性揭露了，情緒性行動程序不用學習且自發性產生的程度。在每種情緒表現中，情緒都可以進行調節，像是對組成的動作強度或時間長短做點細微的改變。不過，情緒在執行時，所有身體層級的基本例行程序都是固定的，包括了：外在動作的變化；心臟、肺臟、腸道與皮膚等等的臟器變化；以及內分泌的變化。同樣的情緒在執行上會因場合而異，但對個體或他人來說，還不足以到辨認不出來的程度。情緒變化多端的程度，不亞於不同演奏者或甚至同一演奏者在不同場合中，對作曲家蓋希文（Gershwin）的〈夏日時光〉（Summertime）不同詮釋的演奏方式。不過我們仍然可以完美辨認出來，因為行為的共通輪廓還是存在的。

　　情緒是無需學習、自動自發而且能夠預測的穩定行動程序。

前述這件事實洩露了情緒是起源於天擇以及天擇所造就的基因指示中。這些指示在演化的過程中被高度保留，並讓大腦以某種特殊且可靠的方式組裝整合，例如特定神經迴路會處理情緒觸發刺激，並使得大腦情緒觸發區域建構出成熟的情緒反應。情緒與其基本現象，對於生命的維持與個體後續的成熟極為關鍵，所以它們在發展早期就已經展開可靠的部署了。

　　情緒是由基因設定，無需學習且自動自發。前述這件事實總會引發可怕的基因決定論。關於個體情緒，沒有個人可努力或是教育可改變的部分嗎？答案是有的，且有相當大的空間。在所有正常個體中的大腦情緒基本機制的確相當類似，這也是有好處的，因為它為各種文化提供了在痛苦與愉悅上的共同基本偏好。不過，雖然這個機制明顯類似，但某個刺激在某個環境脈絡下會觸發你產生情緒，但未必能觸發我產生情緒。你會怕的事物，我不怕，反之亦然；你愛的東西，我不愛，反之亦然；也有許多事物是我們都怕以及都愛的。換句話說，相較於引發情緒的刺激，情緒反應差不多算是按個人量身打造的。我們在這方面相當類似，但又不完全一樣。這種個人化還有其他面向。受到出身文化的影響或是個人受教的結果，我們對於自己的情緒表達有部分的控制能力。我們都知道，在公開場合笑或哭的情況，會因文化以及這些表現如何形塑出來而有所差異，即使在特定社會階級的成員中也是一樣。我們彼此之間的情緒表達很類似，但並不是完全一樣的。我們可以調控情緒，讓情緒具有個人差異，或符合所屬社會群體。

　　情緒的表現無疑地會受到意志的調控。但調控情緒的程度顯然只限於外在的表現。由於情緒包含著許多其他反應，其中數種反應是內部的且他人肉眼所看不見的,所以無論我們用多強大的意志力來壓抑情緒,主要的情緒程序仍在執行。最重要的是,即使外在情緒表現受到部分壓抑,感知到情緒變化而造成的情緒性感受仍會發生。情緒及感受各執一面,彼此在生理機制上非常不同。遇到一個堅強的人在聽到悲慘消息後緊抿上唇時,你可別認為他沒有感受到痛苦或是恐懼。有句抓住這種精髓的葡萄牙諺語是這麼說的:「看得到一個人的臉,但看不到他的心。」[10]

在情緒的範圍中上上下下

除了共通情緒之後,有兩種常見的情緒類別也值得一提。我在幾年前注意到其中一個情緒類別,並給它起了個名稱:背景情緒。這類例子包括了:**熱情**與**沮喪**,這兩種情緒可經由個人生命中的各種實際情況所引發,也可以因疾病與疲倦等身體內部狀態而產生。比其他情緒更甚的是,觸發背景情緒的刺激可能會偷偷地運作,在個體沒有意識到的情況下引發這種情緒。對於已發生情況進行反思或是思考可能發生的情境,也會引發這類情緒。這種背景感受是從原始感受所跨出的一小步。背景情緒與心情有密切關聯,但又有所不同,背景情緒更受限於時間,也更能清楚辨識刺激。

另一個主要情緒類別是社會情緒。這個類別名稱有點奇怪,因為所有的情緒都可以是社會性的而且也常是如此,不過由於這些特殊現象具有明確的社會環境設定,所以這個名稱也是合理的。**同情、困窘、羞愧、罪惡感、鄙視、嫉妒、羨慕、驕傲與欽**

---

10. 葡萄牙語的原文為:「Quem vê caras não vê corações」。

佩等主要社會情緒的例子，很容易就可以證明這個名稱是合理的。這些情緒確實會在社會處境中被引發，而它們確實也在社會群體的生活中扮演著重要角色。社會情緒的生理運作與其他情緒的生理運作沒什麼不同。社會情緒需要情緒觸發刺激，也仰賴特殊的觸發部位。社會情緒由身體參與的精良行動程序所構成，並以感受的形式被個體本身所感知。不過它們還是有些值得注意的不同之處。絕大部分的社會情緒在演化上出現的年份較晚，有一些可能還是人類所獨有的。像是欽佩與著重在他人心理與社會痛苦而非身體疼痛的各種同情，似乎就是人類所獨有的例子。許多物種，特是靈長類與巨猿，都展現了某些社會情緒的前身，像是對於實際困境的同情、困窘、羨慕與驕傲都是好例子。卷尾猴（capuchin monkeys）確實會在感受到不公平對待時有所反應。社會情緒併入數項道德原則後，就會形成道德系統的自然基礎了。[11]

關於欽佩與同情的題外話

我們欽佩的那些行動與目標，會定義出一個文化的特質，我們對於行動與目標執行者的反應也是。若是沒有適當獎勵，那些受到欽佩的行為也就比較不會被仿效。同情也是一樣。若我們不想要大幅失去健全社會的前景，那麼每個人在充滿各種困境的日常生活中，就要心懷同情地面對眼前的其他人。然而若要人習得同情心，就要給予獎勵。

---

11. A. Damasio, "Neuroscience and Ethics: Interactions," *American Journal of Bioethics* 7 , no. 1 (2007), 3-7."

當我們有欽佩或是同情的感受時，大腦中在運作什麼呢？大腦對應這類情緒與感受的處理方式，跟恐懼、快樂與悲傷那類我們定義為較基礎的情緒處理方式類似嗎？還是不一樣？社會情緒似乎非常仰賴個體成長的環境，也與教育因素極有關聯，以至於社會情緒看起來似乎只是一層輕輕貼在大腦表面的認知裝飾而已。此外，我們開始認為與自我狀態有關的大腦結構，是如何參與或不參與這類清楚涉及到觀察者自我的情緒與感受的，這也是需要檢視的要項。

　　我與漢娜・達馬吉歐及瑪麗・海倫・伊莫迪諾－楊（Mary Helen Immordino-Yang）一起著手回答這些問題。伊莫迪諾－楊對於神經科學與教育的結合有強烈的興趣，她也因此對這個問題非常感興趣。我們想要運用功能性磁共振造影進行一項研究，來檢視故事如何誘發出正常人的欽佩或同情感受。我們想要以講故事的方式來敘述可以引發欽佩或同情的特定行為，藉此來產生欽佩或同情的反應。我們並不是要實驗受測者在看到其他人有欽佩或同情之意時能夠辨識出來，而是要受測者**體驗**這些情緒。一開始我們就知道至少要有四種不同的情境，兩種是欽佩的，兩種是同情的。其中一種欽佩情境是對善良行為的欽佩，例如慷慨大方這種讓人欽佩的美德；另一種是對專門技巧的欽佩，例如運動選手的出色表現或是音樂家的驚人獨奏。而在同情情境的這一方面，則包括了對於身體疼痛的同情，好比對於交通意外的不幸受害者的感受，以及對心理與社會困境的同情，例如對於有人因火災失去家園或因疾病失去摯愛的感受。

　　這裡的對比非常明顯，當伊莫迪諾－楊在功能性造影實驗中發揮創造力，將真實故事與有效方法結合，讓受測者對故事感同身受時，對比更是明顯。[12]

我們測試了三個假設。第一個假設與涉及欽佩和同情感受的大腦區域有關。實驗結果很明確：大體上，參與這兩種感受的大腦區域，就是一般認為的那些基本情緒區域。在四種情境中，腦島與前扣帶皮質都活化了，上腦幹區域也如同預期地涉及其中。

實驗結果顯然證明了「社會情緒參與生命調節機制的程度不如其他基本情緒」的想法是不對的。大腦參與的程度極深，這符合身體活動深入標記著我們這類情緒體驗的這件事實。強納森‧海特（Jonathan Haidt）關於類似社會情緒處理歷程上的行為研究，清楚顯示了身體如何參與這類情境。[13]

我們測試的第二個假設有關於本書的中心主旨：自我與意識。我們發現後內側皮質會參與感受這些情緒，我們相信後內側皮質在構成自我上扮演著重要角色。這也符合受測者的反應情況，受測者對於任何故事情境要有反應，就需要他們能對情境進行整體觀察與判斷，也就是在同情的情境中，要能夠完全同理主角的困境，而在欽佩的情境中，就要讓自己懷有模仿主角優良行為或技巧的潛在願景。

我們也發現到一些並未預期到的情況：後內側皮質的某部分在對技巧欽佩與對身體疼痛同情的兩種情境中最為活躍，這與在

---

12. M. H. Immordino-Yang, A. McColl, H. Damasio, and A. Damasio, "Neural Correlates of Admiration and Compassion," *Proceedings of the National Academy of Sciences* 106 , no. 19, (2009), 8021-26.

13. J. Haidt, "The Emotional Dog and Its Rational Tail: A Social Intuitionist Approach to Moral Judgement," *Psychological Review* 108 (2001), 814-34; Christopher Oveis, Adam B. Cohen, June Gruber, Michelle No. Shiota, Jonathan Haidt, and Dacher Keltner, "Resting Respiratory Sinus Arrhythmis Is Associated with Tonic Positive Emotionality," *Emotion* 9 , no. 2 (April 2009), 265-70.

對善行欽佩與對心理痛苦同情的情境中最為活躍的那一部分後內側皮質顯然不同，兩塊皮質活動模式的分界很明顯，像是兩塊拼圖拼接在一起那樣。

技巧與身體疼痛這兩種情境的共同特性是，都涉及了身體外部行動導向的部分。心理痛苦與善行那兩種情境的共同特性則是，兩者都是心理狀態。後內側皮質上所呈現的結果讓我們知道，大腦能夠辨認這些共同特性（兩種是身體上的，兩種是心理上的），而且大腦對於身體與心理差異的關注更甚於對欽佩與同情間之基本差異的關注。

在每個受測者腦中，兩個後內側皮質區域所支撐的不同身體面向，或許能夠解釋這個漂亮的實驗結果。其中一個區域與肌肉骨骼密切相關，另一個則與身體內部（也就是內環境與臟器）有關。細心的讀者可能已經猜出哪一個會跟哪一個配對了。身體特性（技巧、身體疼痛）與肌肉骨骼相關的部分配對，而心理特性（心理痛苦、美德）則與內環境及臟器配對。你還有其他的配對方式嗎？

最後還有一個假設與一個實驗結果要注意。我們假設，對身體疼痛的同情處理歷程，應該會比對心理痛苦的同情處理歷程要來得快。對身體疼痛的同情處理歷程是個在演化上比較古老的大腦反應，在數種非人類物種上明顯可見。而對心理痛苦的同情處理歷程，則需要對較非立即性也較不明顯的困境進行更複雜的處理，而這可能會涉及到與同情相關的更廣泛知識。

實驗結果確認了這項假設。對於身體疼痛的同情在腦島皮質所引發的反應，會比對於心理痛苦的同情所引發的反應來得快。對於身體疼痛的同情反應，來得快也去得快。而對於心理痛苦的同情反應，則要花較久的時間去建立，但消失的時間也比較長。雖然這項研究只進行了初步探討，但我們對於大腦如何處理欽佩與同情的歷程，還是有了些許的初步了解。可以預見的是，這些處理歷程的根基深植於大腦與身體之中，而且這些歷程會受到個體經驗極大的影響。對所有的情緒而言，全都是這樣沒錯。

第六章

記憶的建構

在某個地方，以某種方式

在史考特·費茲傑羅（Scott Fizgerald）所著的《夜未央》（*Tender Is the Night*）中，當主角迪克·戴弗（Dick Diver）在巴黎的一天早晨與同行友人向他們的另一位朋友艾貝·諾斯（Abe North）揮手道別時，戴弗對著同伴們問道：「將來我們一看到火車駛離，是不是都會覺得聽到槍聲？」戴弗與同伴剛剛見證了一場意外：一位絕望的年輕女性從皮包中掏出一把珍珠色澤的小型左輪手槍，在火車鳴笛駛離聖拉札爾火車站時，射殺了她的愛人。

戴弗的問話讓我們想起了大腦的一項驚人能力，大腦可以學習綜合資訊，並無視我們的意願，在後續以各種角度逼真地重製出來。戴弗與同伴將永遠在進到火車站時於心中**聽到**假想的槍聲，心中的槍響雖然微弱但仍可以辨認得出近似那天早上所聽到的聲音，他們的心智不顧個人意願，重製了那天早晨所體驗到的聽覺意像。而且，這場意外事件中任何一部分的表徵，都可以喚起對事件的綜合記憶。不只是看到出站的火車，在任何情況下，只要有人提到駛離的火車就會喚起這份記憶。或是當有人提起艾貝·諾斯（他們會在現場的原因）或聖拉札爾火車站（事件發生的地點）時，他們也可能會有聽到槍聲的幻覺。同樣的情況也出現在一些上過戰場的人們身上，戰地的聲響與景象無視他們的意願，一幕幕地重現，永遠揮之不去。創傷後壓力症候群就是大腦這項驚人能力不受歡迎的副作用。

如同前述故事中的情況，當事件帶有顯著情緒並在價值範圍中振盪時，通常就有利於你記住。只要一個場景具有某些價值，只要當下有出現足夠的情緒，大腦就會學習記住景象、聲音、觸感、感受、氣味等等諸如此類的多元資訊，並在受到暗示時重現這一切。隨著時間過去，回憶也會漸漸褪色。但隨著時間過去，一位具有想像力的創作者也可能對材料加以潤飾，將其切得破碎，再重組成一部小說或劇本。一開始無文字描述的影片意像，甚至可能就這樣一步步地，轉變成為具有片斷文字描述的影片意像，於是在故事中所記下的文字描述就跟其中的視覺與聽覺元素的分量一樣多了。

現在思考一下回憶這件神奇之事，並想想大腦重現回憶所需的資源。除了各種感官所產生的知覺意像外，大腦必須要以某種方式在某個地方儲存各式各樣的模式資料，並以某種方式在某個地方保留一條取回這些模式資料的**路徑**，再以某種方式在某個地方進行重製的工作。一旦所有這一切就緒，且自我這份附加禮物也出現，我們就會**知曉**自己正在回憶某件事物。

能夠演繹我們周遭世界的能力，得仰賴學習與回憶的能力。我們之所以能夠辨認人物與地方，是因為我們建立了其模樣的記錄，並適時取用某一部分的記錄。而我們可以去想像某些事件的能力，也同樣仰賴學習與回憶的能力，這是推理與引導我們未來的基礎，大體來說，也就是針對問題創造新式解決辦法的基礎。若我們想要去了解這一切是怎麼發生的，就必須去揭開這項祕密是以什麼樣的方式在大腦中什麼樣的地方進行的。這是當代神經科學最為難解的問題之一。

　　要用什麼樣的方法來研究學習與回憶這個問題，取決於我們選擇研究的運作層級。我們對於腦在神經元與小型迴路層級的學習運作越來越了解，所以我們確實知道突觸如何學習，我們甚至也知道在微小迴路層級中，某些分子與基因表現機制會參與學習。[1] 我們也知道大腦中的某些特定部位在學習資訊上扮演重要角色，這些資訊各式各樣，一方面包括了臉孔、地點或文字等客體，另一方面也包括了動作。[2] 但在「以某種方式在某個地方」的機制清楚闡明之前，許多問題仍然存在。我們在這裡的目標就是，去概述可以進一步闡明此問題的大腦結構。

回憶記錄的本質

　　大腦會對客體進行記錄，記下客體看起來、聽起來與動起來的樣子，並將記錄保留下來，等待之後回憶。大腦對事件也會進行同樣的記錄。我們通常會認為大腦就像影片那般，是個進行被動記錄的媒介，將經過感官探測器分析的客體特性忠實的映射出來。如果眼睛是單純、被動的攝影機，大腦就是被動、空白的膠卷。但這一切都是假的。

　　生物體（身體與其腦部）會與客體互動，而腦會對互動產生

1. Eric R. Kandel, James H. Schwartz, and Thomas M. Jessel, *Principles of Neural Science*, 4th ed. (New York: McGraw-Hill, 2000); and E. Kandel, *In Search of Memory: The Emergence of a New Science of Mind* (New York: W. W. Norton, 2006).
2. A. R. Damasio, H. Damasio, D. Tranel, and J. P. Brandt, "Neural Regionalization of Knowledge Access: Preliminary Evidence," *Symposia on Quantitative Biology* 55 (1990), 1039-47; A. Damasio, D. Tranel, and H. Damasio, "Face Agnosia and the Neural Substrates of Memory," *Annual Review of Neuroscience* 13 (1990), 89-109.

反應。大腦不會對實體的結構進行記錄，大腦實際**記錄下來的是生物體與客體互動所產生的各種結果**。我們對於某特定客體的記憶，不是只有客體在視網膜意像中所映射出來的視覺結構。還需要其他的資訊：首先，與看見客體相關的感覺運動模式，例如因應當下情況所產生的眼睛與脖子動作，或是全身動作；其次，與碰觸及使用客體相關的感覺運動模式（視當下情況而定）；第三，在喚起相關物體的過去記憶時所產生的感覺運動模式,；第四，與觸發客體相關情緒與感受有關的感覺運動模式。

當我們提到對某個客體的記憶時，通常指的是：在特定一段時間中，**與生物體及客體互動有關的感覺與運動活動的綜合記憶**。感覺運動活動的範圍會因客體與環境的價值而有所變動，對於這些活動的記憶也是。我們在體驗某個客體的當下，對此客體所形成的記憶，會受到自身對於類似客體或處境的過去知識所掌控。我們的記憶確實會因自身過去的經驗與信念而**帶有偏見**。完全忠實還原的記憶只是神話，只適用於沒什麼大不了的事物上。認為大腦對每件事物都有獨立分開的「客體記憶」是站不住腳的想法。大腦記得的是在互動中所發生的事情，而且重要的是這份互動包括了我們的過去，通常是我們生物物種與我們文化的過去。

我們是以主動參與而非被動接受的方式去感知，這就是記憶「普魯斯特效應」（Proustian effect）的秘密，也是為何我們記得的常是事件整體情境而非獨立分開的一件件事物。而這對我們要去了解意識是如何產生的也具有關聯性。

先出現傾向，再產生映射

大腦映射圖的特性就是：事物表徵（形狀、動作、顏色、聲音）與映射圖內容之間會有相對清楚的連結。映射圖中的模式在某種程度上會清楚對應到其所映射的事物。理論上來說，若一個聰明的觀察者在科學探索的過程中突然看懂了這份映射圖，應該馬上能猜出映射圖代表的是什麼。我們知道這在目前還不可能實現，不過新興造影技術正往這個方向大步邁進。在人類身上運用功能性磁共振造影的研究中，多元模式分析證實了受測者在看到或聽到某客體時大腦會出現特定的活動模式。在我們研究小組近來的研究中（Meyer et al., 2010, 請參考第三章的注釋），我們可以偵測到受測者在內心聽到聲音時其聽覺皮質所產生的活動模式（受測者在實驗過程中沒有實際聽到任何聲音）。實驗結果直接解答了迪克・戴弗所遇到的問題。

　　生物在映射能力上的發展與其直接產物（意像與心智），是演化中一項沒有充分預告的轉換。你可能會問，是什麼東西轉換了。是神經表徵的形式轉換了，這個神經表徵的形式與其要重現事物沒什麼明顯連結。讓我來為你舉例說明。先想像有個物體擊中一個生物體，有一群神經元活化來因應。這個物體可能是尖的或鈍的、大的或是小的、被人用手拿著或是自己會移動的、塑膠做的或金屬製的或有血有肉的。所有這一切中最重要的是，那個物體有部分表面會**擊中**生物體，於是有一整群神經元因為這個情況而活化，但它們並沒有真實重現出物體特性的表徵。現在想像有另一群神經元因為接收到第一組神經元的訊號而活化，然後讓生物移動離開原先的位置。這兩組神經元中沒有任何一組確實呈現出生物體**原先的位置**，或是生物體應該要停在**哪個位置**，也沒有呈現出物體的**物理特性**表徵。我們所需要的只有偵測被擊中的情況、下達指令的裝置以及移動的能力就足夠了。這些腦神經元群所重現的似乎不是映射圖，而是一種傾向，一種為了解這類事件如何因應所編譯的公式：無論是什麼樣的物體，也無論你身處何處，若物體從這個方向打過來，你就要在幾秒內往反方向移動。

在演化中有一段很長很長的時間，大腦是在傾向的基礎上運作的，擁有這種配置的那些生物體就可以完美適應環境。具有傾向的網絡達成了許多成就，而且發展得更為複雜也更為廣泛。但是，當映射能力出現後，生物體可以超越公式化反應，以映射圖中所獲得的豐富資訊為基礎來進行反應。於是我們安排部署的品質也跟著提升。我們的反應變得會依據客體與處境來量身訂作，而不是同一套用到底，而這些反應最終也會變得更為精準。這些具有傾向的非映射神經網絡後來也加入映射的神經網絡中效力，生物體也因此在安排部署上達到了更大的靈活度。

有趣的是，大腦後來並沒有因為喜歡新發明的「映射圖與意像」，就拋棄了「傾向」這個忠實且已試驗過的工具。大自然加倍努力地讓兩個系統同時運作：它結合兩者，並讓它們協力運作。這個結合的成果就是讓大腦變得更豐富，而我們人類天生擁有的就是這種大腦。

當我們人類在感知這個世界、學習理解這個世界、回想我們所學並以創新思維運作資訊時，就展現了最複雜的協力混合運作模式。我們從先前許多物種身上繼承了豐富的傾向網絡，這些都是運行生命調節基本機制的傾向網絡。網絡中包括了控制我們內分泌系統的神經核，以及運作獎勵與處罰機制和觸發與執行情緒的神經核。這些傾向網絡與致力於產生生物體內部與外部世界意像的映射系統，在受歡迎的新奇體驗中有了接觸。結果就是，生命調節的基本機制會影響大腦皮質映射區域的運作。不過我認為新事物不會就此停下腳步，哺乳類動物的大腦還能向前再更進一步。

當我們的腦決定驚人地創造記錄意像的大型檔案，但又缺乏儲存這些檔案的空間時，它們就會借用傾向策略來解決這個工程上的問題。它們雙管其下：讓自己得以在有限的空間中儲存大量記憶，但仍保有快速取出相當逼真記憶的能力。我們人類與其他哺乳類動物，從來不用將各式各樣的意像拍成影片儲存在複製檔案中。我們單純只是儲存一項可以靈巧重組意像的工具，並運用現有知覺機制盡可能地進行整合。我們一直都像後現代主義那般地進行多元融合。

記憶的運作

這裡就是問題所在了。除了創造形成知覺意像的映射表徵之外，大腦還達成了一項同等驚人的成就：創造感覺映射圖的記憶記錄，並播放近似原始內容的東西。這個過程就是所謂的**回憶**。記住一個人或一件事，或是講述一個故事，都需要回憶，辨認我們周圍的客體與處境也需要回憶，對與我們互動的客體或是我們感知到的事件進行思考，以及對我們的未來計畫進行想像的整個過程，也都需要回憶。

若我們想要去了解記憶如何運作，我們就必須要去了解大腦如何建立映射圖與其位置的記錄。它會像建立一個複製檔案那樣，創造一模一樣的東西來記下來嗎？還是會將意像簡化編碼，進行數位化呢？是哪一種？怎麼做？又是在哪裡進行的？

還有另外一個有關在「哪個地方」的議題，那就是：當我們回憶時，那些記錄是在哪個地方播放，才能回復原始意像的必要特性呢？當《夜未央》的迪克・戴弗再次聽到槍聲時，槍聲是在他腦中的哪個地方播放的呢？當你想到失去的朋友或是你住的房子，你就會想到跟這些實體有關的一堆意像。這些意像不若實物或照片那麼逼真，但回憶意像仍保有原始意像的基本特性，這已足夠讓聰明的認知神經科學家史帝夫・科斯林（Steve Kosslyn）估算在心智中回憶並檢視之客體的相關尺寸。[3] 這些意像究竟是在哪個地方重建，讓我們可以在想像之中對它們進行研究呢？

此問題的傳統答案（這裡用「假設」來取代「答案」應該比較適當）是從感官的保守觀點上取得靈感的。根據這個觀點，不同的早期感覺皮質（大部分位於大腦後方）經由會與之互動且通往多模整合皮質（multimodal cortex；大部分位於大腦前方）的大腦路徑，將知覺資訊的組成要素呈現出來。知覺運作會立基於一連串往單一方向行進的處理器上。這串處理器會一步一步地獲得更精確的訊號，先是在單一形式（例如視覺）的感覺皮質上進行處理，後續則來到會接收多種訊號形式（例如視覺、聽覺與體感）的多模整合皮質上進行處理。一般來說，這串處理會沿著尾端到前端的方向進行，最後到達位於終點站的前顳葉與額葉皮質處，當下多元感官的最佳整合表徵就被認為發生在這些腦區之中。

這些假設可用「祖母細胞」這個概念來解釋。祖母細胞是一個差不多位於這串處理路徑頂端（如前顳葉）的神經元，其本身的活動會在我們**感知**祖母時全面性地呈現出祖母的表徵。這樣一個細胞或是這樣一群細胞，會在感知過程中呈現出客體與事件包

---

3. Stephen M. Kosslyn, *Image and Mind* (Cambridge, Mass.: Harvard University Press, 1980).

羅萬象的表徵。不只如此，這些細胞還擁有這些感知內容的**記錄**。關於記憶的記錄就存在祖母細胞中。更驚人的是，重新活化祖母細胞就可以馬上播放整個同樣的感知內容，這也直接回應了我們早先提到的那個問題。簡而言之，這些神經元的活動就是負責對各種意像適當整合以形成回憶，無論是你祖母的臉孔或是戴弗的火車站槍擊事件。這就是回憶**所在的地方**。

我認為上述這種說法並不正確。根據這種說法，上前顳葉與額葉皮質受損，也就是大腦前方區域受損時，會**同時**阻礙到正常知覺與正常回憶。因為可以創造知覺體驗全面整合表徵的神經元不再作用，所以正常知覺會喪失。而支撐整合知覺的神經元細胞也支撐著記憶整合記錄，所以正常回憶也會喪失。

可惜這個傳統觀點不被認證，現實中的神經生理學研究結果駁斥了這個預測說法。駁斥這種說法的實際重點如下：前大腦區域（額葉與顳葉）受損的患者表示本身有正常知覺，而且在回憶與辨認特殊物體與事件上只有幾項選擇性的缺失而已。

給這些患者看張他們自己的照片，他們可以詳細且正確地描述出照片的背景內容，像是去參加生日派對或婚禮宴會等等，卻無法認出那是他們自己的派對或婚宴。大腦前區的損傷不會影響到他們對整個場景的整合知覺，也不會影響到對其意義的解讀。這種損傷不會影響到他們對照片中各種客體，如人、椅子、桌子、生日蛋糕、蠟燭、禮服等等的知覺，也不會影響到他們想起這些客體的意義。大腦前區損傷的患者仍保有整合觀點與各組成要素的觀點。另一個完全不同區域的損傷才會影響到各別記憶組成要素的取用，也是對應到各種客體或客體特性（例如顏色或動作）的組成要素。只有在大腦極後方的皮質區域

（靠近主要感覺與運動區域）受損時，這類各別記憶組成要素的取用才會受到影響。

　　結論就是，負責整合的聯合皮質區域受損，不會阻礙知覺的整合，不會阻礙對於一個場景中各別組成部位的回憶，也不會阻礙當事者想起一般客體與性質的意義。這類損傷在回憶的過程中會造成的主要特別瑕疵是：**它阻礙了對客體與場景獨一無二又特別的回憶**。一場獨一無二的生日派對還是生日派對，但它不再是某個人地點與時間線完整的**特別**生日派對。只有在形成心智的早期感覺皮質與周遭區域受損時，才會對當事者回想這些皮質區域曾經處理過且記錄在附近的資訊產生阻礙。

對於記憶分類的簡單題外話

　　我們對於不同種記憶所能做出的區分，不只與出現在特殊回憶場景中所關注的主要事件有關，也與所關注事件周遭的環境有關。在這種情況下，通常貼在記憶上的數個傳統標籤（一般記憶或特殊記憶、語意記憶或情節記憶），並無法捕捉到記憶現象的豐富程度。舉例來說，如果有人經由語言或照片來問我一間我曾經住過的房子。我很有可能會想起大量關於我個人對這間房子體驗到的相關記憶。這個回憶過程包括了對各式各樣的感覺運動模式進行重建，甚至我個人的感受也會因此而重新上演。相反地，若是別人問我的是對房子的一般概念，我可能在心中也會想到同一間房子，但只會說出對房子的一般概念。無論如何，在這兩種情況中，問題本身改變了回憶的過程。第一種情況中的問題喚出了豐富的個人體驗細節，而第二種情況中的問題則可能抑制了對個人體驗的回憶。我腦中處理的不是個人回憶，而是針對符合**房**

子這個我當前所需之物的資訊加以處理而已。

第一種與第二種情況中的差別在於回憶歷程的複雜度不同。經由回憶與特定物體或事件相關的物件數量及種類，可以衡量出這個複雜度。換句話說，**與特定實體或事件有關的感覺運動背景重新上演的內容越多，複雜度就越高**。對於獨一無二實體與事件的記憶，也就是那種只屬於個人所獨有的記憶，就需要高複雜度的背景內容。我們可以按複雜度的高低列出幾種情況：獨特且為個人所獨有的實體與事件需要的複雜度最高、獨特但非個人所獨有的實體與事件需要的複雜度次之、非獨特的實體與事件需要的複雜度最低。

的確，將某項回憶歸類在上述其中一種情況還滿有用的，例如非個人所獨有或是為個人所獨有的。這個差異大致可以對應到**語意記憶**與**情節記憶**的分別，或是**一般記憶**與**背景記憶**的分別。

這對於區別**事實**記憶與**程序**記憶之間的差異也滿有用的，因為它確實捕捉到「物體」與「動作」之間的根本差異。「物體」是在靜止狀態下具有特定結構的實體。「動作」則是物體在時間與空間中的移動。然而，就算在這裡，這種區別還是不明確。

最後，這些記憶分類的有效性還是落在大腦是否認定這些差異上。大體上，大腦在處理回憶的層級上，有獨特與非獨特這兩種程度區別，而在形成回憶與進行回想時，則有事實記憶與程序記憶這兩種區別。

這個問題的可能解答

我在反思這些觀察後，提出了一個用於解析回憶及辨識的神經結構模型。[4] 這個模型的解析內容如下所示：

意像可以在感知與回憶期間被體驗到。一個人體驗到的所有意像都是建立在映射圖這個基礎上，但我們無法將所有的映射圖以最初的格式儲存起來。舉例來說，早期感覺皮質會持續建構當下環境的映射圖，而且沒有空間去儲存不要的映射圖。但在像我們人類這樣的大腦中，由於產生映射的大腦空間與負責傾向的大腦空間相互連結，映射圖可以用傾向的形式記錄下來。在這樣的大腦中，傾向也是一個節省資料儲存空間的機制。最終在早期感覺皮質中，會運用傾向這個功能來重建映射圖，而且是以它們最初被體驗到的形式進行重建。

這個模式符合之前提到的神經生理學發現，其假設在最高處理階層中的那群神經細胞並不具有客體與事件的明確映射表徵。這群神經細胞擁有的則是，在有需求時最終能夠重建明確表徵的知識，也就是**傾向**這個能力。換句話說，我運用的是我先前提到的那個具有傾向功能的簡單裝置，但這次不是用來下令執行一項微不足道的動作，而是下令**重啟與整合過去各種知覺面向的過程**，無論它們過去在哪裡進行處理、被記錄在哪個地區。傾向會作用在參與原始知覺的諸多早期感覺皮質上。經由從大腦傾向區域再發散回到早期感覺皮質的連結，傾向這項功能得以運作。最終，實際播放記憶記錄的地點，跟最初產生原始知覺的地點，沒什麼不一樣。

---

4. A. R. Damasio, "Time-locked Multiregional Retroactivation: A systems-level Proposal for the Neural Substrates of Recall and Recognition," *Cognition* 33 (1989), 25-62。CDZ 模式已被納入認知理論中。請參見：L. W. Barsalou, "Grounded Cognition," *Annual Review of Psychology* 59 (2008), 617-45，以及 W. K. Simmons and L. W. Barsalou, "The Similarity-in-Topography Principle: Recording Theories of Conceptual Deficits," *Cognitive Neuropsychology* 20 (2003), 451-86。

聚集與發散的區域

　　我所提架構的主幹是一種皮質連結的神經結構，其具有與特定節點有關的聚集與發散特性。我稱這些節點為**小型聚集與發散的區域**（convergence-divergence zones），簡稱為**小聚發區**（CDZs）。小聚發區會記錄下不同大腦部位的神經元**同時**進行的活動，像是會記錄下因某客體的映射而同步活化的神經元活動。要形成記憶，客體完整映射圖中的任一部分都無需在小聚發區永久性地一再地重現，只有與映射圖連結的神經元同時發出的訊號才會被記錄下來。我提出**時間鎖定回溯活化**（time-locked retroactivation）這個機制，來解釋原始映射圖的重建與之後回憶的產生。**回溯活化**此用語指得是這個機制需要一個「回溯」的過程來誘發產生神經活動，而**時間鎖定**則是要我們注意另一項需求：去回溯活化映射圖中的組成要素時，大致上必須要位於同一個時間間隔之中，這樣同時（或近乎同時）產生的知覺才能在回憶中同步（或近乎同步）恢復。

　　這個架構中的另一個關鍵要素是去定位兩種大腦系統之間的分工，一個負責處理映射圖以及意像，另一個則負責處理傾向的運作。我認為就大腦皮質來說，**意像空間**（image space）是由數個島狀區域或是早期感覺皮質所構成，這些區域包括了包圍初級視覺皮質（第 17 區）的整個視覺皮質、整個聽覺皮質與體感皮質等等。

　　皮質上的**傾向空間**（dispositional space）則包括了在顳葉、頂葉與額葉的所有高階聯合皮質。除此之外，在大腦皮質下方的基底前腦、基底神經節、視丘、下視丘與腦幹中，仍保有一組古老的傾向裝置。

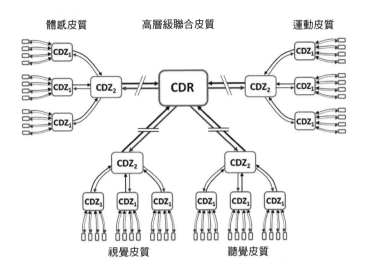

體感皮質　　　　高層級聯合皮質　　　　運動皮質

視覺皮質　　　　　　　　　聽覺皮質

圖 6.1：聚集與發散的結構圖。此結構有四層，初級皮質以小長方形代表，
聚集發散的三個層級則以較大的長方形代表，分別標示為小聚發區 1
（CDZ_1）、小聚發區 2（CDZ_2）與大聚發區（CDR）。在小聚發區 2 與大
聚發區之間，還可能有許多介於其中的聚集發散區（以被截斷的箭頭表
示）。這裡要注意的是，在整個網絡中，每個向前的神經投射都有交互的
返回投射（如箭頭所示）。

　　簡而言之，意像空間就是所有感官外顯意像產生的所在地，
無論是否被意識到的意像都包括在內。意像空間位於大腦的映射
部位，是由所有早期感覺皮質聚集而成的大片區域，也就是視
覺、聽覺與其他感官訊號進入大腦的入口處與其周遭的大腦皮質
區域。意像空間還包括了具有形成意像能力的孤立徑核、臂旁核
與上丘等腦區。

　　傾向空間則是具有傾向知識基礎的地方，也是在回想中進行
知識重建裝置的所在之處。它是想像與推理過程中意像的來源，

也被運用來產生動作。傾向運作空間位於非意像空間的大腦皮質區域（高階皮質與部分邊緣皮質），以及大量皮質下神經核中。當傾向迴路活化時，就會傳訊給其他神經迴路，以產生意像或是動作。

在意像空間展示的內容是**外顯的**，而在傾向空間的內容是**內隱的**。我們可以有意識地取得意像的內容，但我們永遠無法直接取得傾向的內容。當然，**傾向的內容一直都是無意識的**，它們是以加密且潛伏的形式存在。

傾向產生出各式各樣的結果。在基本層級，它們可以產生許多種行動與許多種複雜度，例如將荷爾蒙釋放到血流中，或是讓內臟肌肉、四肢肌肉或聲帶肌肉收縮。不過，皮質傾向偶爾也會記錄下過去實際感知到的意像，在試圖從記憶中重建意像草圖時，前述記錄也會參與。傾向也會經由影響對當下意像的關注程度，來協助處理當下感知到的意像。我們從來就不會意識到執行任何這類任務的必要知識，也不會意識到其所採取的中間步驟。我們意識到的只有結果，像是健康的狀態、心跳的加速、手部的動作、回想起的聲音片斷、當下對景色的知覺（編輯過的知覺版本）。

我們對於事物、事物特性、人物、地點、事件與關係、技巧、生命調節歷程的記憶，簡單來說也就是我們所有的記憶，無論是經演化傳承而天生就有的，或是後天經由學習所獲得的，都會以傾向的形式存在我們的大腦中，等候成為外顯的意像或行動。**我們的知識基礎是內隱、經過加密且無意識的。**

傾向不是文字，它們是可能性的抽象記錄。文字或手勢在以意像與行動的形式（例如說話或手語）進駐到生命中之前，其規範基礎就以傾向的形式存在了。而我們用來將文字與手勢結合的規範，也就是語言的文法，也被視為是一種傾向。

更多關於聚集發散區的內容

小聚發區是由一群神經元聚集而成，在這之中有許多前饋與回饋迴路會相互接觸。小聚發區接收從位於訊號處理鏈「早期」的感覺區域而來的連線，這條神經鏈的起點位於大腦皮質中的感覺訊號入口處。聚集發散區以相互回饋的方式投射回原先的區域中。小聚發區也會以「前饋」的方式投射到此神經鏈下個連結層級所在的區域，並接收從這些區域返回的投射。

小聚發區是微小到肉眼看不見的，並位於大聚發區之中，大聚發區則是大到肉眼可見的。我猜想小聚發區的數量大約有數千個。另一方面，大聚發區的數量大約是數十個。小聚發區是肉眼看不見的微小節點，而大聚發區則是肉眼可見的大節點。

大聚發區位於聯合皮質的策略區域之中，有數個主要路徑在此聚集。你可以將大聚發區視為飛機航線圖上的樞紐，想成是芝加哥、華盛頓特區、紐約、洛杉磯、舊金山、丹佛或亞特蘭大等等的地方。樞紐會接收沿著航線到來的飛機，它們也會沿著同樣的航線將飛機送回去。很重要的是，樞紐本身會互相連結，不過也有些樞紐所處的位置會比較偏遠。最後，某些樞紐會來得比其他樞紐要大，這也只是代表它們擁有比較多的小聚發區而已。

我們從實驗神經解剖學研究中得知，這類連結模式存在靈長類動物的大腦中。[5] 近來我們也從運用擴散譜技術的磁共振神經造影研究中得知，這類模式也存在人類的大腦中。[6] 我們在後續章節中將會看到，大聚發區在產生與組織有意識心智的關鍵內容中具有重要作用，包括了形成自傳自我（autobiographical self）。

大聚發區與小聚發區之所以會存在，都是因為基因的控管。當生物體在成長期間與環境互動時，大聚發區的突觸強化或弱化會對小聚發區產生明顯且巨大的影響。當外在環境與生物體生存需求相符時，就會發生突觸強化。

簡而言之，我認為小聚發區的工作就是重新創造各別神經活動，這些是曾經在感知期間大約同步出現的各別神經活動，也就是在我們參與其中並意識到它們存在的那段必要時間窗口中同時發生的。要達到這個目標，小聚發區會引發一連串極為快速的活化，讓各別神經區域以某種意識無法察覺的順序活化上線。

在這種結構中，重獲知識的基礎來自於許多早期皮質區域中同時參與的相關神經活動，這些神經活動是從多次反覆進行這種重新活化的循環中所產生的。這些各別神經活動將成為重建表徵的基礎。重獲知識是在哪個層級運作的，則要取決於多區域活化的範圍，而這接續又取決於哪一個層級的小聚發區被活化。[7]

5. K. S. Rockland and D. N. Pandya, "Laminar Origins and Terminations of Cortical Connections of the Occipital Lobe in the Rhesus Monkey," *Brain Research* 179 (1979), 3-20; G. W. Van Hoesen, "The Parahippocampal Gyrus: New Observations Regarding Its Cortical Connections in the Monkey," *Trends in Neuroscience* 5 (1982).
6. Patric Hagmann, Leila Cammoun, Xavier Gigander, Reto Meuli, Christopher J. Honey, Van J. Wedeen, and Olaf Sporns, "Mapping the Structural Core of Human Cerebral Cortex," *PLoS Biology* 6 , no. 7 (2008), e159. doi:10.1371/journal. pbio.0060159.
7. 某些聚集區域將與實體類型(例如某個工具的顏色與形狀)有關的訊號都結合在一起，並放置在聯合皮質區域中。這個聯合皮質區域就緊鄰於定義特性表徵的皮質區域，屬於此區的下游。以人類的視覺實體為例，這個聯合皮質區域包括了第37與第39區，是早期皮質映射圖的下游區域。它們在解剖結構的層級相對為低。其他的聚發區會將與更複雜組合有關的訊號結合在一起，例如將形狀、顏色、聲音、溫度與氣味的訊號結合來定義出某種類型的客體。這些聚發區位於較高的皮質層級（如位於第37、39、22與20的前區）。它們代表多個實體或各種實體特性的結合，而非單一實體或是單一特性。能夠將實體結合形成事件的聚發區位在最高階層，就在顧葉與額葉區域的最前方。

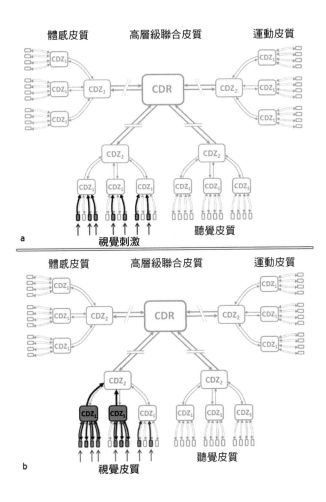

圖 6.2：運用聚集發散結構來回想由某個視覺刺激所引發的記憶。在圖 a 及 b 中，某個輸入的視覺刺激（以幾個灰色小長方型來代表）引發了層級 1 及 2 的小聚發區（CDZ）向前傳遞的神經活動（以粗體箭頭與灰色長方型來代表）。

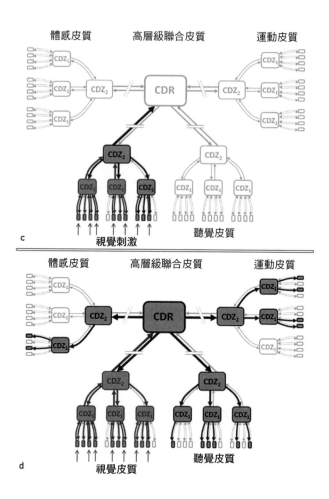

在圖 c 中，向前傳遞的神經活動活化了特定的大聚發區，而在圖 d 中，從大聚發區（CDR）產生的回溯活化引發了早期體感、聽覺、運動與其他視覺皮質的神經活動（以粗體箭頭與灰色長方型來代表）。回溯活化讓「意像空間」出現意像並產生動作（以幾個灰色小長方型來代表）。

運作模型

聚集發散模式適用於實際情況的證據在哪裡？近來我的同事卡斯帕‧梅耶（Kaspar Meyer）與我一同回顧了知覺、意像與鏡像處理等等領域的大量研究，也從聚集發散模型的觀點來思考研究結果。[8] 我們將許多回顧的研究結果拿來對這個模型進行有趣的測試。以下是個很好的例子。

在與他人的對談中，我們聽到別人說話的聲音，也看到了他嘴唇同步的動作。聚集發散區模型的預測是這樣的：在特定對應聲音出現時特定的嘴唇動作會重覆發生，所以在早期視覺與聽覺皮質的這兩個各別神經活動，會在同一個小聚發區中產生連結。之後，當我們遇到這個場景中的一部分時，例如看到默片中的特定嘴唇動作，在早期視覺皮質中被引發的神經活動模式就會觸發共同小聚發區，小聚發區會對早期聽覺皮質進行回溯活化，重現原先伴隨著嘴唇動作的聲音表徵。

在無聲情況下讀唇就會引發聽覺皮質的神經活動，這個被引發的活動模式會與在感知說話期間被引發的活動模式重疊。上述情況符合聚集發散區的架構。[9] 聲音的聽覺映射圖成了整合到嘴唇動作表徵中的一部分。聚集發散區架構解釋了一個人在接收到適當的視覺刺激時，是如何在心中聽到聲音的，反之亦然。

若有人認為大腦這種可以將視覺與聲音同步的特性是微不足道的成就，那麼就請想想當有部影片投放失敗，其聲音與影像無

8. Kaspar Meyer and Antonio Damasio, "Convergence and Divergnece in a Neural Architecture for Recognition and Memory," *Trends in Neurosciences* 32 , no. 7 (2009).
9. G. A. Calvert, E. T. Bullmore, M. J. Brammer, R. Campbell, S. C. R. Williams, P. K. McGuire, P. W. R. Woodruff, S. D. Iversen, and A. S. David, "Activation of Auditory Cortex During Silent Lip Reading," *Science* 276 (1997), 593-96.

法同步時，你會有的那種極差與惱火的感受。還有當你看著一部義大利好片，但英文配音卻嚴重的不同步時，那種感受更為糟糕。包括其他感官（嗅覺、觸覺）在內的各種其他知覺研究結果，甚至是非人類的靈長類動物的神經心理學研究結果，都可以運用聚集發散區模型取得適當解釋。[10]

另一組有趣的數據來自心智意像形塑（mental imagery；簡稱「心像」）的研究。如同這用語所示，意像形成的過程包括了對意像的回想以及後製——刪減、放大、重新排序等等。當我們發揮想像力時，心像是以「圖片」（視覺圖片、聽覺圖片等等）的形式產生的呢？還是它得仰賴類似語言的心理描述？[11] 聚集發散區架構支持圖片的說法。這個架構認為，當我們感知到客體或事件以及當我們從記憶中回想到客體或事件時，活化的都是差不多同樣的區域。在感知過程中建構出來的意像，會在心像形塑

10. M. Kiefer, E. J. Sim, B. Herrnberger, J. Grothe, and K. Hoenig, "The Sound of Concepts: Four Markers for a Link Between Auditory and Conceptual Brain Systems," *Journal of Neuroscience* 28 (2008), 12224-30; J. González, A. Barros-Loscertales, F. Pulvermüller, V. Meseguer, A. Sanjuán, V. Belloch, and C. Ávila, "Reading Cinnamon Activates Olfactory Brain Regions," *NeuroImage* 32 (2006), 906-12; M. C. Hagen, O. Franzen, F. McGlone, G. Essick, C. Dancer, and J. V. Pardo, "Tactile Motion Activates the Human Middle Temporal/V5 (MT/V5) Complex," *European Journal of Neuroscience* 16 (2002), 957-64; K. Sathian, A. Zangaladze, J. M. Hoffman, and S. T. Grafton, "Feeling with the Mind's Eye," *Neuroreport* 8 (1997), 3877-81; A. Zangaladze, C. M. Epstein, S. T. Grafton, and K. Sathian, "Involvement of Visual Cortex in Tactile Discrimination of Orientation," *Nature* 401 (1999), 587-90; Y.-D. Whou and J. M. Fuster, "Neuronal Activity of Somatosensory Cortex in a Cross-model (Visuo-haptic) Memory Task," *Experiments in Brain Research* 116 (1997), 551-55; Y.-D. Zhou and J. M. Fuster, "Visuo-tactile Cross-model Associations in Cortical Somatosensory Cells," *Proceeding of the National Academy of Sciences* 97 (2000), 9777-82.
11. S. M. Kolllyn, G. Ganis, and W. L. Thompson, "Neural Foundations of Imagery," *Nature Reviews Neuroscience* 2 (2001), 635-42; Z. Pylyshyn, "Return of the Mental Image: Are There Really Pictures in the Brain?" *Trends in Cognitive Science* 7 (2003), 113-18.

的過程中**重建**出來。兩者非常相似,但並非一模一樣,雖然盡可能地去接近過去的實際情況,但仍不若原來的那麼鮮明,也不是那麼精確。

有大量的研究明確指出視覺與聽覺之類的感官心像形成時,通常會引發大腦產生神經活動模式,這個活動模式與在實際感知當下所觀察到的活動模式,會有相當程度的重疊。[12] 而來自大腦損傷的研究結果也提供了支持聚集發散區模型以及意像是以圖片形式存在的驚人證據。局部大腦損傷常會同步造成知覺與心像的問題。舉例來說,枕顳葉區的損傷會造成患者無論是在實際感知中或是在想像之中,都無法感受到色彩。這種局部腦傷的患者所看見的世界是黑白的,全是灰階的景象。患者無法在心智中「想像」出顏色。他們完全知道血是紅色的,但他們就是無法在心中想像出紅色,同樣地,他們在看到紅色的東西時,也看不出是紅色的。

來自功能性造影與腦傷研究的證據顯示,對於客體與事件的回憶,至少有一部分得仰賴鄰近感官訊號進入皮質之處以及運動

12. S. M. Kosslyn, W. L. Thompson, I. J. Kim, and N. M. Alpert, "Topographical Representations of Mental Images in Primary Visual Cortex," *Nature* 378 (1995), 496-98; S. D. Slotnick, W. L. Thompson, and S. M. Kosslyn, "Visual Mental Imagery Induces Retinotopically Organized Activation of Early Visual Areas," *Cerebral Cortex* 15 (2005), 1570-83; S. M. Kosslyn, A. Pascual-Leone, O. Felician, S. Camposano, J. P. Keenan, W. L. Thompson, G. Ganis, K. E. Sukel, and N. M. Alpert, "The Role of Area 17 in Visual Imagery: Convergent Evidence from PET and rTMS," *Science* 284 (1999), 167-70; M. Lotze, and U. Halsband , "Motor Imagery," *Journal of Physiology* 99 (2006), 386-95; K. M. O'Craven and N. Kanwisher, "Mental Imagery of Faces and Places Activates Corrsesponding Stimulus-specific Brain Regions," *Journal of Cognitive Neuroscience* 12 (2000), 1013-23; M. J. Farah, "Is Visual Imagery Really Visual? Over-looked Evidence from Neuropsychology," *Psychological Review* 95 (1988), 307-17.

訊號離開皮質之處的神經活動。而這些就是參與客體與事件原始感受的大腦區域，這絕對不是巧合。

　　鏡像神經元的研究也提供了證據顯示，聚集發散結構是適合解讀特定複雜行為或心理運作的工具。鏡像神經元研究中的關鍵發現提到，僅僅只是觀看一個動作就會導致大腦運動相關區域活化（請參考第四章）。[13] 聚集發散區模型非常適合解析這種情況。想一想當我們做出動作時會發生什麼事情。一個動作不只是包括由大腦運動區域所產生的一個動作序列，還包括了從體感、視覺與聽覺皮質同步產生的感官表徵。聚集發散區模型認為，描述特定動作的各種感覺運動映射圖重覆同步發生，就會反覆將訊號匯集到特定的聚集發散區。假設之後在偶然間，同樣的動作以視覺的形式被感知到，視覺皮質所產生的神經活動就會活化相關的聚集發散區。這些聚集發散區接續會發散地投射回早期感覺皮質，來重新活化與動作有關的感官區域，例如體感與聽覺區域。聚集發散區也可以傳訊到運動皮質並產生鏡像動作。從我們的觀點來看，鏡像神經元就是參與動作的聚集發散區神經元。[14]

　　根據聚集發散區模型，只靠鏡像神經元並無法讓觀看動作的人抓到動作的意義。聚集發散區並沒有具有客體與事件本身的意義的知識，他們是從對各種早期皮質進行時間鎖定的多區域回溯

---

13. V. Gallese, L. Fadiga, L. Fogassi, and G. Rizzolatti, "Action Recognition in the Premotor Cortex," *Brain* 119 (1996), 593-609; G. Rizzolatti and L. Graighero, "The Mirror-Neuron System," *Annual Review of Neuroscience* 27 (2004), 169-92.

14. A. Damasio and K. Meyer , "Behind the Looking-Glass," *Nature* 454 (2008), 167-68.

活化過程中，重建出這份意義的。既然鏡像神經元很有可能就是聚集發散區，那麼一個動作的意義就不可能只包括鏡像神經元這部分而已。過去與動作有關的各種感官映射圖要進行重建，就必須在聚集發散區的控管下進行，這些聚集發散區記錄了連接到這些原始映射圖的連線。[15]

知覺與回憶是以什麼樣的方式在哪裡產生的？

對於大部分客體與事件的知覺或回憶，取決於各個大腦意像

---

15. 有數量極多的大範圍鏡向神經元文獻都適用聚發區模型，請參考：E. Kohler, C. Keysers, M. A. Umiltà, L. Fogassi, V. Gallese, and G. Rizzolatti, "Hearing Sounds, Understanding Actions: Action Representation in Mirror Neurons," *Science* 297 (2002), 846-48; C. Keysers, E. Kohler, M. A. Umiltà, L. Nanetti, L. Fogassi, and V. Gallese, "Audiovisual Mirror Neurons and Action Recognition," *Experiments in Brain Research* 153 (2003), 628-36; V. Raos, M. N. Evangeliou, and H. E. Savaki, "Mental Simulation of Action in the Service of Action Perception," *Journal of Neuronscience* 27 (2007), 12675-83; D. Tkach, J. Reimer, and N. G. Hatsopoulos, "Congruent Activity During Action and Action Observation in Motor Cortex," *Journal of Neuroscience* 27 (2007), 13241-50; S.-J. lakemore, D. Bristow, G. Bird, C. Frith, and J. Ward, "Somatosensory Activations During the Observation of Touch and a Case of Vision-Touch Synaesthesia," *Brain* 128 (2005), 1571-83; A. Lahav, E. Saltzman, and G. Schlaug, "Action Representation of Sound: Audiomotor Recognition Network While Listening to Newly Acquired Actions," *Journal of Neuroscience* 27 (2007), 308-314; G. Buccino, F. Binkofski, G. R. Fink, L Fadiga, L. Fogassi, V. Gallese, R. J. Seitz, K. Zilles, G. Rizzolatti, and H.-Jo. Freund, "Action Observation Activates Premotor and Parietal Areas in a Somatotopic Manner: An fMRI Study," *European Journal of Neuroscience* 13 (2001), 400-04; M. Iacoboni, L. M. Koski, M. Brass, H. Bekkering, R. P. Woods, M.-C. Dubeau, J. C. Mazziotta, and G. Rizzolatti, "Reafferent Copies of Imitated Actions in the Right Superior Temporal Cortex," *Proceedings of the National Academy of Science* 98 (2001), 13995-99. V. Gazzola, L. Azia-Zadeh, and C. Keysers, "Empathy and the Somatotopic Auditory Mirror System in Humans," *Current Biology* 16 (2006), 1824-29; C. Catmur, V. Walsh, and C. Heyes, "Sensorimotor Learning Configures the Human Mirror System," *Current Biology* 17 (2007), 1527-31; C. Catmur, H. Gillmeister, G. Bird, R. Liepelt, M. Brass, and C. Heyes, "Through the Looking Glass: Counter-Mirror Activation Following Incompatible Sensorimotor Learning," *European Journal of Neuroscience* 28 (2008), 1208-15.

形成區域的神經活動，有關動作的大腦部位也常常參與其中。這種高度分散的神經活動模式，發生在**意像空間**中。讓我們可以感知到客體與事件外顯意像的就是這種神經活動，而非位於負責處理歷程之神經鍊前端的神經元所產生的活動。從功能與解剖構造的觀點來看，此神經鍊前端的活動是發生在**傾向空間**。由大小聚發區構成的傾向空間位於聯合皮質中，而聯合皮質並非形成意像的皮質。傾向空間引導意像形成，但不涉及意像本身的展示。

在這種情況下，傾向空間就包含了「祖母細胞」，祖母細胞完全可以定義為一種本身活動與特定客體出現有關的神經元，而非其活動會產生客體與事件的外顯心智意像的那種神經元。位於前顳葉內側皮質的神經元，在感知與回憶中，確實可以對獨特客體產生具有高度差異的反應，這也顯示了它們收到聚集的訊號。[16] 但只有這些神經元的活化，卻沒有隨之而來的回溯活化，也無法讓我們認出或記起自己的祖母。要認出或記起自己的祖母，我們就必須回復大量外顯映射圖中的重要部分，也就是在整體中可以呈現其意義表徵的部分。所謂的祖母細胞就像是鏡像神經元，也就是聚集發散區。這些神經元讓早期感覺運動皮質得以進行外顯意像的時間鎖定多區域回溯活化。

結論就是，聚集發散區架構假定了有兩個分開的「大腦空間」。一個空間構成了在感知期間客體與事件的外顯映射圖，以及在回憶時間重建的映射圖。在感知與回憶中的客體特性與映射圖，存在著明顯的對應性。另一個空間的功能是傾向而非映射，也就是如何在意像空間中重建映射圖的內隱公式。

---

16. G. Kreiman, C. Koch, and I. Fried, "Imagery Neurons in the Human Brain,"*Nature* 408 (2000), 357-61.

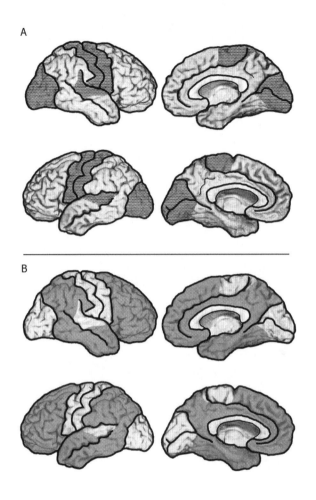

圖 6.3：大腦皮質中的意像空間（會產生映射）與傾向空間（不會產生映射）。組圖 A 中的深色部分及初級運動皮質都是意像空間。

組圖 B 中的深色部分則是傾向空間。

一個個的意像空間就好像是位於傾向空間大海中的小島一樣。

外顯意像空間是由早期感覺運動皮質聚集組成。當我談到與意像匯集整合有關的「工作空間」時，我想到的是一個像遊樂場那般的空間，給我們在有意識心智中所看到的那個木偶使用的空間。內隱的傾向空間是由聯合皮質聚集組成。許多不知情的木偶大師就是在這個空間中，牽動著木偶的無形絲線。

這兩個空間出現在演化的不同時期，在某個時期中，傾向已足以引導適當的行為，而在另一個時期中，映射產生出意像並提升了行為特質。今日，這兩個空間天衣無縫地整合在一起。

第三部
具有意識

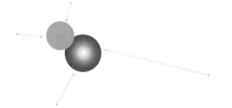

第七章

觀察意識

定義意識

　　打開一本標準字典，找尋**意識**的定義，你可能會找到下列這種版本的定義：「意識是察覺到自我與周遭的一種狀態。」在前述定義中，以**知曉**取代**察覺**，再以**自身存在**取代**自我**，就可以捕捉到我認為意識具有的某些關鍵面向：意識是**一種知曉自身存在與周遭存在的心智狀態**。意識是一種心智狀態，若是心智不存在，意識也就不存在。意識是一種**特別的**心智狀態，心智運作其中的那個生物體所產生的感覺，會讓心智狀態變得豐富。心智狀態包括了知曉上述存在**所處**環境的影響，也就是知曉周遭客體與事件的影響。意識是自我歷程加入其中的一種心智狀態。

　　心智的意識狀態是每個生物體第一人稱視角的獨有體驗，外人無法觀察得到。只有生物體本身能擁有這項體驗，其他生物體皆不行。但即使這項體驗是個人所獨有的，我們對其仍然可有相對「客觀」的觀點。例如我就是以這類觀點，來嘗試收集客體自我（物質我）的神經基礎。變得豐富的物質我也具有讓心智知曉的能力。換句話說，客體自我也能以知者自我的形式運作。

　　我們可以對意識心智的定義再加以詳述，例如說：有意識的心智狀態總是具有內容（它們總是有關於一些事物），而且某些內容往往是多個部分的整合知覺，例如我們看到一個人走向我們時，同時也聽到他的聲音；心智的意識狀態揭露了與一個人即將知道的各種內容有關的不同性質：是看到還是聽到的，是觸摸到的還是嘗到的等等不同性質；心智要具有意識的標準狀態，還包含了**感受**的必要面向，也就是對我們而言，它們感覺起來像什麼東西。最後，我們對於有意識心智的暫時定義是這樣的：心智的意識狀態只會在我們清醒的時候出現。不過對於這個定義還是有部分自相矛盾的例外，那就是在睡夢中所產生的意識。結論就是，正常情況下，意識是一種我們清醒時所產生的心智狀態，具有知曉我們本身存在的個人獨有知識，知曉自身在某個特定時間中與周遭事物的相對存在關係。心智的意識狀態當然會運用立基於不同感官素材的知識，如體感、視覺、聽覺等等，並就不同的感官流展現出不同的特質。於是心智的意識狀態就**被感受到**了。

　　我所說的意識不只是清醒而已，然而當我們不清醒時，正常的意識也常常就喪失了，所以會出現清醒狀態就是具有意識的這種常見誤會。（夢中的意識是意識狀態的一種**變異**版本。）關於意識的定義也清楚表示，**意識不是**那種沒有自我的尋常心智歷程。遺憾的是，將意識視為心智是常見的事，我認為這是種誤會。人們常常認為「對某事有意識」就是指「心智中」有這件事，或是這件事成為心智中重要的內容，例如我們會說「全球暖化這個議題最終貫穿了西方國家的意識」。也有大量的當代意識研究將意識視為心智。本書中所提到的意識，指的都不是「當她一直瞪著約翰看時，約翰才愈發地意識到」的這種「自我意識」，或是「良知」這種需要意識但又遠遠超越意識且與道德責任有關的複雜功能。最後，這裡的意識也不是指詹姆士口頭上所說的「意識流」中的意識。意識流常指的是像河水那般隨著時間向前流動的一般心智內容，而非這類內容納入了主觀性這件事，無論是在微小或非微小的面向上。無論是莎士比亞還是喬伊斯劇作的獨白內容，在其故事背景中的意識常常運用到都是這種觀點較單純的意識。但原創作者顯然是在意識的完整意義中探索這個現象，從一個角色的自我觀點來下筆，以至於文學評論家哈羅德・布魯姆（Harold Bloom）會認為莎士比亞可能是單槍匹馬地將意識現象引介到文學之中的第一人。不過詹姆士・伍德（James Wood）還有另外一個感覺起來完全合理的說法，他認為意識確實是經由戲劇獨白進入到文學中，但時間早得多了，早就經由禱告詞或是古希臘悲劇進入文學之中了。[1]

分解意識

意識與清醒並不一樣。清醒是正常意識的前提。無論一個人是自然入睡或是因麻醉而被迫睡著，正常形式的意識都會消失，隨著做夢所產生的那種意識狀態則是例外，但這也不會與清醒這個前提產生矛盾，因為夢中的意識不是正常的意識。

我們往往認為清醒是一種開關現象，0 代表睡著，1 代表清醒。這在某種程度上是正確的，但全有全無的想法掩蓋了我們全都很熟悉的那種漸進過程。睡意確實會降低意識，但不是突然就降到 0。按開關來關燈不是個好比喻，調暗燈光的旋鈕比較接近原意。

---

1. Harold Bloom, *The Western Canon* (New York: Harcourt Brace, 1994); Harold Bloom, *Shakespeare: The Invention of the Human* (New York: Riverhead, 1998); James Wood, *How Fiction Works* (New York: Farrar, Straus and Giroux, 2008).

當我們打開燈時，無論是一下子就亮起來還是漸漸變亮的，燈光帶給了我們什麼啟示？燈光帶給我們的啟示，通常就是我們稱為「心智」或「心智內容」的東西。那麼這個心智是由什麼所構成？是由各種感覺所能映射出來的模式所構成，包括了視覺、聽覺、觸覺、肌肉、臟器等等的任何感覺，這些感覺以奇妙的份量、調性、變化與組合有順序地或七拼八湊地流動著，簡而言之，這就是**意像**。我曾在之前的第三章中提到我對意像起源的觀點，而我們在這裡要記得的就是，意像是心智中的主要流動之物，且意像指的是所有的感官模式而不只是視覺而已，無論是抽象或具體的模式都包括在內。

　　像打開燈那般將睡夢中的人叫醒，這樣一個簡單的生理動作，就可以解讀為進入意識狀態嗎？當然不行。我們很容易就可以找到反證。每個人都有身在海外時起床很累以及有時差的經驗，我們需要花費一兩秒的時間才會意識到自己身處何處，幸好這段時間不太長。在這短暫的時間間隔中，心智出現了，但還不能算是個具有所有意識特性的心智。若是我因為頭部撞到硬物而失去意識，我也會花上一段時間才會「醒過來」，幸好這段時間也不長。順帶一提，這裡的「醒過來」是指「喚回意識」，也就是回復到一個可以自我導向的心智。這個說法不算優雅，但表達出良好的民間智慧。以神經學用語來說，就是在經歷閉鎖性頭部外傷後要恢復意識需要一段時間，患者在這段時間中對於地點或時間都無法有全面性的認知，更不用說對人了。

　　這些情況讓我們知道，複雜的心智功能不是單一整體性的，實際上是可以分解成一個個部分的。是的，打開燈，你清醒了。（在達成意識這個目標上取得一分。）是的，心智啟動了，無論在你面前的是什麼，它都會成為意像，不過從過去回憶起的意像就不多了。（在達成意識這個目標上取得半分。）但是不會吧，沒有跡象顯示這個不穩定心智的主人是誰，沒有自我去表示這是它的心智。（在達成意識這個目標上取得零分）。整體看來，意識未能出現。這個故事告訴我們，要取得達成標準意識這個目標上的分數，不可或缺地要有（1）清醒的狀態；（2）一個運作中的心智；（3）一個在心智中自動自發且不經由推論產生的自我，這個自我是體驗的主角，無論這個自我是多麼的微小。因為清醒與心智這兩個產生意識的必需之物現身了，你可能會用「意識的明顯特性就是你本身的思維」這麼詩情畫意的句子來表示。但是，要讓這句詩情畫意的句子更為精確，你應該要說，意識的明顯特性就是「你**感受到**的思維」。

當我們想到植物人這種神經病症的狀態時，就可以明確知道清醒與意識不是一樣的東西。植物人並無具有意識的表現。就像身處類似狀態的重度昏迷患者一樣，植物人無法回應外界的任何訊息，也無法對自我或周圍產生任何有意識的自主性表達。他們的腦波圖（活體大腦會持續產生的電波模式）顯示出有睡眠與清醒兩種不同的腦波模式。在具有清醒腦波模式的當下，植物人的眼睛通常是打開的，不過他們的眼神空洞，不會注視任何特定的物品。當人昏迷時，也就是處於所有意識相關現象（清醒、心智與自我）都消失的情況下，就不會出現這類腦波模式。[2]

植物人的這種困境對於我所做的這種區分，提供了有價值的資訊。安卓恩・歐文（Adrian Owen）在一個理所當然會引起人們注意的研究中，運用功能性磁共振造影判斷出一位女性植物人的腦部在研究人員對她提出問題及要求時會出現活動模式。這位女性植物人當然是被診斷為不具有意識。她對於問題及要求並無明顯的回應，她也沒有自發性地給出心智有在活動的任何證據。然而她的功能性磁共振造影卻顯示了，當她被問問題時，她的大腦皮質聽覺區域確實出現活動。這個活動模式類似於意識正常人士對相似問題的反應。讓人印象更為深刻的是，當研究人員要求這位女性植物人去想像自己住的房子時，她的大腦皮質顯示出的活動模式，就類似於意識正常人士進行同樣任務時的大腦活動模式。雖然這位女性植物人在其他情況下並沒有展示完全一致的大腦活動模式，但是從那時起，對少數其他植物人所進行的研究也發現了類似的大腦活動模式（不過並非所有結果都是如此）[3]，特別是其中一位植物人，在經過反覆的訓練後，可以產生出與過去有關的**是非對錯**反應。[4]

這個研究顯示，即使是在所有意識行為徵兆都喪失的情況下，還是會出現通常與心智歷程有關的那種大腦活動。換句話

---

2. 關於意識神經科學基礎的近期評論，我推薦：*The Neurology of Consciousness*, ed. Steven Laureys and Giulio Tononi (London: Elsevier, 2008)。關於意識臨床方面的評論，我推薦之前引用過的文章：Jerome B. Posner, Clifford B. Saper, Nicholas D. Schiff, and Fred Plum, *Plum and Posner's Diagnosis of Stupor and Coma*, (2007)。相關臨床文獻回顧也請參考：Todd E. Feinberg, *Altered Egos: How the Brain Creates the Self* (New York: Oxford University Press, 2001)。其他相關文獻請參考：A. R. Damasio, "Consciousness and Its Disorders," in *Diseases of the Nervous System: Clinical Neuroscience and Therapeutic Principles* , ed. Arthur K. Asbury, G. McKhann, I. McDonald, P. J. Goadsby, and J. McArthur, 3rd ed. (New York: Cambridge University Press, 2002), 2. 289-301。

3. Adrian Owen, "Detecting Awareness in the Vegetative State," *Science* 313 (2006), 1402.

4. Adrian Owen and Steven Laureys, "Willful Modulation of Brain Activity in Disorders of Consciousness," *New England Journal of Medicine* 362 (2010), 579-89.

說，就前文所述，對於大腦的直接觀察提供了清醒與心智都還存在的證據，但在行為觀察上則顯示出沒有意識伴隨著這類運作存在的證據。在擁有大量證據的情況下，這些重要的結果可以簡單解讀為無意識的心智運作（如同本章與第十一章中所示）。這些發現確實符合心智歷程的出現，甚至也符合最小自我歷程的出現。雖然這些發現具有重要意義，但是就科學與醫療管理上而言，我無意將這些發現視為意識交流的證據，或視為正當理由去捨棄早先提到的意識定義。

沒有自我但有心智

「清醒及心智」與「自我」並非一體的最有力證據，可能來自於另一種名為癲癇性自動症（Epileptic automatism）的神經病症，這個病症會伴隨著一陣陣的癲癇發作。在這種情況下，患者的行為會突然被打斷，在一段短暫的時間中僵住不動，接下來的一段短暫時間，患者會回復到可以動作，但表現出來的不是正常的意識狀態。不發一語的患者會有動作，但他的行為（例如揮手道別或離開房間）讓人看不出來有什麼目的。這些行為可能有「小小的目的」，例如拿杯水喝下去，但看不出來跟他身處的較大背景脈絡有什麼關係。患者不會試著與他人溝通，也不會回應他人的要求。

如果你去看醫生，你的行為就是一個大型背景脈絡中的一部分，跟看醫生這個特定目的有關，跟你今天的整體計畫有關，也跟你各種長短期的廣大人生計畫與意圖有關，這份關係的重要意義有大有小。這些多元的內容讓你知道了自己在醫生診間這個「場景」下所做的每一件事，即使你無需為了讓行為有連貫性而把這一切都放在心智中。醫生的情況也是一樣,這與他在這個場景中的角色有關。但在意識喪失的情況下,所有背景的影響力會降到最低,甚至根本沒有影響力。行為會受到立即性暗示的掌控,跟較大的背景脈絡斷了關聯性。舉例來說,若你口渴了,拿杯水喝是有其意義的,但這個動作跟較大的背景脈絡其實沒什麼關係。

我還清楚記得自己看到的第一位這類患者,因為對我而言,他的行為太新奇、太無法預期,也太不安。在我與患者對談的中途,患者停下來不說話,動作同時也懸在半空中。他臉上失去表情,睜大眼睛看向我背後的牆壁。他僵住不動數秒鐘。他既沒有從椅子上摔下來,也沒有睡著、抽搐或痙攣。我叫著他的名字時,他沒有回應。當他又開始動作時,他微微地咂起嘴來。他的目光移動,似乎暫時定焦在我們中間桌上的那杯咖啡。那杯咖啡已經空了,但他還是拿起杯子,試著喝一口。我一次又一次地跟他說話,他都沒有反應。我問他怎麼了,但他沒有回應。他的臉上還是沒有表情,也不看我。我叫著他的名字,他還是沒有反應。最後,他站起來轉身慢慢走向門口。我再次叫他。他停下腳步看著我,臉上出現困惑的表情。我又叫他一次,然後他說:「怎麼了嗎?」

患者經歷了一次失神發作(這是一種癲癇發作),接著出現了一段時間的自動症。他人像是在那兒又像不在,當然他是清醒的,有部分的專注力,也有身體的動作,但不能算是一個正常人。多年後,我用「人沒有離開卻像是不在場」來形容這樣一位患者,這個描述在今天仍然很恰當。[5]

毫無疑問的,就清醒這個詞的完整意義來看,這位患者是清醒的。他的眼睛是睜開的,他適當的肌肉張力讓他可以到處活動。他毫無疑問可以產生動作,但那些動作並不是什麼有計畫性的動作。他沒有整體性的目標,也無法適當了解當下的處境,他的行為幾乎沒有連貫性。他的大腦無疑地可以形成心智意像,不過我們無法確定這些意像的豐富性或連貫性。為了伸手拿起一個杯子、放到嘴邊、再放回桌上,大腦一定要形成意像,而且是相當多的意像,至少要有視覺的、肌動知覺的與觸覺的,否則患者就無法做出正確動作。但是,雖然這表示心智有出現,但並無法證明自我有出現。患者顯然不知道自己是誰、自己身在何處、我是誰或是我為什麼會出現在他面前。

事實上,不只沒有這些外顯認知的證據,也沒有其行為**內隱**指引存在的跡象,這些內隱指引就像是無意識的自動駕駛,讓我們可以在不用注意到回家路徑的情況下,就走回家中。不只如此,患者的行為也不帶有情緒,這是意識嚴重受損的明確跡象。

上述這類案例對斷開「清醒及心智」與「自我」這項兩功能,提供了強而有力的證據,或許也是目前唯一的決定性證據。一方面,患者在當下是清醒的,心智功能也存在,另一方面,以任何標準來看,患者當下的自我都是不存在的。這位患者沒有意識到自己的存在,也沒有意識到周遭的存在。

當我們在分析受到腦部疾病影響的複雜行為時,常會發生的情況就是,我們用來建構大腦相關功能假設與解釋我們觀察結果的分類難以固定。清醒與心智不是全有全無的「東西」。自我當然也不是東西,它是一個動態的歷程,在我們多數清醒時刻中展

---

5. Antonio Damasio, *The Feeling of What Happens: Body and Emotion in the Making of Consciousness* (New York: Harcourt, Brace, 1999).

現出相當穩定的程度，但自我在這段期間中變化多端，可大可小，特別是在接近尾聲之際。這裡所說的清醒與心智，也是種歷程，並不是死板的東西。我們之所以會將歷程轉換成東西，只不過是因為我們想要用快速有效的方式跟他人交流複雜的想法而已。

關於前述案例，我們可以很有信心的認為患者是完全清醒的，而且他的心智歷程也在運作中。但我們無法得知患者心智歷程的豐富程度，只知道已足夠引導患者應對他所處的局部世界。至於患者的意識，顯然是不正常的。

根據我今日所擁有的知識，我會如何解讀這位患者的處境呢？我相信他在自我功能的整合組裝上遭受到嚴重影響。他失去能夠隨時運作大部分自我的能力，這是一份能讓他自發性地對自己心智進行專門審視的能力。這些自我運作所包含的元素，包括了他的身分、近期的經歷與想要的未來，這提供了他一種能夠代表自己的感覺。患者本身經自我歷程審視過的心智內容可能相當貧乏。在這種情況下，患者就被困在漫無目標且無所適從的當下。做為物質我的自我幾乎消失，我們甚至更能確定，知者自我也消失了。

清醒、具有心智與具有自我，各是不相同的大腦處理歷程，由不同的大腦部位所運作。它們展現出我們大腦卓越的功能連貫性，在每一天當中都天衣無縫地融合在一起，讓不同的行為表現得以產生與展現。但它們不是真的「被劃分成不同的部位」。它們不是由堅硬牆壁所區隔出的房間，因為生物歷程跟人類設計的加工產品並不一樣。不過，雖然他們的生物途徑混亂且模糊，但還是可以做出區隔，而且若是我們不試著去發覺它們不同的運作方式，不試著去了解這些微妙轉變發生的地方，我們就無法了解這整件事是怎麼運作的。

我認為，一個人若是清醒且心智中具有內容，那麼，將自我功能加到心智中，好讓心智內容以個人需求為導向並產生出主觀性，這種結果就是意識。自我這個功能並不是某個知道一切的皮質小人，而是在我們稱為心智的這種虛擬放映過程內，另一種虛擬元素的展現，這個元素就是：我們心智活動中所想像的主角。

完成工作定義

大家都知道，當神經疾病讓意識分崩離析時，情緒性反應就會消失，相應的感受大概也會消失。具有意識問題的患者，無法展現出當下的情緒。他們面無表情，眼神空洞，沒有一丁點臉部肌肉活動的跡象，即使是稱為撲克臉的那種表情，也是會有情緒波動並微微洩露出當事人的期待、自信、輕蔑等等跡象。任何一種不動不語症的患者或是植物人，則幾乎或完全沒有情緒表現，更不用說處於昏迷狀態的人了。被深度麻醉的人也是，但如同我們所意料到的，睡眠中的人並非如此，當人們處於能夠產生矛盾意識的睡眠階段時，就會出現情緒表情了。

從行為的角度來看，我們會用行為是否清醒、是否具有一致性與是否具有目的性來確認他人是否有著有意識心智的狀態，這些行為也包括當下情緒反應的表現。在我們生命初期，我們根據自己聽到的話語來學習確認這類情緒反應會系統性地伴隨感受而生。之後我們會觀察周遭人士，從而認定他們正在經歷某種感受，即使他們不發一語，也沒有人對他們說話。事實上，對於本身心智受過良好調教、和諧且善解人意的人們而言，甚至能從他人最微小的情緒表情中洞悉其中所洩露出的感受，無論他人表現得多平靜。這種推論感受的歷程與語言無關。它立基於對他人姿勢與表情變動的高度觀察訓練。

為何情緒是表明意識存在的跡象？因為多數情緒事實上是由中腦導水管周圍灰質與孤立徑核及臂旁核密切運作所產生的。而孤立徑核及臂旁核整合產生身體的感受，如原始感受，以及我們稱為情緒性感受的另一種感受。這種整合功能常因會造成意識喪失的那類神經傷害而受損，而某些針對這類神經部位所進行的麻醉也會使它功能失調。

我們將在下一章中看見，正如同情緒表現是可觀察到之外部意識狀態的一部分，身體感受的體驗則是從第一人稱的內省視角觀察到之深層意識的重要部分。

意識的種類

意識會產生波動。在某個臨界值之下，意識不會運作，意識會在一定的層級區間中，以最有效的方式運作。讓我們將其命名為意識的「強度」，並舉例說明這些不同的層級。有些時候，你會覺得想睡覺，幾乎要夢周公了；有些時候，你身處高強度的討論中，需要擁有敏銳的精神，好專注於層出不窮的細節。意識從遲鈍到敏銳的區間中，還有各種不同的層級。

不過，除了強度之外，我們還有另一個可以評量意識的標準。這個標準跟**範圍**有關。意識的最小範圍讓我們能感知到自我，就像當你在家喝杯咖啡時，你不會去想杯子或咖啡打哪裡來，也不會去想咖啡會對心跳產生什麼作用，或是你今天要做什麼。你就是靜靜地存在當下那一刻，就只是這樣。現在假設你坐在一家餐廳中與你的哥哥交談，你面前也有一杯類似的咖啡。你哥哥想要跟你討論父母的遺產，以及要怎麼處理那位行為舉止怪異的繼妹。如同他們在好萊塢所說的，你確實依然存在當下那一刻，但心中卻跟著哥哥還有許多其他人士一個接著一個地經歷了許多地方，接觸到一些你從未體驗過的處境，那都是你所得資訊與豐富想像力的產物。你生命所經歷過的各種片段都可能會在快速的回憶中出現，而你過去或現在想像中的各種未來片段，無論在你生命中是否真的會發生，也會出現在當下的體驗中。你忙碌地穿梭在過去與未來諸多人生階段中的各個地方。但你自己，也就是在你之中的自我，從未消失不見。上述所有內容與單一參考點密不可分。即使你的注意力放在某個遙遠的事件上，這個連結仍然存在。這個中心點屹立不搖。這個大範圍的意識是人類大腦的偉大成就之一，也是用於定義人性的特性之一。無論是好是壞，這都是帶領人類走到現代文明的那種大腦歷程，也是小說、電影與音樂所描繪以及哲學反思所頌揚的那種意識。

我對這兩種意識進行定名。微小範圍的稱為**核心**意識，那是對當下的感測，沒有受到太多過去的牽制，也幾乎沒有受到未來的影響。它以核心自我為中心，與人格特質有關，但無需進行個人身分確認。大範圍的稱為**延伸**或**自傳**意識，因為當個人生命的重要部分開始上場時，其會以更強力的方式展現自我，過去與未來都會主導這個行動。這與人格特質以及個人身分認定都有關係，而且還是由自傳自我所掌管。

當我們想到意識時，心中所想的往往都是與自傳自我有關的大範圍意識。有意識心智在這裡變得寬廣，毫不費力地就能將真實與想像的內容都涵蓋進來。關於大腦如何產生意識狀態的假設，需要將高階意識以及核心意識都納入考量。

今日，我認為意識範圍中的變化，比我最初所想的還要更加反覆無常，範圍會不停地上下偏移，像是隨著滑鼠游標那樣地上下滑動。在特定事件當中，會根據需求向上或向下的快速偏移。至於意識範圍的流動性與動力，則與其強度的快速偏移沒什麼不一樣。我們已經知道強度的快速偏移在一整天當中都會發生，而且我們早已參與其中。當你在課堂上覺得無聊時，你的意識會變得遲鈍，可能就會打起瞌睡而失去意識。我真心希望現在讀著這本書的你沒有發生這樣的情況。

到目前為止最重要的一點是，意識的層級會隨著處境而變動。舉例來說，當我的視線離開書頁開始思考時，有隻游過的海豚引起了我的注意，所以我並沒有完全進入自傳自我的範圍中，因為也沒有這種需要。依據當下的需求，完全進入是對大腦運作歷程這項能力的浪費，更不用說是對能量資源的浪費了。我也不需要自傳自我來處理我寫前句話之前的思緒。不過，當一位坐在我面前的訪問者，想知道我為何且如何成為神經學家暨神經科學家而非工程師或電影製作人時，我就需要自傳自我的參與。大腦會執行這項需求。

當有人在做白日夢時，他的意識層級也會快速移動，就是現在流行說法中所謂的心智游移（mind-wandering）。這也可以被稱為自我游移（self-wandering），因為白日夢不只需要將注意力從手上的活動內容中移開，還需要移動至核心自我上。我們「離線」想像的產物會移動到幕前來——計畫、工作、幻想，也就是那些在高速公路塞車時會浮現在腦海的意像。但是，就算在線意識移動到核心自我並分心到其他議題上，這仍然還是正常的意識。夢遊或被催眠或是試驗「影響心智」藥物的人士，我們就不會說他們具有正常的意識了。後者身上出現的異常意識狀態各式各樣，可以列出一長串，其中還包括了心智與自我最罕見的錯亂。他們的清醒狀態也會分崩離析，這類特殊體驗常見的結果就是睡著與昏睡。

　　結論就是，身為主角的自我在心智中出現的程度，會因所處環境而有明顯差異，從充滿豐富細節與完全描繪出我們是誰的情況，到只有微弱暗示我們擁有心智、思想與行動的情況。但我必須強調，自我即使是在最為微弱的時候，還是必須出現在心智中。如果你說，當某個人在爬山或是當我在寫這句話時自我就不用出現，這其實不大正確。在這類例子中的自我當然不會多突出，它會合宜地退回背景中，在形成意像的大腦中，為所有其他需要處理的事物（例如山的景緻或是我在本頁中所要講述的思維）騰出空間。但我大膽認為，若自我歷程崩壞並完全消失，心智就會喪失定位，失去整合各部位的能力。這樣一個人的思維會變得相當地隨心所欲，像是沒有主人那樣，這在現實世界中幾乎或根本沒有效率可言，而觀察他的人會覺得他迷失了。那麼這樣一個人看起來是什麼樣子？就是沒有意識的樣子。

　　要著手了解自我恐怕不是一件容易的事情，因為取決於觀察的角度，自我的可能性太多：自我可以是心理學家與神經科學家的研究「對象」、自我可以對自我進駐其中的心智提供知識、自我可以微妙的退居幕後或是斷然出現在舞台的燈光下、自我可以局限於此時此地或也可以涵蓋整個生命歷史。最後，前述這些自我有些是可以整合的，例如知者自我可以很微弱但仍以自傳自我的形式存在，或是知者自我可以明顯展現，但只受限於此時此刻。自我確實就是一場流動的盛宴。

人類意識與非人類意識

意識不是一種東西，同樣地，核心與延伸／自傳這些意識的分類也不是那麼死板固定。我一直都認為在以核心與自傳為兩端點的範圍中，還有許許多多的層級。劃分出這些不同的意識類型，還是有其實質的價值：這讓我們想到意識範圍中的較低層級並非人類所獨有。低階意識很有可能出現在許多非人類的物種身上，牠們的大腦複雜到足以產生意識。最高階的人類意識極端複雜且廣泛深遠，不用說我們就知道人類意識明顯**與眾不同**。不過，在對照我過去的類似評論後，身為讀者的你可能會感到驚訝，這也惹惱一些人，因為有些人會覺得我認為非人類物種幾乎沒有意識，但也有些人認為我把動物納入有意識的行列有損於人類意識獨一無二的特性。祝我好運吧。

沒有人可以令人滿意地證明出非人類且無語言的生物具有意識（無論是核心意識或是其他意識），不過可以將我們目前擁有的實質證據合理進行三點推論，並得出其可能運作的方式。

這三點推論的過程如下：（1）如果一個物種的行為，可用具有心智歷程的大腦而非具有行為傾向（例如反射）的大腦來良好解釋；（2）如果這個物種的大腦具有後續章節中所描述之形成人類意識心智所需的所有部位；（3）那麼，親愛的讀者，這個物種就具有意識。最終，我已經準備好將任何可以展現出動物具有感受的行為表現，視為意識即將出現的徵兆。

核心意識不需要語言，所以必定在語言出現之前就已經現身了，在非人類物種身上顯然是這樣，但在人類身上也是這樣。實際上，沒有發展出核心自我的生物個體不太可能會演化出語言，這些生物何必要有語言？相反地，在高階意識圍範中，自傳意識就得大範圍地仰賴語言了。

意識不是……

要了解意識的意義以及生物出現意識的價值，需要我們對意識出現之前的一切進行全面性探討，也就是去了解具有正常大腦且心智完整運作的生物，在本身物種擁有意識以及意識掌控其心智生命之前，生物本身所具有的能力。對於不懂得提出質疑的觀察者而言，當他們觀察到癲癇患者或是植物人的意識消失時，會誤以為在意識之下運作的正常歷程是微不足道的或是效用有限。但是，我們自身心智的無意識空間明顯否決了這種想法。我在這裡指的不只是傳統上與特定內容、處境與歷程有關的佛洛伊德潛意識（無論惡名昭彰與否），我指的是由活躍成分（active ingredient）及休眠成分（dormant ingredient）這兩種成分所構成的大型潛意識。活躍成分是由所有在每個議題與每種偏好中形成的意像所構成，無法成功獲得自我青睞的意像，絕大部分就不會被知曉。而休眠成分則是由編碼記錄庫所構成，外顯意像就是由這些編碼記錄所形成。

典型的雞尾酒會現象（cocktail party phenomenon）就良好揭露了潛意識的存在。當你與宴會主人對談時，還是會**聽到**其他人的對話，在你**主要**意識流的邊緣處，這裡聽到一點，那裡聽到一點。但聽到不代表聽進去，更不用說不代表專注聆聽並與聽到的東西有所連結。所以你在無意識中聽到了許多東西，這裡無需自我的出現。然後，突然之間某個東西啟動了，對話中的某個片段加入其他片段，那些你在潛意識中聽到的零碎事物產生出可以察覺到的模式。你在那一刻產生了一個會「吸引」自我的意義，於是當下的你確實在主人說最後一句話時分心了。順道一提，主人注意到你短暫的分心，而你在與進入你意識流中的議題對抗之後，好不容易再次回到主人的最後一句話上，抱歉地說：「不好意思，可以再說一次嗎？」

就我們目前所知，要有數個條件才會產生雞尾酒會現象這樣的結果。首先，大腦要持續產生過量的意像。一個人看到、聽到和碰觸到的東西，以及不斷回想到的東西，無論是由新的知覺意像所引發的或是沒有特定理由就產生的，都會產生大量的外顯意像。此外，還會有其他與個體身體狀態相關的大量意像伴隨著這些外顯意像產生。

其次，大腦往往會像電影剪輯師那樣，給予這些豐富素材某種連貫的敘述結構，像是某某行動會造成某某效應等等，以這樣的方式來組織這些素材。這需要**選出**正確的意像，並將其按一系列的時間單位及空間框架**進行排列**。這不是個簡單的任務，因為從所有者的角度來看，所有意像的比重並非都是一樣的。比起其他意像，有些意像與個人需求有更有多連結，因而會伴隨產生不同的感受。不同的意像有不同的價值。順帶一提，當我說「大腦往往會……來組織」而不是說「自我會組織……」，這是刻意的。這個剪輯有時是自然而然產生的，只有最小量的自我參與引導。在這類情況下，剪輯要成功得要取決於我們的無意識歷程受到成熟自我「好好調教」的程度有多少。我將會在最後一章再回頭談談這個議題。

第三，在任何一段時間中，能清楚播放的只有少數意像，因為形成意像的空間非常有限：就只有這麼多的意像可以活化，並在那個時刻參與其中。這個意思是說，你大腦中那個可以按時間順序展示被選中意像的「螢幕」非常有限。以今日的電腦行話來說就是，你在電腦螢幕上能開啟的視窗是有限的。（在數位化時代養成同時進行多重任務習慣的這一世代中，人類大腦的注意力上限正迅速擴展，如果這在當前還未改變意識的某些面向，在不遠的將來也會造成改變。打破注意力的天花板會帶來明顯的好處，同時進行多重任務所產生的相關能力也會帶來驚人優勢，但這可能是用學習、記憶鞏固與情緒交換而來的。我們還不知道要付出什麼樣的代價。）

　　生物體的這三項限制（過量的意像、以連貫敘述來組織意像的傾向、有限的外顯意像空間）在演化中已經存在了一段很長的時間，需要具有效率的管理策略來避免這些限制傷害生物體本身。因為意像讓我們對環境能有更精準的評估，也對此能有更良好的反應，所以經過演化天擇後就留下了形成意像的這項能力。也因此，演化出意像策略性管理的時間或許很早，可能早在意識出現之前就已經演化形成，而且是一種從下到上的演化。這項策略是自發性的去選擇對當下生命管理最有價值的那些意像，這與意像形成裝置的天擇標準完全一樣。特別是情緒因子會特別「強調」有價值的意像，因為這些意像對於生存極為重要。大腦可能是經由平行產生伴隨意像的情緒狀態，來達到強調的效果。情緒的程度是一種「標記」，用以標示出意像的相對重要性。這是「軀體標記假設」中所提到的機制。[6] 軀體標記不需要一個完整成形的情緒，不需要被過度體驗成感受。（這就是所謂的「直覺」。）它可以是個主體本身不知道的情緒相關隱密訊號，我們會稱這樣的情況為**偏好**。軀體標記的概念不只可以應用在高階認知上，也可以應用在演化的早期階段上。軀體標記假設為大腦提供了一種機制，好對意像執行立基於價值的天擇，並將這類天擇轉化成為編輯意像的連貫性。換句話說，對意像進行天擇的原則與生命管理的需求是有關聯的。我猜想主導原始敘述結構的設計也是由相同的原則所主導，原始敘述結構涉及了生物體的身體、狀態、互動以及生物體在環境中的移動。

我認為在意識出現的許久之前，也就是有足夠數量的意像形成那時，上述所有策略就已經演化出來，可能就是在心智開始大鳴大放的時候。巨大的潛意識可能就是在這段長長的時間中負責組織生命的一部分，重要的是它現在仍藏身在我們有限的意識存在之下，依然與我們同在。

為什麼一旦意識成為生物的一個選項後，它就會興起？為什麼形成意識的大腦裝置會受到天擇青睞？其中一個答案可能是，按照生物體的需求去形成、引導與組織身體及外部世界的意像，可能會增加生命管理的效率，後續就會改善生存的機會，這部分我們將在本書結尾處再加以思考。意識最終提高了讓生物體**知曉**自身存在與自身努力生存的可能性。當然，知曉仰賴的不只是外顯意像的形成與展示，也仰賴這些意像在內隱記錄中的儲存。生物體對於生存的努力經由知曉與同一個生物體產生連結。當這類知曉的狀態開始形成記憶，它們就會與其他被記錄下來的事實產

---

6. Antonio Damasio, "The Somatic Marker Hypothesis and the Possible Functions of the Prefrontal Cortex," *Philosophical Transactions of the Royal Society B: Biological Sciences* 351 (1996), 1413-20.

生連結，於是有關個體生存的知識就開始累積。知識中所包含的意像接續可以在推理的過程中被回想與運用，為反思與深思鋪起了大道。意像處理機制之後會受到反思的引導，並用來**有效預判情勢、預視可能結果、引領可行未來與發明管理解決方案**。

意識讓生物體認知到自身境況。生物體不再只有那種可以被感覺到的感受，在特定情境下，還會有可以**被知曉**的感受。知曉不同於存在與行動，知曉是個關鍵性的改變。

在自我與標準意識出現之前，生物體已經完美形成了一個生命調節裝置，接續意識就架在這個裝置的肩膀上。某些與此相關的前提，在被有意識的心智知曉之前就已經存在，生命調節的裝置就是以這些前提為中心進行演化的。生命調節在意識出現之前與之後的差異，單純就只是自發性與刻意性的差別而已。在意識出現之前，生命調節完全就是自發性的；意識出現之後，生命調節仍保有自發性但逐漸受到自我引導的思維所影響。

因此，意識歷程的基礎就是負責生命調節的無意識歷程，包括了會調節代謝功能並位於腦幹神經核與下視丘的盲目傾向裝置；會送出獎勵與處罰並推動驅力、動機與情緒的傾向裝置；會在知覺與回憶中運用意像並在心智這部電影中選擇與編輯這類影像的映射設備。意識在生命管理上較晚出現，但它將整個遊戲提升了一個層次。它聰明地將舊有技巧原地保留，並讓它們執行熟練的工作。

佛洛伊德的潛意識

佛洛伊德對於意識最有趣的貢獻來自他的最後一篇論文，

那是一九三八年後半所寫的，到他過世時還未完成。[7] 我因為受邀演說一個有關佛洛伊德及神經科學的主題，所以最近才讀到這篇論文。這是那種會讓人大力婉拒的任務，不過我很感興趣，也就欣然接受了。之後我花了幾個星期回顧佛洛伊德的論文，心情一如往常我閱讀佛洛伊德那樣，在惱怒與欽佩之間交替著。在這件苦差事快要結束之際，我讀到了最後這篇論文，這是篇佛洛伊德在倫敦以英文寫就的論文。他在文中的意識議題上採取了我認為算是唯一一個合理的立場。他認為心智是演化最自然的結果，而且它大部分是無意識、內在與未顯露出來的。要感謝意識的狹窄窗口，我們才會知道心智的存在。這的確就是我看待心智的角度。 意識提供了對於心智的直接體驗，但體驗的代理者是自我，自我是不完美的內在訊息透露者，而非外在可信任的觀察者。無論是自然的內在觀察者或是外界的科學家，都無法直接體驗到具有心智的大腦。假設是建立在第四人稱視角的基礎上，而預測又必須建立在假設的基礎上，這需要研究計畫來進行更仔細的檢視。

雖然佛洛伊德的潛意識觀點以性為主導，不過他知道在意識層面下進行的心智歷程所具有的巨大範圍與力量。順帶一提，他不是唯一這麼想的人，在十九世紀的最後二十幾年中，這種潛意識的概念在心理學的圈子中相當流行。在關於性的想法上，佛洛伊德也不是唯一一個這麼想的人，當時這類科學也還在探索之中。[8]

佛洛伊德專注在夢境上時，確實取得了潛意識證據的來源。

7. Sigmund Freud, "Some Elementary Lessons in Psychoanalysis," *International Journal of Psycho-Analysis* 21 (1940).

8. Kraft-Ebbing, *Psychopathia Sexualis* (Stuttgart: Ferdinand Enke, 1886).

夢境提供他研究的材料，良好達成了他的目標。藝術家、作曲家、作家與所有為了尋找新意像而想要從意識的束縛中解放出來的各類創新者，都挖掘出同樣一個來源。最有趣的張力就在這裡上演：非常具有意識的創新者，有意識地在尋找潛意識來作為靈感來源，有時也會作為意識努力嘗試的一種方式。這與「若是意識缺席，創造力就無法啟動，更不說無法大鳴大放」這樣的說法並不衝突。這只是強調了我們活躍心智驚人的混雜性與靈活度而已。

我們至少可以這樣說，無論是美夢還是惡夢，夢境中的推理過程都是鬆散的。雖然還是會重視一下因果關係，但想像力會變得狂野，將現實壓到底。不過，夢境確實提供了心智歷程無需正常意識協助的直接證據。由夢境所挖掘出的潛意識歷程具有相當的深度。對於不認同這種想法的人，最具有說服力的例子可能來自於處理一般生命調節問題的夢中。以下就是一個例子：有人在吃完一頓很鹹的晚餐後，會清楚夢到自己口渴了要喝杯水。但是，等一下！我可以聽到有讀者說，當你說那個做夢的心智「沒有受到正常意識的協助」時，是什麼意思呢？若有人可以記得一個夢，那夢境發生時那個人不算是有意識呢？嗯，的確可以算是有意識的，這樣的例子很多。在做夢時，會有些非標準的意識產生，而且必定存在有一個自我歷程促成這類意識產生。但我的重點在於，在夢境中所演繹的想像歷程，並不是由正常且能適當作用的自我所引導的，與那種我們在進行反思與深思時所展現的自我不同。（有種稱為清醒夢〔lucid dream〕的情況則是例外，受過訓練的做夢者在清醒夢產生的期間，可以在某種程度上對自己的夢境進行自我引導。）無論是在有意識還是無意識的狀態下，我們心智的**步調**可能都會受到外界的影響，外界輸入的資訊有助於心智內容的組織。少了外界的調節器，心智很容易就會在夢中偏離自我。[9]

要記住夢境的這件事，是個令人頭痛的問題。當我們處於睡眠中的快速動眼期時，我們會做大量的夢，一個晚上會經歷好幾次這樣的情況。當我們在慢波睡眠也就是非快速動眼期時，我們也會做夢，不過數量就少得多了。而我們記得最清楚的夢似乎是發生在意識快要恢復之際，也就是逐步或是突然回復到正常狀態的時候。

我很努力要記住我的夢，但除非我把夢寫下來，不然它們總是消失得無影無蹤。這一點也不意外，你想一下就知道了，當我們剛醒時，鞏固記憶的裝置幾乎還沒上線，就像麵包店中剛開機的烤箱那樣。

我向來較能記住的唯一一種夢境，是種會反覆出現的輕微惡夢，或許就是因為太常夢到，所以能記下來。這都發生在我要演講的前一晚。這些不同的夢境都有著同樣的主軸：我遲到了，嚴重遲到，而且有重要的東西不見了。可能是我的鞋子不見了；或是我的鬍渣兩天沒刮，還到處都找不到刮鬍刀；或是機場因為濃霧關閉，我的飛機因此而停飛。在我的夢中，我受盡折磨，有時我會夢到，自己穿著亞曼尼西裝走上台時竟然是光著腳的，這真令人困窘。這也是為什麼直到今日，我從來就不會把鞋子放在旅館房間門外等著擦鞋服務的原因。

---

9. 若想對睡眠與做夢期間的心智與意識進一步思考的話，我推薦：Allan Hobson, *Dreaming: An Introduction to the Science of Sleep* (New York: Oxford University Press, 2002)，以及 Rodolfo Llinás, *I of the Vortex: From Neurons to Self* (Cambridge, Mass.: MIT Press, 2002)。

第八章
建構有意識的心智

工作假設

不用說我們就知道，建構有意識的心智是個非常複雜的過程，是大腦機制經過數百萬年生物演化增減所得的結果。沒有任何一個單一裝置或機制可以完全說明有意識心智的複雜性。在我們試圖對意識這個謎團進行全面解析之前，必須得要對意識的各個部分一視同仁地進行分別探討。

不過，以一般性的假設來起頭是有幫助的。這個假設分為兩個部分。第一個部分的重點在於，大腦是經由在清醒的心智中產生自我歷程來建構意識的。自我的本質就是心智將焦點聚集在自身的生物體上。清醒與心智是意識不可或缺的部分，但自我是最為獨特的要素。

假設的第二個部分認為，自我是按階段建立的。自我最簡單的階段是從代表生物體（原我）的大腦部位中現身的，而且構成此階段的意像集合描繪了身體相對穩定的面向，以及生物體軀體自發性的感受（原始感受）。原我所表徵的生物體與形成**被知曉客體**表徵的任何大腦部位，在建立關係時產生了第二階段的自我，也就是**核心自我**。第三階段的自我讓多個客體在原我中互動，這些客體是之前體驗生活或預測未來時所記錄下來的，這會形成豐富的核心自我脈動。這個階段所產生的結果就是**自傳自**

第一階段：原我
原我是生物體相對穩定面向的神經狀態描述。 原我的主要產物是生物體軀體的自發性感受（原始感受）。

第二階段：核心自我
當生物體與客體的互動改變了原我，且客體意像也因此改變時，就會產生核心自我的脈動。 改變過的客體意像與生物體之間會以連貫模式產生暫時性的連結。 生物體與客體之間的關係會以一系列敘述性的意像來描述，其中一些意像就是感受。

第三階段：自傳自我
在個體自傳中的客體產生核心自我的脈動時，自傳自我就會產生。這些脈動後續會與大範圍的連貫模式暫時性地連結在一起。

表 8.1：自我的三個階段。

我。這三個階段是在大腦中的不同工作區域所建構而出，但這些區域會相互協調合作。這些區域是意像空間，是當下知覺與聚發區中的傾向裝置發揮影響力的遊樂場。

　　自我的一般工作假設需要有數個假設機制才能建立，在介紹這些假設機制之前，讓我們先來了解背景情況。從演化的觀點來看，在大腦運作出心智與警覺這樣的功能**之後**，自我歷程才會開始產生。自我歷程特別有效率地將心智往生物恆定需求的方向引導與規劃，也因此增加了生存的機會。所以自我歷程能受到天擇青睞並在演化中長存下來，這一點都不讓人感到訝異。自我歷程在初期可能不會產生完整意義上的意識，並受限在原我的層級中。但之後在演化中，更複雜的自我（核心自我以及更進一步的自我）開始在心智中產生主觀性，並開始符合意識的條件。再之後，甚至出現了更複雜的結構，來取得及累積關於各別生物體與其環境的額外知識。這些知識就儲存在位於大腦聚發區的記憶中，也儲存在以外部文物所記下的記錄中。在這類知識按不同形式（包括遞迴語言）進行象徵性分類，並被想像與理性所運用之後，完整的意識才會現身。

另外還有兩項所需具備的條件會依序列出。首先，不同層級的心智處理歷程是按順序出現的，會從心智歷程到有意識心智的歷程，再到能夠產生文化的有意識心智歷程。但是我們不能就此認為，當心智取得自我時，心智就停止演化或是自我最後就停止演化了。相反地，演化過程從過去到現在一直持續著，而且可能會因受到自我知識的壓力而加速並變得更為豐富，這是看不到盡頭的。當前的數位革命、文化資訊的全球化與同理心時代的到來，可能都是導致心智與自我產生結構性變化的壓力。而我在這裡所說的變化，指的就是形塑心智與自我的那個大腦歷程所產生的變化。

其次，本書從這裡開始，會從人類的角度來探討建立有意識心智的這個問題，不過在適當且合理的情況下，也會參考其他物種的資訊。

探討有意識的大腦

我們在探討意識的神經科學時，常從心智的角度而非自我的角度來探討。[1] 選擇從自我的角度來探討意識，並不代表會削弱甚至是忽略心智的複雜性與範圍。無論如何，有意識心智之所以會受到演化的青睞，就是因為意識最佳化了生命調節，所以自我歷程被賦予最重要的地位，這也符合我們一開始的觀點。每個有意識心智中的自我，就是代表個體生命調節機制的最初表徵，也就是生物價值的守護者與管理者。強大的認知複雜性是人類現代有意識心智的正字標誌，其在相當大的程度上，是由身為價值代表的自我所驅動與協調。

　　無論我們對於清醒、心智與自我這三要素的研究偏好是什麼，意識的奧秘顯然不在於清醒。我們對於清醒過程背後的神經解剖學與神經生理學，反倒已有大量的知識。大腦與意識的研究歷史確實是從清醒這個問題開始的，這應該不是巧合。[2]

　　心智是意識三要素中的第二個要素，我們對心智的神經基礎也不是完全無知。我們在第三章中就有提過，雖然還有許多問題仍待解答，但這部分已經有些進展。這樣的話，剩下的就只有第三個核心要素「自我」了，關於自我的探討常常一延再延，這是因為以我們當前的知識要探討自我太難了。本章以及下一章的內容主要都聚焦於自我，這兩章概述了產生自我以及將自我嵌入清醒心智的機制。其目標在於定義出可以產生自我歷程的神經結構與機制，這裡的自我從那類引導適應性行為的簡單自我，到能夠知曉本身生物體存並能據此引導生命的複雜自我都包括在內。

---

1. 伯納德‧巴爾斯（Bernard Baars）就是從這個角度來探討的好例子，熊哲（Changeux）與德罕（Dehaene）也採用了這個角度來進行探討。請參考：S. Dehaene, M. Kerszberg, and J.-P. Changeux, "A Neuronal Model of a Global Workspace in Effortful Cognitive Tasks," *Proceedings of the National Academy of Sciences* 95, no. 24 (1998), 14529-34。愛德蒙（Edelman）與托諾尼（Tononi）亦從同樣的角度來探討意識，請參考：Gerald M. Edelman and Giulio Tononi, *A Universe of Consciousness: How Matter Becomes Imagination* (New York: Basic Books, 2000)。克里克（Crick）與科赫（Koch）的研究同樣也聚焦於意識的心智面向，並明確表示自我不是探討項目。請參考：F. Crick and C. Koch, "A Framework for Consciousness," *Nature Neuroscience* 6, no. 2 (2003), 119-26。
2. 我想到幾篇極其重要的研究：G. Moruzzi and H. W. Magoun, "Brain Stem Reticular Formation and Activation of the EEG," *Electroencephalography and Clinical Neurophysiology* 1 (1949): 455-73; and W. Penfield and H. H. Jasper, *Epilepsy and the Functional Anatomy of the Human Brain* (New York: Little, Brown, 1954)。

有意識心智的概要

　　在自我的多個層級中，最為複雜的層級往往會展現大量的知識，在心智中取得壓倒性的地位，掩蓋了簡單的層級。不過我們可以試著克服這個天生的遮蔽，並善用所有的複雜性。這要怎麼做呢？就是要求複雜的自我層級去**觀察**正在運作中的簡單自我層級。這是個困難的作法，而且不是沒有風險的。正如我們所見，內省可能會提供誤導的資訊。但由於只有內省能夠提供直接視角讓我們對於想要了解之事進行解析，所以值得冒險嘗試。此外，若是我們收集的資訊造成錯誤假設，未來的實證檢驗也會顯示出它們的問題。有趣的是，在心智中的內省其實就是複雜大腦在漫長演化中所參與的一個轉譯過程：以神經活動的語言實實在在地與自己進行對話。

　　接下來，就讓我們看看有意識心智的內在，並試著在有意識心智當下豐富分層結構的最底層中，去觀察心智在沒有確認身分、沒有過去經驗與沒有預期未來的包袱下會是什麼樣子。我當然不可能代表所有人發聲，不過就我自己先行的觀察發現是這樣的。首先，在最底層中，簡單的有意識心智就像威廉‧詹姆士所描述的那樣，是一股有客體位於其中的滾滾洪流。但在洪流中之客體被凸顯的程度並不相同。有些會被放大，有些不會。客體與我之間的相對關係也不盡相同。有些客體會落在物質我的某些相對視角中，而在大部分時間中，我不只能將物質我定位到我的身體上，甚至還可以更為準確地定位到眼睛後方與兩耳之間的那一點空間中。還有，值得注意的是，雖然不是全部，但有些客體會伴隨著感受產生，這份感受會明確地將客體與我們的身體及心智連結在一起。無需任何話語，感受就可以告訴我，我在這段期間擁有這些客體，而且若我想要的話，我也可以運用這些客體。這完完全全就是對「發生之事的感受」，也就是我之前所寫的與客體有關的感受。不過，對於心智中的感受，我還要補充一句：**對發生之事的感受並非全貌**。在有意識心智的深層中，有些較深層的感受需要經過猜測才會被發現。這是我擁有的身體裡所存在的感受，它表明了身體獨立於任何與其互動的客體之外，堅定且無聲地認定我是活著的。早先在探討此問題時，我認為無需注意這種基礎感受，但現在則認為這是自我歷程的關鍵要素，我稱其為原始感受。我注意到原始感受有個明確的**特質**，那是落在愉悅到疼痛整個範圍區間某處的一份**價值**。它是所有情緒性感受的基礎，因此也是客體與生物體互動所產生之感受的基礎。誠如我們所見，原始感受是由原我所產生的。[3]

簡而言之，當我深入有意識的心智中時，我發現到它是不同意像的整合。其中一組意像會在意識中描述那些**客體**。其他意像則會描述**自我**，而**自我**包括了（1）映射客體的**視角**：也就是我的心智都是從某個立場來進行觀看、觸摸與聆聽等等，這個立場就是我的身體；（2）**所有權**：客體在心智中形成表徵所產生的感受，是屬於我自己而非其他人所有的；（3）**代表自己**的感受：這是一份相對於客體的感受，知道是自己的心智下令身體去採取行動的感受；（4）**原始感受**：這表明了我身體的存在不受客體影響，無論客體與身體是否有關聯，也無論兩者是以何種方式產生

---

3. 正如第一章中的注釋 17 所示，潘克沙普強調初始感受的概念，若是沒有初始感受，意識的歷程就無法進行。雖然詳細的機制並不相同，但我相信想法的本質是一樣的。對感受進行探討時，多半會假設感受是從個體與世界的互動中產生（如同詹姆士的「知曉的感受」或我的「對發生之事的感受」）或是情緒所造成的結果。但原始感受在這些情況出現之前就已現身，潘克沙普的初始感受可能也是。

關聯。

上述要素（1）到（4）聚集構成簡單的自我。當這個聚集自我的意像與非自我客體的意像交疊在一起時，就形成了有意識的心智。

所有這些知識都是立即呈現出來的，不用經過理性推理或解析來產生。它們起初也不是用語言描述的知識，而是由暗示與直覺所構成，也就是**與生物體軀體相關以及客體相關**的感受所構成。

在心智底層的簡單自我很像音樂，但還不及詩詞的程度。

有意識心智的成分

建構有意識心智的基本成分就是**清醒**與**意像**。我們知道**清醒**仰賴腦幹被蓋與下視丘特定神經核的運作。這些神經核經由神經與化學路徑，對大腦皮質產生作用，導致警覺性降低（變得想睡）或提高（變得清醒）的結果。視丘會協助腦幹神經核的運作，不過有些神經核會直接作用在大腦皮質上。例如下視丘神經核大都會經由釋放化學分子來運作，這些化學分子接續會作用在神經迴路上，並改變這些神經迴路的運作。

清醒的微妙平衡得仰賴下視丘、腦幹與大腦皮質之間的密切相互作用。下視丘的功能與照光量有密切相關。當我們飛過好幾個時區時，清醒歷程這部分的混亂會導致時差。而這個運作有一部分與晝夜周期的荷爾蒙分泌模式密切相關。下視丘神經核控制整個生物體中的內分泌腺運作，包括了腦下垂體、甲狀腺、腎上腺、胰腺、睪丸與卵巢。[4]

清醒歷程中屬於腦幹的這個部分，與每個當下處境的自然價

值有關。腦幹會自發性且無意識地去回答無人提出的問題，例如
這個處境對進行觀察的當事人的重要性有多少？價值決定了針
對處境所產生之情緒性反應的訊號與程度，也決定了我們清醒與
警覺的程度。無聊會破壞清醒的狀態，也會打亂新陳代謝。我們
知道在吃下一頓大餐後的消化期間會出現昏昏欲睡的情況，尤其
若有色胺酸（tryptophan；紅肉會釋放的物質）這類化學物質出
現時。酒精一開始會讓人更清醒，後續才會因為血中酒精濃度上
升而引發睡意。麻醉則會完全中止清醒狀態。

　　關於清醒還有最後一點要提醒的是：就神經解剖學與神經生
理學而言，涉及清醒的腦幹部分與產生自我基礎的腦幹部分是不
同的（自我的基礎即是原我，這部分將於後續段落中討論）。**涉
及清醒的腦幹神經核**在解剖結構上相當靠近**產生原我的腦幹神經
核**，這是有很好的理由的，因為兩組神經核都參與了生命調節。
不過，兩者是以不同的方式對調節歷程產生貢獻。[5]

　　至於**意像**的部分，由於我們已在第三到第六章中探討過意像
的神經基礎，所以我們應該已經具備了應有的知識。但我們還需
要再補充一些。意像必定是在有意識心智中**被知曉客體**的源頭，
無論客體位於外部世界（也就是身體外部）或是身體內部（例如
疼痛的手肘或是不小心燙傷的手指）。

4. L. W. Swanson, "The Hypothalamus," in *Handbook of Chemical Neuroanatomy, vol.5, Integrated Systems of the CNS*, ed. A. Björklund, T. Hökfelfm and L. W. Swanson (Amsterdam: Elsevier, 1987).
5. J. Parvizi and A. Damasio, *Cognition*。延伸討論請參見：Antonio Damasio, *The Feeling of What Happens: Body and Emotion in the Making of Consciousness* (New York: Harcourt, Brace, 1999)。

各種感官都會產生意像，不是只有視覺會有意像。意像與**任何腦部正在處理的客體或行動**有關，無論是真實出現或是處於回想中的，也無論是實際的或是抽象的。這涵蓋了所有源自於**大腦外部**的意像模式，無論是在身體內部或是外部的。這也包含了在大腦內部所產生的意像模式，這些模式是其他模式結合所產生的結果。大腦對於映射嚴重上癮，造成大腦也會對自己的運作進行映射，也就是再次與自我進行對話。大腦對自己所作所為的映射，可能就是抽象意像的主要來源，這些抽象意像描述了客體的空間位置與運動、客體之間的關係、客體運動的速度與空間軌跡、客體在時間與空間中所產生的模式。這些意像可以轉化成數學描述以及音樂創作與演奏。數學家與作曲家皆擅長形成這類意像。

先前的工作假設認為，有意識的心智是從**生物體**與**被知曉客體**間建立**關係**時所產生的。但生物體與客體以及它們之間的關係，是如何在大腦中運作產生的？這三者都是由意像所構成。被知曉客體被映射成意像，生物體也會被映射成意像，不過生物體的意像比較特別。至於構成自我狀態並讓主觀性得以出現的知識，也是由意像所構成。有意識心智的整體結構也是由同樣的素材所創造而出的，這些素材就是**由大腦映射能力所產生的意像**。

即使意識的方方面面都是由意像所構成，也不是所有的意像天生都有一樣的神經起源或是生理特性（請參照**圖 3.1**）。用來描述多數被知曉客體的意像都是源自對外在感官的映射，就這個意義來說，這類意像屬於常見的意像。但代表生物體的意像則構成了另一類特殊的意像。它們源自身體內部，呈現出身體各方面行動的表徵。它們具有一種特殊的狀態以及一個特殊的目標：它們打從一開始就能自動自發且自然而然地**被感受到**，這比任何建立意識的運作所出現的時間都還要早。它們是可以**被感受到**的身體意像，也就是原始的身體感受，它們是包括情緒性感受在內之所有其他感受的原型。我們之後將會看見，描述生物體與客體間之關係的意像會動用到這兩種意像：常見感官意像與其他身體感受意像。

　　所有的意像最後都出現在一個整合的工作空間，這個空間是由大腦皮質的各個早期感官區域所形成，至於感受的整合工作空間則是由腦幹的數個區域所形成。這個意像空間是由數個皮質與皮質下區域所掌控，這些區域的神經迴路具有記錄在聚發神經結構休眠形式中的傾向知識（請參照第六章）。這個區域可以有意識地運作，也可無意識地運作，不過無論是哪種情況，它們都是在完全一樣的神經基質上運作。在這些參與運作的區域之中，有意識與無意識運作模式之間的差異，則取決於清醒的程度與自我處理歷程的層級。

　　就其神經運作而言，這裡所提出的意像空間概念，與伯納德・巴爾斯（Bernard Baars）、史坦尼斯・德罕（Stanislas Dehaene）和尚皮耶・熊哲（Jean-Pierre Changeux）的研究概念有相當大的不同。巴爾斯以純心理學的角度，提出全局工作空間（global workspace）的概念，藉此引發人們重視心智歷程不同部位間的密切交流。德罕與熊哲則以神經學的角度，將全局工作空間用於指稱做為意識基礎的高度分散且相關的神經活動。在大腦方面，他們則著重在大腦皮質上，認為大腦皮質是意識內容的提供者，聯合皮質（特別是前額葉皮質）是取得這些內容的必須要素。巴爾斯的後續研究也運用全局工作空間的概念來**取得**

意識內容。

　　至於我，則著重在形成意像的區域，也就是木偶確實在其中演出的那個遊樂場上。木偶操縱者以及絲線並不在意像空間中，而是在位於額葉、顳葉與頂葉聯合皮質中的傾向空間。

　　這個觀點符合意像研究以及電生理研究的結果，這些研究探討了意像空間與傾向空間這兩個不同區域在意識與無意識意像上的相關運作，例如尼可斯・羅格特蒂斯（Nikos Logothetis）或朱利奧・托諾尼（Giulio Tononi）在雙眼競爭上的研究，或是史坦尼斯・德罕與利內爾・納卡什（Lionel Naccache）在文字處理歷程上的研究等等。意識狀態需要早期感官的參與**以及**聯合皮質的參與，誠如我所見，這是因為木偶大師就是在這裡規劃木偶秀的。[6] 我相信自己對這個問題的看法與全局神經工作空間的概念互補，而不是站在對立面。

原我

　　原我是建立核心自我所需的墊腳石。它是**時時刻刻映射出生物體身體結構最穩定面向的各別神經模式整合**。原我的映射圖相當特別，因為這些映射圖不只形成了身體意像，也形成了身體**被感受到**的意像。在正常清醒的大腦中，這些身體的原始感受會自發性的出現。

---

6. Bernard J. Baars, "Global Workspace Theory of Consciousness: Toward a Congitive Neuroscience of Human Experience," *Progress in Brain Research* 150 (2005), 45-53; D. L. Sheinberg and N. K. Logothetis, "The Role of Temporal Cotrical Areas in Perceptual Organization," *Proceedings of the National Academy of Sciences* 94 , no. 7 (1997), 3408-13; S. Dehaene, L. Naccache, L. Cohen, et al., "Cerbral Mechanisms of Word Masking and Unconcious Repetition Priming," *Nature Neuroscience* 4 , no. 7 (2001), 752-58.

對原我有所貢獻的映射圖包括：**主要內感受映射圖、主要生物體映射圖**以及**外部定向感官門戶映射圖**。從解剖結構的角度來看，這些映射圖是從腦幹與皮質區域產生的。原我的基本狀態是其內感受部分與其感官門戶部分的平均狀態。所有這些多樣化的空間分布映射圖，會在同一時間的窗口中經由交叉傳訊進行整合。這不需要單一的大腦區域去將不同的部分重新映射。接下來，就讓我們對原我有所貢獻的映射圖進行各別探討。

主要內感受映射圖

從內環境與臟器而來的內感受訊號，經過整合組裝後就形成這些映射圖與意像。內感受訊號告訴中樞神經系統關於生物體當下的狀態，從最佳狀態、例行狀態到器官或組織完整性受損與身體受傷這類問題狀態都包括在內。（這裡的問題狀態指的是疼痛的知覺訊號，也就是疼痛感受的基礎。）內感受訊號表達出需要進行生理校正的需求，這些會在心智中具體化，讓我們有了饑餓和口渴之類的感受。所有傳達溫度的訊號，以及隨著內環境運作所產生的無數參數，都是內感受訊號。最後，內感受訊號促成了快樂狀態以及對應愉悅感受的產生。

無論任何時候，這些訊號都會有一小部分在上腦幹的特定神經核中進行整合與修正，以產生原始感受。腦幹不只是身體訊號傳送至大腦皮質時路過的一個地點而已，它在原我這個層級中還是個決策站，能夠感測到變化，並將預先決定好的方式進行調整後再反應。這種決策機制的作用對於原始感受的**建立**有所貢獻，所以這類感受不只是簡單地對身體進行「描繪」而已，而是會比直接的映射圖更為詳盡複雜。原始感受是以特殊方式組織腦幹神

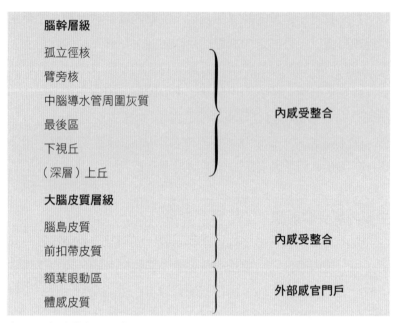

腦幹層級	
孤立徑核	
臂旁核	
中腦導水管周圍灰質	
最後區	內感受整合
下視丘	
（深層）上丘	
大腦皮質層級	
腦島皮質	
前扣帶皮質	內感受整合
額葉眼動區	
體感皮質	外部感官門戶

表 8.2：原我的主要組成。

經核所產生的副產品，它也是腦幹神經核與身體堅固迴路的副產品。參與運作的特殊神經元所具有的功能特性，可能也對原始感受有所貢獻。

　　原始感受比所有其他感受都還要早出現。那個與腦幹互連的生物體軀體就是原始感受特別且唯一的來源。客體與生物體互動產生的所有感受，則是當下原始感受的變化版本。原始感受與其情緒性感受組成了一支觀察力敏銳的合唱團，與心智當下所有其他意像一起上場。

　　內感受系統在了解意識上的重要性，再怎麼強調也不為過。這個系統中的歷程大都與它們所在結構的大小無關，它們形成了

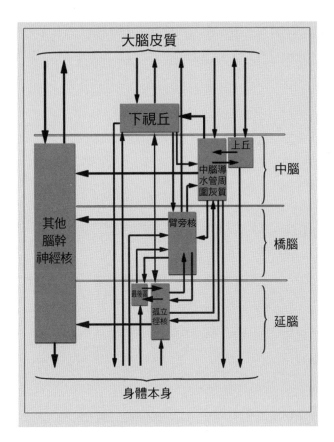

圖8.3：參與核心自我產生的腦幹神經核。如同圖 4.1 所示，有數個腦幹
神經核共同運作以確保恆定狀態。但恆定相關神經核會投射到**其他**的
腦幹神經核團（就是圖中的**其他腦幹神經核**）。這些其他神經核可按功
能分為：**網狀結構的典型神經核**，例如腦橋核（nucleus reticularis pontis
oralis）以及楔狀核（cuneate nucleus），它們會經由視丘的板內核來影響
大腦皮質；**單胺核**（monoaminergic nuclei），此神經核會直接釋放正腎上
腺素、血清素、多巴胺到大腦皮質的廣泛區域之中；以及會釋放乙醯膽
鹼的**膽鹼核**（cholinergic nuclei）。

在這裡所提出的假設中，確保恆定狀態的神經核會產生核心自我中的
「知曉感受」。在此知曉過程下的基礎神經活動，接續會徵召其他神經（非
恆定性腦幹神經核）來「凸顯客體」。

一種特別的輸入，這種輸入在成長早期就已經出現，並貫穿整個兒童時期與青春期。換句話說，最終要形成自我就要建立某種穩定骨架，而內感受正是此骨架所需之相對**不變性**（invariance）的適合來源。

相對不變性的這個問題極為關鍵，因為自我是一個單一的歷程，我們必須要找到合理的生物學方法來為這個單一性奠定基礎。乍看之下，生物體的單一身體應該能提供這種亟需的生物單一性。我們活在一個而非兩個的身體中，即使是連體嬰也無法否認這項事實。我們只有一個與此身體共存的心智，也只有一個與身體及心智共存的自我。至於多重自我及多重人格，那並不是正常的心智狀態。但單一基礎平台並無法對應到**整個身體**，因為就總體而言，整個身體都持續在執行各種行動並因此而不斷改變樣態，更不用說從出生到成人之間的體型成長變化了。這個單一平台必是出現在身體的**其中一部分**，而不是整個身體上。單一平台必定對應到變化最少或根本沒變化的身體部位。在生物體一生當中的任何時期，內環境與許多相關臟器參數提供了生物體最強大的不變性。這可不是因為內環境與相關臟器參數不會改變，而是因為它們的運作狀態只能在極小範圍中變動。橫跨整個生長期，骨骼都在成長，讓骨骼產生動作的肌肉也是，但無論是三歲、五十歲或是八十歲，出現生命的那個化學池所具有的本質（其參數的平均範圍）差不多都是一樣的。還有，就恐懼或快樂狀態從內環境化學物質建構出來的方式來說，或是就內臟平滑肌的收縮與舒張狀態來說，不管你是六十公分高還是一百八十公分高，恐懼或快樂狀態的本質其實都完全一樣。值得注意的是，在一生當中，恐懼與快樂狀態的成因（造成這些狀態的思維）可能會相當不同，但個人對這些成因所產生的情緒性反應卻不會不一樣。

主要內感受系統在哪裡運作呢？感謝從細胞層級的生理記錄與動物神經解剖實驗到人類功能性神經造影等大範圍的研究，讓這個答案在過去數十年中變得更為詳盡。這些研究成果（參見第四章）讓我們詳細了解到這類訊號傳送到中樞神經系統的路徑。[7] 描述身體狀態的神經訊號與化學訊號，從脊髓多個層級、腦幹三叉神經核與腦室邊緣神經叢進入到中樞神經系統之中，再從這些進入點被轉送到腦幹中的主要整合神經核，其中最重要的是孤立徑核、臂旁核與下視丘。訊號在這裡進行局部處理，並用於調節生命歷程以及產生原始感受，之後它們**也**會行經視丘的中繼核團，再轉往明顯與內感受有關的區域，即腦島皮質。儘管大腦皮質在這個系統中很重要，但我還是認為腦幹是自我歷程的基礎。腦幹可以提供假設中所提到的原我，即使是在皮質受到大範圍損傷時也依然如此。

主要生物體映射圖

主要生物體映射圖描述了整個身體與其主要部位（頭、軀幹與四肢）的靜態輪廓。身體的動作會被映射到主要映射圖上。主要生物體映射圖與內感受映射圖不一樣，會在生長期間產生急劇改變，因為它們描繪的是肌肉骨骼系統與其動作。當然這些映射圖會隨著體型大小以及動作範圍與品質的增加而擴增。我們可以

---

7. 正如第五章所示，克雷格在系統中關於脊髓與皮質這些方面的貢獻特別值得注意，請參考：A. D. Craig, "How Do You Feel? Interoception: The Sense of the Physiological Condition of the body," *Nature Reviews Neuroscience* 3 (2002), 655-66。

想像得到，主要生物體映射圖在幼兒期、青春期與成人期都不一樣，不過總是會達到某些暫時性的穩定狀態。結果就是，主要生物體映射圖不是建構原我所需之單一性的最佳來源。

主要內感受系統在主要生物體成長的每個階段，都必須符合主要生物體輪廓的一般性架構。大略勾勒一下的話，就是主要內感受系統會位於生物體架構的**範圍內**。不過這兩者是不同的，一個系統安置在另一系統中，並不代表映射圖就會產生實際轉換，而是兩組映射圖具有一種協調性，可同時被引發。舉例來說，身體內部特定區域的映射會被傳訊到主要生物體架構的某個部位，那裡會是在整體解剖結構中最適合安置的區域。例如當我們覺得噁心時，我們常會在相關的身體部位（胃部）體驗到這種感覺。雖然感覺不是很明確，但這個內感受映射圖會以符合生物體整體映射圖為前提而形成。

外部定向感官門戶映射圖

我在第四章中曾間接提到感官門戶，描述了感官門戶（鑽石）所在的框架。這裡就要讓自我來運用這些感官門戶了。圍繞眼睛、耳朵、舌頭與鼻子的這些身體區域形成了感官門戶，這類感官門戶的表徵是主要生物體映射圖不同且特殊的案例。在我的想像中，感官門戶映射圖不是經由映射圖的實際轉換，而是經由時間的協調來跟主要感受系統一樣去「安置」在主要生物體映射圖的架構中。這些映射圖確切的所在位置則是當前研究的重點。

感官門戶映射圖具有雙重角色，首先是用來建立視角（意識的主要面向），然後是用於建造心智的特質面向。我們感知客體的一個有趣面向是，我們的心智在描述客體的內容與描述對應到身體各種知覺部位的內容之間，建立了絕妙的關係。我們知道自己用眼睛看東西，但**我們也會感受到自己正用眼睛在看東西**。我們知道自己用耳朵聆聽，而不是用眼睛或鼻子。我們確實在外耳與鼓膜中感受到聲音。我們會以手指觸摸，還會以鼻子聞氣味等等。乍看之下，這似乎沒什麼大不了，但絕非如此。可能早在我們經由推論（將特定動作與特定感知做連結）發現感官之前，或甚至早在我們在學校中習得無數詩文與歌曲（我們的感官會從中獲得資訊）之前，年幼時期的我們就知道「感官位置」的一切。雖然如此，這是一種奇怪的知識。因為從視網膜神經元傳來的視覺意像，不會擅自告訴我們任何關於視網膜所在位置的資訊（像是位在臉上這個部位的眼窩的眼球裡）。所以我們怎麼有辦法發現視網膜的所在位置呢？當然，孩子會注意到閉上眼睛就看不見，也會注意到摀住耳朵就比較聽不到聲音。但這都沒有抓到重點。重點是我們「感受到」聲音進入耳朵中，我們「感受到」自己正用眼睛四處張望。孩子經由視網膜「周遭」身體結構產生的附加訊息取得了一份知識，並在自己照鏡子時對這份知識進行確認。這些身體結構的整合就構成了我所謂的**感官門戶**。以視覺為例，視覺感官門戶不只包括可以移動眼睛的眼部肌肉，也包括了能夠調整水晶體厚度讓我們聚焦在物體上的整個結構；還有可縮小放大瞳孔（相當於眼睛的相機快門）以調整光量的結構；最後還有眼睛**周遭**的肌肉，這些肌肉讓我們可以皺眉、眨眼與展現笑意。眼睛的動作與眨眼在編輯視覺意像上扮演著重要角色，而且對於意像影片的編輯效率與逼真程度顯然也大有影響。

看東西這件事所包含的不只是在視網膜上取得適當的光學圖樣，還包含了其他所有共同反應，有些是在視網膜產生清楚圖樣上不可缺少的，有些是看東西這個過程中習慣性伴隨產生的，有些則是能對處理圖樣本身進行快速反應的。

聽聲音的情況也差不多。位於中耳鼓膜與三小聽骨的振動被傳送到大腦的同時，在內耳耳蝸中的聲音本身則進行了頻率、時間與音色的映射。

無論是大人還小孩，感官門戶的複雜運作可能都會造成事件感知上的錯誤，例如我們以為有個物件是先看到再聽到的，然而實際情況卻相反。這種現象就是所謂的來源錯誤歸因（source misattribution error）。

在定義心智看待世界其餘一切的相對**視角**上，沒沒無聞的感官門戶扮演著關鍵角色。我在這裡所說的不是由原我所提供的生物單一性，而是我們都會在心智中體驗到的一種作用：我們對於心智外所發生的一切都有一個**立場**。這不只是一個「視角」而已，不過就大多數具有視力的人而言，這個視角確實時常支配我們心智的活動。此外，我們也有一個面對外界聲音的相對立場、一個關於碰觸物體的相對立場，甚至還有一個我們感受到體內物件的相對立場，這裡可再次以手肘與肘部的疼痛為例，或是以走在沙地上的腳為例。

我們不會錯誤地認為，自己是用肚臍在看東西或是用腋下來聽聲音（想想這些可能性還真有趣）。形成意像的數據會在感官門戶附近進行收集，為心智提供生物體看待客體的相對立場。產生知覺的各個身體區域會匯集形成這個立場。只有在大腦患病、心理創傷或利用虛擬實境器材進行實驗時所造成的（身體外部體驗）不正常情況下，這個立場才會被破壞。[8]

在我的想像中，生物體的視角是以各種來源為基礎。視覺、聽覺、空間平衡、味覺與嗅覺都要仰賴感官門戶，這些感官門戶彼此相距不遠，都位於頭部。我們可以將頭部視為準備好要探索世界的多維監測裝置。就整體而言，觸覺感官門戶非常廣大，但與觸覺有關的立場仍然明確指向那個身為觀察者的單一生物體，這個立場就明確位於觀察者的表面上。我們自身的動作知覺也具有同樣的整體性，這份整體性確實與整個身體相關，但一直都是以單一生物體為來源。

就大腦皮質而言，大多數的感官門戶數據都會送到體感系統中：主要為初級感覺與次級感覺區域，而非腦島皮質。以視覺感官門戶為例，其數據還會傳送到所謂的額葉動眼區，此區就位於布羅德曼第八區中，是額葉皮質的上側與外側部分。這裡又再次證實了，位置分散的大腦區域必須要經由某種整合機制來進行功能性結合。

這裡要提醒的最後一點是，還有體感皮質的例外情況要加以考慮。這些皮質會接收外界的訊號與身體的訊號，觸覺映射圖就是一種外界訊號的好例子，而內感受與感官門戶則是身體訊號的好例子。感官門戶理所當然是屬於生物體結構中的一部分，因此也是原我的一部分。

在兩個不同的模式之間有個明顯的對比。一方面，描述常

---

8. K. Meyer, "How Does the Brain Localize the Self?" *Science E-letters* (2008), www.sciencemag.org/cgi/eletter/317/5841/1096#10767。亦請參見：B. Leggenhager, T. Tadi, T. Metzinger, and O. Blanke, "Video Ergo Sum: Manipulating Bodily Self-Consciousness," *Science* 317 (2007), 1096; and H. H. Ehrsson, "The Experimental Induction of Out-of-Body Experiences," *Science* 317 (2007), 1048。

見客體的模式有著無限的多樣性（有些位於身體外部，例如景緻、聲音、味道與氣味；有些就是身體部位，例如關節或皮膚斑塊）。另一方面，與身體內部及其嚴格控管調節有關且變動範圍狹小的模式，則具有無限的相似性。生物體內有著被嚴格控管的生命歷程，這與在外部世界或身體其餘部分中的所有想像客體和事件，存在有必然且基本的差異。要了解自我歷程的生物基礎，就一定要知道這項差異。

在感官門戶的這個層級中，也同樣有著多樣性與相似性的對比。感官門戶從基本狀態轉換到看東西的狀態時，無需進行大規模的改變，不過它們是有能力可以做到的。這些改變只是要表明生物體與客體已經產生連結，並不需要傳達任何關於客體的訊息。

簡而言之，內環境、臟器結構與外部定向感官門戶基礎狀態的結合，在大量的動作之中提供了穩定的立足點。它在大量動作過程的環繞下，保留了功能性狀態的相對連貫性，而這些動作過程具有相當顯著的多樣性。想像有一大群人走在街上，正中央的那一小群人聚在一起以穩定的速度移動，其餘人則像布朗運動那般四處橫衝直撞，有些人落在其他人後頭，有些則超過核心群體。

內環境的相對不變性所提供了一個架構，而這個架構還必須要加上另一個要素：身體與大腦一直都密不可分的這件事實。這份密切關係就是產生原始感受的基礎，也是建立身體與大腦之間獨特關係（大腦重現身體這個客體的表徵）的基礎。當我們對外部世界的客體與事件進行映射時，這些客體與事件依然存在外部世界中，哪兒也不會去。它們作用在大腦上，但亦可在任何時間中被運用，這形成了類似身體與心智結合的那種共振迴路。它們構成了生動鮮明的背景基礎，為心智所有其他內容提供了必要的環境脈絡。身體映射圖的整合，相當於我大腦中抽象表現主義畫作的良好組合。然而原我不只是身體映射圖的整合而已，因為原我與其無法劃分開來的深層來源一直保持著互動連結，所以它也是這些互連映射圖的整合。可惜的是，我大腦所偏好的抽象表現主義畫作，與其來源卻在現實中完全沒有連結。我希望它們有連結，但這份連結只存在我的大腦中。

我最後還要提到，原我不能與皮質小人（homunculus）混淆，就像從原我變化而出的自我也不是皮質小人。傳統上認為皮質小人就是一個位在腦中的小人，具備有所有的知識與智慧，能夠回答當下心智中的問題，並為當下情況提供解釋。皮質小人的問題在於它所創造的無限迴圈。小人的知識讓我們擁有意識，但小人要有知識，其內部就必須有另一個小人存在，才能提供必要的知識，以此類推，就會有無窮無盡的小人。這不可能成立的。讓我們心智擁有意識的知識，必須從底部向上建構。皮質小人這個想法與這裡所說的原我概念，完全扯不上關係。原我是一個合理穩定的平台，因此也是連貫性的源頭。當生物體與周遭互動時，我們就用這個平台來記錄變化，如看著手中握著的物體，或是記錄下生物體結構或狀態的變化，如受傷或是血糖濃度下降。變化是對於原我**當前狀態的記錄**，而且這份變化會觸發後續的生理活動，但原我並不包含其映射圖以外的任何資訊。原我並不是坐在希臘德爾菲神殿回答我們是誰的聖人。

建構核心自我

在思考一個建構自我的策略時，最好是從核心自我的需求開始。大腦需要將過去未曾出現的某個東西引介到心智中，這個東西就是主角。一旦主角出現在其他心智內容之中，並且與某些當前心智內容產生連貫的關聯性時，那麼主觀性就會開始存在於心智的歷程之中。我們首先必須著重在主角出現的門檻，也就是知識要素凝聚產生出主觀性的那個點上。

一旦我們有了對應到生物體某部分的相對穩定點時，那麼自我是否就會一舉從中現身呢？若是如此，奠定原我基礎的大腦區域解剖結構與生理狀態，就最能夠告訴我們自我是如何產生的了。從大腦能力中所產生的自我，會累積與整合關於生物體最穩定面向的知識，結案。自我就相當於大腦之中**被感受到**的原始生命表徵，一種純粹只與自己身體連結的體驗。自我由原始感受所構成，自然狀態下的原我時時刻刻都會自動自發且持續不斷地傳送出原始感受。

當我們談到你我在當下所體驗到的複雜心智生命時，原我與原始感受無論如何都無法完整說明我們所產生的自我現象。原我與其原始感受可能是物質我的基礎，也很有可能是大量生命物種所具有之意識重要且最佳的表現形式。自我的一端是原我與原始感受，另一端是賦予我們人格與身分的自傳自我，在這兩者之間我們需要某些中間的自我歷程。為了變成恰當的自我，也就是**核心自我**，原我本身狀態中的某些關鍵必須改變。一方面，原我的心智輪廓必須要出現並被**凸顯**出來。另一方面，它必須與其所涉及的事件產生連結。也就是說，它必須**成為主角**。就我的觀點而言，任何被感知的客體與原我之間無時無刻的連結，造成了原我的關鍵改變。這份連結產生的時間與客體進行感官處理的時間非常接近。無論生物體在什麼時間遇到什麼客體，生物體與客體的相遇都會改變原我。這是因為大腦為了映射客體，就必須對身體進行適當調整，而調整的結果以及映射意像的內容都會傳訊到原我那裡。

原我的變化展開了創建核心自我的短暫時刻，並啟動了一連串的活動。這串活動中的第一個是原始感受的轉換，這造成了「知曉客體的感受」，這種感受讓此客體在當下與其他客體有了區別。第二個活動則是由這份知曉的感受所造成，此感受對涉及其中的客體進行「凸顯」，這個過程通常被歸結為**受到注意**，也就是將處理歷程中的資源集中於某個特定客體上，而非其他客體。接著，將改變後的原我與造成此改變的客體連結起來，就創出了核心自我，而那個客體就有了感受的標記，也會因受到注意而更加凸顯。

在這個過程的終點處，一系列簡單且常見活動的意像就會納入心智之中，也就是當某人以特定立場去看到、觸碰或聽到某個客體時，這個客體就會與他的身體有了連結。這份連結造成身體產生改變，身體感受到客體的存在，並凸顯出客體。

這樣的活動持續不斷地發生，對這類活動的非語言敘述會自發性地在心智中展現一件事實，那就是存在有一個主角，這些活動就是發生這個主角身上，而這個主角就是物質我。非語言敘述所描繪的那些內容會創造並展現出主角，而且會將生物體的行動與這個主角進行連結，同時也會將其與因客體而形成的感受進行連結，進而產生出所有權的感受。

當一系列的意像被加進簡單的心智歷程中後，就產生了有意識的心智。這一系列的意像包括了：生物體的**意像**（這是由改變後的原我所提供）、客體相關情緒性反應的**意像**（就是感受），以及瞬間凸顯相關客體的**意像**。**自我以意像的形式進駐到心智中，不斷地講述這些連結的故事。**改變後的原我與知曉的感受所產生的意像，甚至不需要特別強調。無論它們多麼不易察覺，是多麼微小的暗示，它們所要做的就只是存在心智中，提供客體與生物體之間一個連結而已。畢竟，為了讓自我歷程具有適應性，最重要的是客體。

我認為這種非語言的敘述，講述了生命與大腦中正在發生的情況，但這並不是一種解釋，而是對活動的一種自發性描述，大腦沉迷於回答沒有人提出的問題。邁克爾‧葛詹尼加（Michael Gazzaniga）提出了「解釋者」的概念來解釋意識的產生。不僅如此，他還相當明智地將其與左腦機制以及左腦所處理的語言賦予關聯性。我非常喜歡他的想法，這個想法相當值得採信，但我認為這整個概念只適用在自傳自我的層級，並不適用在核心自我的層級上。[9]

在具有豐富記憶、語言與推理能力的大腦中，起源與輪廓同樣簡單的敘述就會變得更為豐富，並能展現更多的知識，也因此產生了一個定義完整的主角：自傳自我。若再加上推論，就能產生對這些活動的解釋了。如同我們將在下一章中所見，自傳自我只能經由核心自我的機制建構出來。如前所述，立基於原我與原始感受的核心自我機制，是產生有意識心智的中心

---

9. Michael Gazzaniga, *The Mind's Past* (Berkeley: University of California Press, 1998).

機制。要將自我的歷程擴展至自傳自我的層級，還需要複雜的裝置，而這得仰賴核心自我機制的正常運作。

連結自我與客體的機制是否只適用於真實感知到的物體上，而無法適用於回憶的物體上呢？情況並非如此。有鑑於當我們學習到一個客體時，我們不只會記錄下它的外觀，也會記錄下我們與它的互動，例如我們眼睛與頭部的動作、我們手部的動作等等，因此回憶客體就包括了回憶各種記下的互動組合。就像真正與客體互動的情況那樣，回憶或想像中的互動也會瞬間改變原我。若這個想法是正確的，就可以解釋為何當我們在安靜房間中閉眼做白日夢時不會失去意識了，我覺得這相當令人感到欣慰。

結論就是，大量客體與生物體互動所產生的相關核心自我脈動，確保了客體相關感受的產生。這類感受接續又建構出能夠保持清醒的強健自我歷程。核心自我的脈動也會衡量相關客體意像的價值程度，再決定要給予何種程度的凸顯。對流動意像所做的區別構成了心智的樣貌，這是根據生物體的需求與目標來形塑心智的。

核心自我的狀態

大腦是如何運作核心自我的呢？這裡首先要探討的是有限大腦區域所參與的局部歷程，之後再探討眾多大腦區域所參與的廣泛歷程。我們只要運用神經知識，就不難構想出產生原我的相關步驟。原我的內感受部分是立基於上腦幹與腦島中；而感官門戶部分則是立基於傳統的體感皮質與額葉動眼區。

為了產生核心自我，有些組成部分的狀態必須有所改變。我們已經看見，當一個被感知的客體促成了一項情緒性反應，並改變了主要內感受映射圖時，原我的改變就隨之而來，也因此就改變了原始感受。同樣地，當客體與知覺系統有所連結時，原我的感官門戶部分就會改變。結果就是，在腦幹、腦島皮質與體感皮質這些與原我有關的部位上，與形成身體意像相關的區域就無可避免地會發生變化。各種活動產生了意像的微序列，這個微序列被引介入心智歷程之中，我在這裡指的是它們會被引介到早期感覺皮質與腦幹數個區域的意像工作空間中，感受狀態就是在這些空間中產生並改變的。意像的微序列就像脈搏一樣，一個接著一個產生，雖不規則但實為可靠，只要活動持續發生且清醒的程度維持在門檻之上就會持續下去。

到目前為止，在最簡單核心自我狀態的例子中，似乎不需要中心的調節裝置，似乎也完全不需要單一一個銀幕來顯示意像。片段的意像落在它們必須就定位的意像形成區域裡，以適當的時間與順序進入心流之中。

無論如何，為了要完整建立出自我的狀態，改變過的原我必須要與相關客體的意像產生連結。這要怎麼產生？還有，要如何將這些不同的意像集合組織起來，以構成連貫的場景並因此形成一個成熟的核心自我脈動呢？

相關客體開始被處理且自我開始發生變化的時機，在這裡可能也扮演著重要角色。這些發生在非常相近時間中的步驟，會以敘述的形式按照真實發生的序列出現。改變過的原我與客體之間的第一層級連結，會自然而然地出現在時間序列中，各別意像會依據這個時間序列產生，並融入心智的行列之中。簡而言之，原我需要開門營業，原我要足夠清醒以產生關於存在的原始感受，這份存在就是從原我與身體中的對話而生。然後，客體的處理歷

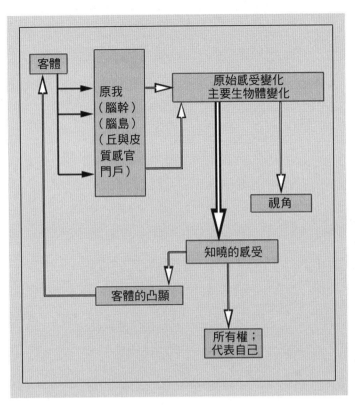

圖 8.4：核心自我機制的示意圖。核心自我是一種綜合的狀態。主要的組成
部分是**知曉的感受**與客體的**凸顯**。其他的重要組成部分還有視角以及**所
有權**與**代表自己**的感受。

程必會改變原我的各個面向，而這些活動彼此必須要產生連結。

　　要創造出能夠定義原我的連貫敘述，是否需要神經調節的裝
置呢？答案取決於這個場景有多複雜，以及其是否涉及多個客
體。當這個場景涉及多個客體時，即使複雜度遠不及我們在下一
章中所探討的自傳自我層級，我相信我們確實還是需要調節裝置
來達成連貫性。這個裝置的候選者就位於皮質下層級。

第一位候選者是上丘。它的候選資格可能會引人發笑，即使我們已經證實這個靠得住的部位毫無疑問具有調節能力。依據第三章所列的理由，深層上丘相當適合這個角色。深層上丘提供了一種可能性，讓內部與外部世界不同面向的意像能夠疊合，它也藉此成為產生心智與自我的大腦最終會變成的模型。[10] 但上丘的能力明顯有限。當我們談到自傳自我的複雜性時，我們不認為上丘有能力可以成為皮質意像的主要協調者。

協調者這個角色的第二位候選者是下視丘，特別是視丘的連結核團，其位置非常適合建立個別皮質活動的功能性連結。

體驗大腦如何建構有意識心智之旅

想像一下下列場景：我正看著鵜鶘餵食牠們的孩子。鵜鶘優雅地飛過海洋，有時貼著海面飛行，有時飛高一點。牠們發現魚時會突然向海面俯衝，如協和號噴射客機那般的嘴喙保持著陸姿態，翅膀也後縮成美麗的三角形。牠們潛入水中，一秒後成功地叼出一條魚。

我的眼睛正忙著跟隨鵜鶘。當鵜鶘移動時，無論是靠近我些或是遠離我些，我眼中的水晶體都會跟著調整焦距，我的瞳孔也會調節光量，而眼睛的肌肉也會迅速動作以跟上鵜鶘的快速移動。因為觀察到這樣一個出色的表演，我的好奇心得到正向回

---

10. 我對上丘的興趣可以追溯到一九八〇年代中期。伯納德對上丘更是好奇。我與他曾在數個場合中討論過這個議題。比約恩‧梅克（Bjorn Merker）提出了令人信服的看法，他認為上丘這個結構不僅僅只是輔助視覺而已。請參考：Bernard M. Strehler, "Where Is the Self? A Neuroanatomical Theory of Consciousness," *Synapse* 7 (1991), 44-91; Bjorn Merker, "Consciousness Without a Cerebral Cortex," *Behavioral and Brain Sciences* 30 (2007), 63-81。在針對中腦導水管周圍灰質重要性的討論中，潘克沙普也將注意力放在丘這個部位。

饋，我正在享受這場秀。

　　所有這些在現實生活中與大腦中的忙碌運作所得到的結果，就是將訊號傳送至我的視覺皮質，剛剛從視網膜映射得到的訊號，描繪了鵜鶘的模樣，並將這模樣定位為一個客體。在這個過程中，大量的動態意像形成了。在此同時，各個大腦區域也在處理這些訊號，包括了：額葉動眼區（第 8 區，此區與眼部動作有關，但與視覺意像本身無關）；外側體感皮質（描繪了頭、頸與臉部的肌肉活動）；腦幹、基底前腦、基底神經節與腦島皮質的情緒相關結構（整合了可以協助產生場景相關愉悅感受的活動）；上丘（接收視覺場景、眼部動作與身體狀態的資訊來產生映射圖）；以及參與所有皮質與腦幹訊號交流的視丘連結核團。

　　所有這些改變所產生的結果是什麼呢？描繪感官門戶狀態的映射圖與有關生物體內部狀態的映射圖，正記錄下這些變動。原我的原始感受出現變化，成為跟參與客體有關的獨特知曉感受。結果就是，被知曉客體最近的視覺映射圖（在餵食的鵜鶘群），會比在我心智中被無意識處理的其他客體更為凸顯。其他東西可能也會來爭取意識的注意，但基於諸多原因，它們不會成功，因為對我而言，鵜鶘太有趣了，這也意味著比較有價值。在腦幹側腹被蓋區、依核（nucleus accumbens）與基底神經節這類區域中的迴饋核，經由選擇性地在意像形成區域釋放神經調節物質，成功對鵜鶘的意像產生特別關注。對意像所有權的感受以及代表自己的感受，都是從知曉這種感受而來。在此同時，感官門戶的變化會讓我採用某個明確視角來看待這個被知曉客體。[11]

　　核心自我的狀態以脈動的方式，出現在整個大腦的映射圖上。但電話鈴聲突然響起，這個魔咒就此打破。我雖不情願但還是勉強地把頭與眼睛轉向話筒。當我拿起話筒時,形成有意識心智的整個迴路重新啟動,現在的焦點是電話。鵜鶘從我的視線及心智中消失,現在佔據其中的是電話。

---

11. 將新取得的鵜鶘意像以及生物體與客體互動參與的感官門戶活動結合起來,就會促成感官視角的建立。經由對每組意像的相關活動進行同步化,就能將感官門戶活動與客體意像連結起來。連結的關鍵是時間不是空間。代表自己的感受與對個人心智所有權的感受,都是從類似的機制中衍生而來,在時間線上將屬於新客體意像的活動與定義原我變化的活動連結起來(這裡的原我變化是發生在內感受映射、感官門戶與肌肉骨骼表徵的層級)。這些組成要素的融合程度皆取決於時機。

第九章

自傳自我

記憶形成意識

　　個人的自傳是由個人記憶所構成，也就是由個人人生體驗的總和所構成，這其中也包括了為未來訂定計畫的體驗，無論計畫是具體的還是模糊的。自傳自我就是形成意識的自傳。自傳自我會運用我們記憶史中所有的一切，無論是近來發生的或是許久以前的記憶。記憶史中有我們曾為其中一部分或是希望自己是其中一部分的那些社會體驗，還有我們情緒體驗最精華部分的那些記憶，而這些情緒體驗可能就是所謂的心靈。

　　當核心自我的脈動從半暗示狀態到明顯存在的過程中不斷產生、持續「上線」，自傳自我就引導出雙重人生了。自傳自我一方面是公開的，以其最為宏大的人性來形成有意識的心智；但另一方面，自傳自我中無數的構成要素則潛伏其下，等待自己的時機來臨才會變得活躍。自傳自我的另一個人生發生在螢幕之外，不被我們所意識到，但拜個人記憶逐漸累積與再造之所賜，這可能就是自我發展成熟的地點與時間點。無論是在有意識的回想中或是在無意識的過程中，人生體驗都會被重新建構與重新播放，正因如此，所以體驗的本質不但會被重新評估，也無可避免地會被重新規劃，而在實際組成與伴隨情緒上有了或大或小的改變。客體與事件在這個歷程中會取得情緒上的比重。有些回憶片段會掉落在心智剪輯室的地板上，有些會被復原並強化，還有一些則會依照我們的需求或是天馬行空的隨機想像，巧妙地結合在一起，創造出從未出現過的新場景。隨著時間過去，這就是我們自身記憶史如何被巧妙重寫的方式。這也就是為什麼事實會產生新的意義，為什麼今日記憶中的音樂與去年演奏時聽到的不一樣。

就神經學而言，這種建立與重建的工作大多發生在無意識的歷程中，還有就我們所知，這也可能會發生在夢中，不過偶爾也會出現在有意識的情況下。這運用了聚集發散的結構，將保存在腦部傾向空間中的加密知識拿出來利用，並在腦部的意像空間中解密播放。

一個人的人生過往與預期未來的記錄實在是太多了，幸好無論我們的自我是於何時在自傳模式下運作，都不必回憶起全部、甚至是大多數的記憶。即使是普魯斯特，也無需運用所有自身豐富詳盡的漫長過往，來建立出片刻的成熟自我。感謝老天，我們仰賴的是關鍵情節（其實就是關鍵片段的集合）以及當下的需求，所以我們只要回想起某些特定片段並將它們加入新的情節之中即可。在某些情況下，被召喚出來的片段極多，就會形成了充滿最初情緒與感受的一股真實記憶洪流。聆聽巴赫的音樂就會出現這種情況。但就算片段的數量有限，用來建構自我的記憶，即使以最低程度來看，還是具有很大的複雜性。這也就是建構自傳自我的問題所在。

建構自傳自我

我猜想大腦建構自傳自我的策略如下。首先，定義自傳記憶的大量套組必須集結在一起，好讓每個套組能快速地被視做一個客體。每一個這樣的客體都可以改變原我，並產生核心自我的脈動與個別的知曉感受，以及因此對客體進行凸顯。其次，因為我們自傳中的客體數量眾多，大腦需要可以協調召喚記憶的裝置，將記憶運送到原我中進行必要的互動，並將互動結果保持在與客體有關的連貫模式中。這絕對不是個無關緊要的問題。實際上，自傳自我的複雜層級（包括了大量社會面向）包含了眾多自傳客體，因此就需要大量的核心自我脈動。結果就是，為了自傳自我中的大量組成成分，也為了將所得結果暫時連結在一起，就需要能夠獲取多重核心自我脈動的神經裝置在短暫的時間窗口中啟動，以建構出自傳自我。

從神經學的觀點來看，這個協調的過程非常複雜，因為構成自傳的意像大多是根據傾向皮質的回憶在大腦皮質的意像工作空間中所形成的，而且為了要產生意識，同樣一批意像還需要與原我裝置互動，而正如我們之前所見，原我裝置大多位於腦幹層級中。建構自傳自我需要非常精良的協調機制，大體而言，在建構核心自我時還用不到這樣精良的機制。

經由工作假設，我們可以說建構自傳自我得要仰賴兩項結合機制。首要機制要可以輔助核心自我機制，還要確保記憶的每個自傳套組可以被視為一個客體並在核心自我脈動中形成意識。次要機制則要執行整個大腦的協調運作，其步驟如下：（1）喚起記憶中的特定內容並以意像的形式展現出來；（2）意像能夠井然有序地與大腦中的另一個系統互動，這個系統就是原我；（3）在特定的時間窗口中，互動的結果會保持連貫。

建構自傳自我的腦部結構，包括了腦幹、視丘與大腦皮質等

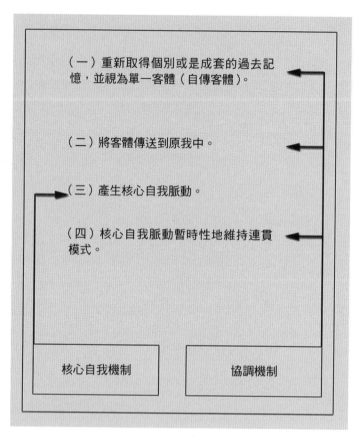

（一）重新取得個別或是成套的過去記憶，並視為單一客體（自傳客體）。

（二）將客體傳送到原我中。

（三）產生核心自我脈動。

（四）核心自我脈動暫時性地維持連貫模式。

核心自我機制

協調機制

圖 9.1：自傳自我的神經機制。

產生核心自我所需的所有結構，再加上涉及協調機制的腦部結構（這部分將在後續段落中探討）。

關於協調的這個問題

在我開始談及協調之前，我要先確認一下我的想法沒有被誤解。我提出的協調裝置**不是**笛卡兒劇院（Cartesian theaters），並無戲劇在其中上演。它們也**不是**意識中心，沒有這種東西。它們更**不是**負責解說的皮質小人，它們什麼都不知道，也無法解說任何事情。它們就只是我所假設的那樣，是自動自發為一個歷程進行規劃的**組織者**而已。整個運作結果**不是在協調裝置中成形**，而是在其他地方，特別是在大腦皮質與腦幹中形成意像與產生心智的結構中。

協調的產生不是因為某些神秘的外部原因驅使大腦所致，而是因為一些自然因子所造成，像是在心智歷程中的意像內容被引介的順序，以及這些內容的對應價值等等。心智內容是如何評價出來的？我們可以這樣想，大腦會自動評估其所處理的任何意像，並在以大腦最初傾向（其生物價值系統）為基礎的處理過程中，賦予這些意像一個價值。在產生最初知覺的過程中，這個被賦予的價值會加入其中，並跟意像記錄在一起，之後在每次回憶時都會重新上演一次。簡而言之，當大腦在面對某序列的事件以及由價值所過濾與標記的大量過往知識時，大腦的協調裝置會協助對當下的心智內容進行組織規劃。不僅如此，協調裝置還會傳送意像到原我系統，最終並以暫時性的連貫模式來留住互動的結果（核心自我的脈動）。

協調者

在這裡所提到的工作假設中，神經性自傳自我產生的第一階段，需要用到我們之前在探討核心自我時所提的那些腦部結構與機制。但這個歷程的第二階段，也就是我們之前所提的整個大腦的協調，就需要一些不一樣的結構與機制了。

可以協調這個大範圍系統的角色候選人有誰呢？我想到了好幾個可行的腦部結構，但其中只有一些可以認真考慮。其中一個重要候選人是視丘，這是在探討任何意識神經基礎時都會出現的結構，特別是視丘所聚集的連結核團。在大腦皮質與腦幹之間的視丘中間神經核，非常適合安排與協調訊息。雖然視丘負責連結的這部分，在建構所有意像的背景上已經非常忙碌，但在協調定義自傳自我的心智內容上，它還是扮演著極為重要的角色，不過可能不是主導的角色。我會在下一章當中提到更多有關視丘與協調的內容。

還有哪些具有可能性的候選人呢？還有一個強大的候選人是位在雙邊大腦半球中的聯合區域，這個區域因為它的連結性結構而顯得與眾不同。聯合區域中的每個區域都是位於聚集與發散訊號主要交叉點上，而且是大到肉眼可見的節點。我在第六章中將這些節點稱為大聚發區（convergence-divergence regions；CDRegions），也在第六章中提到了它們是由無數個小聚發區所組成。大聚發區策略性地出現在高階聯合皮質中，但不是位在形成意像的感覺皮質中。它們出現在顳葉與頂葉交界處、顳葉皮質的內外側、頂葉皮質的外側、額葉皮質的內外側，以及後內側皮質區。大聚發區保有過往所獲取知識的記錄，這些知識的內容非常多樣化。任何大聚發區的活化都會將訊號聚集與發散到意像形成區域，促使各式各樣的過往知識重新建構起來，這些知識包括了與個人自傳有關的知識，以及用來描述基因相關的非個人知識。

可想而知，主要大聚發區會經由長距離的皮質連結進一步地

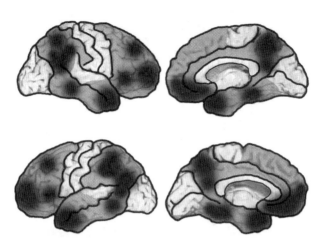

圖 9.2：大聚發區位於不具有映射功能的聯合皮質區域中。大聚發區會幫忙
協調因當下知覺與因回憶而產生的各種意像。主要的大聚發區大概位於
圖中的深色部位，也就是：顳葉的兩端與內側、前額葉皮質內側、顳葉
與頂葉交界處，以及後內側皮質。可能還有其他的大聚發區。圖中所繪
出的多數大聚發區，也是本章後續所提到的賴希勒（Raichle）「預設網
絡」的其中一部分。大聚發區的結構請參考第六章的圖 6.1 與圖 6.2。單
一大聚發區的細部連結，請參考圖 9.4。

整合，這就是一個世紀前由朱爾斯・德傑林（Jules Dejerine）最
先定義出來的那種皮質連結。這類連結將會引入另一層級的跨區
協調。

　　在主要大聚發區之中，後內側皮質顯然要比其它區域具有更
高的層級，它展現出數個構造上與功能上的與眾不同之處。我在
十年前就認為後內側皮質區與自我歷程有關，但那時我對它的作
用跟現在所認定的不一樣。近幾年來所獲得的證據顯示，後內側
皮質區確實與意識有關，特別是與自我相關的歷程有關，這些證
據也提供了一些之前無法取得的資訊，像是後內側皮質區域的神
經解剖構造與生理學。本章的最後一段將會探討這類證據。

最後一位候選人是匹黑馬，一個名為帶狀核（claustrum）的神秘結構。帶狀核與大聚發區關係密切，其位於兩個大腦半球的腦島皮質與基底神經節之間。帶狀核所具有的皮質連結，可能具有協調的作用。弗朗西斯·克里克（Francis Crick）相信帶狀核就像感官運作的指揮者，負責將多元感官知覺的各個不同部分結合起來。從神經解剖實驗中所獲得的證據顯示，帶狀核會連結到各式各樣的感官區域，因此它有可能具有協調的作用。有趣的是，帶狀核對於我早先提到的重要聚發區之一「後內側皮質區域」會有著相當強大的投射。由於這個強大連結是在克里克死後才發現的，所以在克里克與克里斯托夫·科赫（Christof Koch）共同撰寫，但在克里克死後才發表的論文中並沒有提到，科赫在文中有特別說明這一點。[1] 帶狀核是否有資格做為協調者候選人的問題在於，當我們考慮到它所需執行的工作時，會發現它的比例太小。另一方面，由於我們不應該期待任何早先提及的結構可以單槍匹馬地執行協調的工作，所以沒有理由可以說帶狀核對於建構自傳自我沒有一丁點兒貢獻。

後內側皮質可能扮演的角色

我們需要更多的研究來確認後內側皮質在建構意識上所扮演的角色。我將在本章後續回顧各種研究來源的證據，包括：麻醉研究、睡眠研究、神經病理研究（從昏迷與植物人到阿茲海默症），以及自我相關歷程的功能性神經造影研究。但首先，讓我

---

1. C. Koch and F. Crick, "What Is the Function of the Claustrum?" *Philosophical Transactions of the Royal Society B: Biological Sciences* 360 , no. 1458 (June 29, 2005), 1271-79.

們來看看關於後內側皮質最可靠且便於解釋的證據，也就是來自實驗神經解剖學上的證據。我會試著推敲後內側皮質可能的運作方式，以及為何應該對後內側皮質進行研究的理由。

當我提出後內側皮質在產生主觀性上扮演著重要角色的這個想法時，其實背後是有兩股思維的。其中一股思維所考慮到的是，患有後內側皮質區域局部損傷的神經疾病患者，會做出的行為以及可能的心智狀態。（導致這些損傷的原因可能是阿茲海默症末期，或是極特殊的中風情況與癌症的腦部轉移。）另一股思維則是要在生理學理論的基礎上，尋找一個適合將生物體**以及**與其有互動之客體及事件的資訊結合在一起的大腦區域。由於後內側皮質區域顯然位於三路資訊的交叉點，所以後內側皮質區域就成了我的其中一位候選人。（這三路資訊分別是從內臟來的內感受資訊、從肌肉骨骼系統來的本體感覺與運動知覺資訊，以及從外部世界而來的外感受資訊。）這兩股立基於實際情況所產生的思維完全沒有問題，但對於我原先所設想的那個功能性角色，我認為不再需要了。儘管如此，這個假設還是促成了可以產生重要新資訊的研究調查。

要用這個假設取得進展絕非易事。主要的問題在於這個區域的神經解剖資訊十分有限。部分寶貴的研究已經開始條列出後內側皮質中數個部位的連線[2]，但這個區域的整體連線圖還

---

2. R. J. Maddock, "The Retrosplenial Cortex and Emotion: New Insights from Functional Neuroimaging of the Human Brain," *Trends in Neurosciences* 22 (1999), 310-16; R. Morris, G. Paxinos, and M. Petrides, "Architectonic Analysis of the Human Retrosplenial Cortex," *Journal of Comparative Neurology* 421 (2000), 14-28. 回顧性研究請參見 A. E. Cavanna and M. R. Trimble, "The Precuneus: A Review of Its Functional Anatomy and Behavioural Correlates," *Brain* 129 (2006), 564-83。

沒有完整研究出來。事實上,此區為人所知的不是它的總稱後內側皮質,而是它各個部位的名稱:後扣帶皮質、後壓部皮質(retrosplenial cortex)與楔前葉(precuneus)。無論是什麼樣的名稱,後內側皮質絕對不是個受到注意的著名腦部區域。

為了探索後內側皮質是否涉及意識的這個假設,就必須要去取得後內側皮質在連結上的神經解剖結構知識。這些知識是過去所沒有的,所以我們的研究小組就以非人類的靈長類進行了一項實驗性神經解剖研究。這項實驗是與蓋里‧凡霍森(Gary Van Hoesen)合作,共同在喬瑟夫‧帕爾維齊(Josef Parvizi)的實驗室進行的。這項研究以實驗獼猴為對象,在我們要查探的所有神經連結區域都注射了大量的生物追蹤劑。生物追蹤劑一旦注入某個腦部區域中,就會被各個神經所吸收,並沿著軸突一路傳送

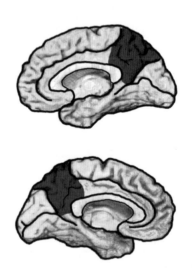

圖9.3:人類大腦後內側皮質的位置。

到目的地，無論神經元當下連結到何處。這一種被稱為順行追蹤劑。另外還有一種逆行追蹤劑則會被軸突末端所吸收，從末端逆行到神經元的細胞體，也就是它們的起點處。所有追蹤劑的移動結果就列出了各種可能性，包括了每個目標區域、每個區域接收連線的起點處以及這些區域將訊息傳送到什麼地方。

後內側皮質由幾個子區域所構成，包括了布羅德曼分區中的23a 區、23b 區、29 區、30 區、31 區與 7m 區。這些子區域的互連非常錯綜複雜，所以在某種程度上將它們視為單一的功能性單位是合理的。這些子區域中存在有某些特殊連線，這也意味著它們之中有一部分可能具有特殊的功能作用。而我們對這整個區域所採用的總稱，至少截至目前為止都是合理的。

經過費時費力的研究調查，我們在第一篇發表論文中[3]，建立起後內側皮質的連結模式。此模式統整於**圖 9.4**，可以這樣描述：

1. 從頂葉與顳葉聯合皮質、內嗅皮質（entorhinal cortex）與額葉皮質而來的輸入訊號會聚集進入後內側皮質，從前扣帶皮質（為腦島投射的主要接收者）、帶狀核、基底前腦、杏仁核、運動前區與額葉動眼區而來的輸入訊號也是一樣。無論是位於板內側還是背側的視丘神經核，也都會投射到後內側皮質去。

2. 最初將輸入訊號聚集傳送到後內側皮質區域的數個部位，也會接收從後內側皮質發散出來的輸出訊號，不過有幾個例

3. J. Parvizi, G. W. Van Hoesen, J. Buckwalter, and A. R. Damasio, "Neural Connections of the Posteromedial Cortex in the Macaque," *Proceedings of the National Academy of Sciences* 103 (2006), 1563-68.

外：腹內側前額葉皮質、帶狀核與視丘板內側核。有些部位不會投射到後內側皮質，但會接收後內側皮質的投射，包括了：尾核（caudate）與殼核（putamen）、伏隔核（nucleus accumbens）與中腦導水管周圍灰質。

3. 後內側皮質沒有與早期感覺皮質或初級運動皮質有關的輸出或輸入連線。

4. 從 1 與 2 中可知，後內側皮質是一個高階的大聚發區。在大聚發區所組成的群體中，它是個傑出的成員，所以我將其視

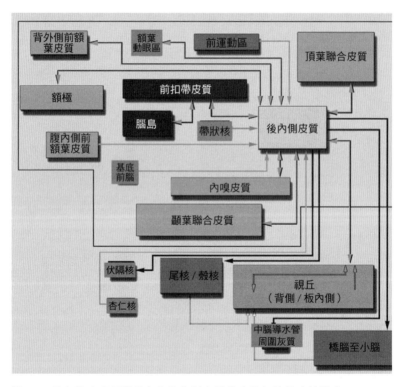

圖 9.4：經由猴子研究所得出的後內側皮質傳出傳入神經連結模式。

為協調有意識心智內容的優秀人選。後內側皮質甚至與另一個潛在協調者帶狀核也有重要的連結，帶狀核明顯有投射到後內側皮質中，但卻沒什麼反向連結。

後內側皮質在神經解剖構造上確實有與眾不同之處，近期某項人體實驗研究也支持的這個想法。[4] 這項由奧拉夫·史龐斯（Olaf Sporns）所主導的研究，運用了現代的磁振造影技術，也就是擴散頻譜造影技術，這項技術可以產生神經連結與其大略空間分布的影像。研究作者們運用影像數據，建構出跨越整個人類大腦皮質的連線圖。他們在整個大腦皮質上定義出數個連結樞紐。其中幾個可以對應到我之前曾提及的大聚發區。他們也認為後內側皮質區域建造出了獨一無二的樞紐，這個樞紐與其他樞紐的互相連結，要比任何其他樞紐都更為強大。

後內側皮質的作用

我們現在更能去想像後內側皮質是如何對有意識心智貢獻出一份心力的。雖然這是相當大的一塊大腦皮質，但後內側皮質的力量並不在於占地大小而是在於它們所保有的盟友。後內側皮質接收從高階感覺聯合皮質與前運動區而來的大多數訊號，並給予相當大的回應。擁有眾多小聚發區的大腦區域，保有多模式資訊整合的關鍵，因此可以傳訊到後內側皮質，而且大體上都會收到回傳的訊號。後內側皮質也會收到與清醒有關之皮質下神經核的

---

4. Patric Hagmann, Leila Camoun, Xavier Gigandet, Reto Meuli, Christopher J. Honey, Van J. Wedeen, and Olaf Sporns, "Mapping the Structural Core of Human Cerebral Cortex," *PloS Biology* 6 , e159.doi:10.1371/journal.pbio.0060159.

訊號，並接續傳送到與注意力及獎勵有關的各個皮質下區域（在腦幹與基底前腦中），以及可以產生動作程序的區域（如基底神經節與中腦導水管周圍灰質）。

後內側皮質收到的大概是什麼樣的訊號？後內側皮質又會對這些訊號進行什麼樣的處理？我們目前都還不確定，但是，大量往後內側皮質的強力投射與它們實際上到達後內側皮質的區域大小有著不成比例的巨大差異，這提供了一個答案。後內側皮質大部分皆是年份古老的區域，這些區域被認為是儲存傾向知識而非運用映射圖的區域。後內側皮質不是視覺或聽覺那類摩登的早期感覺皮質，那類皮質可以整合出事物與活動的詳細映射圖。我們可以這樣說，後內側皮質這個美術館沒有足夠大的牆面來展示大型畫作或是演出木偶秀。但這沒什麼關係，因為傳訊到後內側皮質的大腦皮質並不是早期感覺皮質，那些皮質跟後內側皮質一樣不用展示大型畫作或是演出木偶秀。它們主要也是傾向空間，是保有記錄資訊的聚發區。

由於這樣的設計規劃，一整個後內側皮質與各個子區域的作用就像是大聚發區一樣。在我的構想中，後內側皮質與其盟友所持有的資訊，只有在傳訊回群體中的其他大聚發區，讓這些大聚發區再傳訊到早期感覺皮質後，才會重新播放。早期感覺皮質是意像形成與播放的所在地，也就是大型畫作展示與木偶秀演出的場地。相較於其他與早期感覺皮質互連的大聚發區，後內側皮質具有特殊的等級。後內側皮質區域的位階較高，可以與其他大聚發區互動傳訊。

那麼，後內側皮質是如何協助產生意識的呢？是經由對自傳自我狀態的整合來貢獻出一份力心的。我設想的情況是這樣：與個人體驗有關的各種感官與動作活動，一開始會在適當的大腦皮質與皮質下區域中進行映射，而且相關數據會記錄在大小聚發區中。後內側皮質接續會形成較高階的大聚發區記錄，與其他大聚發區相互連結。這樣的安排可以讓後內側皮質中的神經活動去使用更多高度分散的數據組，而且同時仍保有一項優勢，那就是使用的指令來自一個相對較小的區域，因此在空間上更容易管理。後內側皮質有助於建立出短暫瞬間的連貫性知識。

如果後內側皮質的結構連結模式值得我們注意的話，那它們的解剖結構位置也值得注意。後內側皮質位於大腦中線，左右兩側的後內側皮質隔著大腦半球縱裂對望。這個位置便於對大多數皮質區域進行相關的聚集與發散連結，也很適合接收從視丘來的訊號並回傳。有趣的是，這個位置也能提供保護，免於外部衝擊，因為這裡有三條不同的主要血管供給，所以讓後內側皮質比較不會因為血管受損或外傷而造成根本性的傷害。

如同我過往所強調的，意識相關結構具有數個共同的解剖特徵。首先，無論是在皮質下層級或是在皮質層級，它們的年代往往比較古老。雖然意識出現在生物演化的晚期，但還算不上是最新的演化發展，所以這也不會讓人感到驚訝。其次，這類皮質與皮質下結構往往都位於中線或附近，就像後內側皮質一樣，這類結構也喜歡跨過大腦中線與它們的雙胞胎結構對望，視丘與下視丘神經核以及腦幹被蓋神經核都是這樣。演化年代與便於散布訊號的相關位置，在這裡是有密切相關的。

後內側皮質是以皮質大聚發區夥伴的身分運作的。但其他大聚發區的角色以及原我系統的意義是如此重要，以至於只要所有其他大聚發區與原我系統仍然完好如初，就算整個後內側皮質都受損，意識也只會受到影響而不會被完全破壞。意識還是會恢復，只是達不到巔峰狀態而已。至於我之後要提到的阿茲海默症末期就不一樣了，因為後內側皮質的損傷實際上成了這個漸近式破壞過程中的最後一根稻草，其他大聚發區與原我系統早已在病程中損壞了。

關於後內側皮質的其他想法

麻醉相關研究

在某些方面，一般性麻醉是研究意識神經生物學的極佳工具。它是醫學中最驚人的發展之一，也解救了數百萬人的生命，若是沒有麻醉，人們都無法進行手術。我們常常會將一般性麻醉視為止痛劑，因為它的功效可阻擋手術傷口的疼痛感，但實際上麻醉可能是以最激進的方式來止痛的：它也一併停止了意識，不只是關於疼痛的意識，還包括了有意識心智的所有面向。

淺層的麻醉只會輕微地降低意識，還餘留有空間給一些無意識的學習以及偶然「突破」的意識歷程。深層的麻醉會深深切斷意識歷程，這實際上就是一種由藥物學所控制產生的另類植物人狀態甚至是昏迷狀態。這正是外科醫師要好好動心臟或髖關節手術時所需要的。被手術者必須要完全遠離意識，進入到肌肉張力完完全全放鬆且完全無法動作的深層睡眠中。醫師所需的就是達到第三階段的麻醉，這時被手術者聽不到、感覺不到任何東西，也完全無法思考。當醫師跟他說話時，他不會有反應。

麻醉的歷史提供了醫師大量可運用的藥物，我們也一直努力尋找能以最小風險與毒性來產生最大效益的藥物分子。整體而言，麻醉經由增加對神經迴路的抑制來運作。強化大腦中主要的抑制性傳導物質 γ - 胺基丁酸（gamma-aminobutyric acid; GABA），就可以達到這個目的。乙醯膽鹼是神經元之間正常交流時會出現的重要分子，超極化神經元並阻斷乙醯膽鹼，就可以達到麻醉的效果。我們通常認為，麻醉劑是經由全面性抑制大腦功能、降低所有神經元活力來運作的。但近來的研究顯示，某些麻醉劑會選擇性地運作，只對特定大腦區域產生作用，其中一個例子就是異丙酚（propofol）。正如同功能性神經造影研究中所示，異丙酚原則上會在三個區域產生良好的作用，這三個區域為：後內側皮質、視丘與腦幹被蓋。雖然我們還不知道這幾個區域在產生意識上的相對重要性，但意識層級的降低確實與後內側皮質局部血流的減少有關。[5] 不過根據證據顯示，這可不只局限於異丙酚。進行全面性的文獻回顧後，我們發現似乎還有其他的麻醉劑也有類似效果。而異丙酚對位於腦中線附近的這三個建立意識的腦區域，也有不同的麻醉效果。

睡眠相關研究

　　睡眠在意識的研究中被設定為一種自然的狀態，而且睡眠的相關研究在了解意識這個問題的早期也有所貢獻。我們也已經確

---

5. Pierre Fiset, Tomás Paus, Thierry Daloze, Gilles Plourde, Pascal Meuret, Vincent Bohnomme, Nadine Hajj-Ali, Steven B. Backman, and Alan C. Evans, "Brain Mechanisms of Propofol-induced Loss of Consciousness in Humans: A Positron Emission Tomographic Study," *Journal of Neuroscience* 19 (2009), 5506-13; M. T. Alkire and J. Miller, "General Anesthesia and the Neural Correlates of Consciousness," *Progress in Brain Research* 150 (2005), 229-44. 異丙酚成功關閉意識的程度已經離完全終止生命不遠了，這也是為何監控此藥物效果時要非常小心。麥可‧傑克森的死因似乎就是過量的異丙酚，或也可能是不幸將異丙酚與其他活化腦部藥物混用所導致的結果。

定了大腦產生的不同電子活動模式（腦電波節律）與睡眠的不同階段有關。要確認哪種腦電波模式是源自哪個腦區是出了名的難事，而這也是神經造影技術派上用場的地方，因為這種技術能夠進行空間定位，完成這項大業。在過去十年來，因為運用了造影技術，所以我們才能更進一步地在不同的睡眠階段中觀察特定大腦區域。

舉例來說，意識在慢波睡眠（非快速動眼期〔N-REM〕）中會被強力抑制。這是一種既自然又恰當的沉睡，只有那種不自然又不恰當的鬧鐘聲才會將我們從這種沉睡中喚醒。這是一種「無夢睡眠」，不過只有剛入睡那時才完全不會做夢。功能性神經造影研究顯示，在慢波睡眠中，有數個大腦區域的活動會降低，特別是腦幹被蓋（橋腦與中腦部分的被蓋）、間腦（視丘與下視丘及基底前腦）、內外側前額葉皮質、前扣帶皮質、外側頂葉皮質與後內側皮質。在慢波睡眠中功能降低的模式不若一般麻醉那麼有選擇性，這也是為什麼兩種模式沒有理由一模一樣，不過睡眠模式確實不會對功能有全面性的抑制。與睡眠模式有關的腦區主要包含了與形成意識有關的三項關聯區域（腦幹、視丘與後內側皮質），結果也確實顯示出這三者都受到抑制。

意識在快速動眼期時也會受抑制，這是夢境最常發生的一個時期。但快速動眼期允許夢境進入意識中，這可能是經由學習或後續的回憶來進入，或也可能是經由所謂的矛盾意識來進入。在快速動眼期中活動明顯降低的大腦區域，就是背外側前額葉皮質以及外側頂葉皮質，可以想見的，後內側皮質的活動並沒有明顯降低。[6]

簡而言之，後內側皮質的活動程度在清醒時最高，在慢波睡眠時最低，在快速動眼期時則是中等。這是有幾分道理的。意識在慢波睡眠期幾乎是停止的；而在有夢的睡眠中，「自我」的確會發生一些事情。當然，夢中的自我不是正常的自我，但伴隨夢中自我一起出現的大腦狀態會徵召後內側皮質運作。

後內側皮質參與預設網絡

馬庫斯・賴希勒（Marcus Raichle）以一系列運用正子斷層造影以及磁共振的功能性造影研究，喚起了大家對某件事的注意，那就是當客體靜止不動，沒有參與任何需要注意力的任務時，大腦特定子區域仍會持續活動；而當注意力被導向特定任務時，這些區域的活動就會稍微降低，但不會低到如同麻醉那樣的程度。[7] 這些子區域包括了內側前額皮質、位於顳葉頂葉交界的前內側顳葉皮質，以及後內側皮質，也就是我們現在知道具有廣泛互連的所有區域。大多數會聚焦在後內側皮質的注意力，實際上都是來自這個群體中的成員。

賴希勒認為，這個網絡的活動代表著「預設模式」的運作，這個模式會因需要外在注意力的任務而中斷。我們與其他人都發

6. Pierre Maquet, Christian Degueldre, Guy Delfiore, Joël Aerts, Jean-Marie Péters, André Luxen, and Georges Franck, "Functional Neuroanatomy of Human Slow Wave Sleep," *Journal of Neuroscience* 17 (1997), 2807-12; P. Maquet et al., "Human Cognition During REM Sleep and the Activity Profile Within Frontal and Parietal Cortices: A Reappraisal of Functional Neuroimaging Data," *Progress in Brain Research* 150 (2005), 219-27; M. Massimini et al., "Breakdown of Cortical Effective Connectivity During Sleep," *Science* 309 (2005), 2228-32.
7. D. A. Gusnard and M. E. Raichle, "Searching for a Baseline: Functional Imaging and the Resting Human Brain," *Nature Reviews Neuroscience* 2 (2001), 685-94.

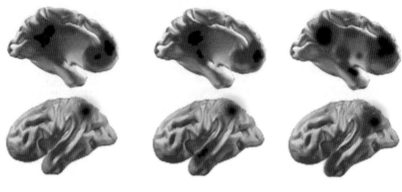

| 回憶自傳記憶 | 預期未來活動 | 做出道德判斷 |

圖 9.5：在進行與自我有關的任務時，可從各種功能性造影中看出後內側皮質與其他大聚發區出現明顯活動。這類任務包括了回憶自傳記憶、預測未來活動與做出道德判斷。

現到，在需要內部注意力的自我導向任務中，例如回取自傳資訊以及處在特定情緒狀態中，後內側皮質的活動降低程度不太明顯或根本看不出來。事實上，在這類任務中，活動還有可能會增加[8]，例如：對自傳記憶的回想、對未來可能計畫的回想、完成數種心智理論任務，以及一大堆在道德框架中對人物或情境進行判斷的任務。[9] 在所有這些任務中，往往都會有一個較為顯著的活動區域（雖然差異不大）：就是位於前額葉前方的另一個中間地帶。就神經解剖學而言，我們知道這個地帶也是一個大聚發區。

賴希勒特別強調預設模式運作的內在面向，而且相對於由外在刺激所驅使的活動，他顯然將此與高耗能的內在大腦活動連結

8. Antonio R. Damasio, Thomas J. Grabowski, Antoine Bechara, Hanna Damasio, Laura L. B. Ponto, Josef Parvizi, and Richard D. Hichwa, "Subcortical and Cortical Brain Activity During the Feeling of Self-generated Emotions," *Nature Neuroscience* 3 (2000), 1049-56.

在一起，所以後內側皮質很有可能是整個大腦皮質中新陳代謝率最高的區域。[10] 這與我提到後內側皮質在意識中所扮演的角色是可以相容的，一個重要的整合協調者會一直維持活化，試圖將高度分散的背景活動維持在一個連貫的模式中。要如何把預設模式的交互運作融入一個區域（如後內側皮質）會效力於意識的這種想法中呢？預設模式的交互運作可以反應出，在有意識心智中的自我所交替舞動出的背景與前景之舞。當我們需要將注意力放在外界刺激上時，我們的意識心智就會將關注的客體帶到前景中，並讓自我退回到背景中。當我們無需注意外界時，我們的自我就會往舞台中間靠近，甚至我們自己成了被關注的客體時還會更向前移動，無論我們自己是在獨處的情況下還是處於社會環境之中。

神經學相關研究

　　會造成意識受損的神經病症幸好不多，這裡條列如下：昏迷與植物人狀態、特定癲癇狀態，以及可能是由某類中風、腫瘤與阿茲海默症末期所造成的不動不語症。在迷昏與植物人狀態中

9. R. L. Buckner and Daniel C. Carroll, "Self-projection and the Brain," *Trends in Cognitive Sciences* 11, no. 2 (2006), 49-57; R. L. Buckner, J. R. Andrews-Hanna, and D. L. Schacter, "The Brain's Default Network: Anatomy, Function, and Relevance to Disease," *Annals of the New York Academy of Sciences* 1124 (2008), 1-38; M. H. Immordino-Yang, A. McColl, H. Damasio, et al., "Neural Correlates of Admiration and Compassion," *Proceedings of the National Academy of Sciences* 106 , no. 19 (2009), 8021-26; R. L. Buckner et al., "Cortical Hubs Revealed by Intrinsic Functional Connectivity: Mapping, Assessment of Stability, and Relation to Alzheimer's Disease," *Journal of Neuroscience* 29 (2009), 1860-73.

10. M. E. Raichle and M. A. Mintun, "Brain Work and Brain Imaging," *Annual Reviews of Neuroscience* 29 (2006), 449-76; M. D. Fox et al., "The Human Brain is Intrinsically Organized into Dynamic, Anticorrelated Functional Networks," *Proceedings of the National Academy of Sciences* 102 (2005), 9673-78.

的意識受損是很徹底的，就像一把大鎚故意用力打在某個腦區上那樣。

阿茲海默症則是種獨特的人類病症，也是現代最嚴重的健康問題之一。不過隨著我們相當積極地去嘗試了解阿茲海默症，這個病症也成了有關心智、行為與大腦寶貴資訊的來源。阿茲海默症對於了解意識的貢獻，直到今日才變得明顯。

我從一九七〇年代開始，就有了追蹤許多此類患者的機會，也獲准能在患者過世後研究他們的大腦組織。在那些年裡，我們研究計畫當中都會有一部分與阿茲海默症有關。而我的同事也是我親近的合作夥伴蓋里・凡霍森，正是阿茲海默症腦部神經解剖學的頂尖行家。我們當時的主要目標就是要去了解阿茲海默症大腦的迴路出現了什麼樣的改變，才會導致這種病症特有的記憶混亂。

多數罹患典型阿茲海默症的患者，無論是在患病前期或是中期，都沒有意識混亂的問題。罹患阿茲海默症的頭幾年，患者極具指標性的症狀就是在學習新的實際資訊與回憶過去學習的實際資訊上漸漸出現了問題。在下判斷與空間定位上出現困難也是常見的情況。剛患病時這些症狀可能還很輕微，患者還可以保持社交禮儀，表面上也能夠維持一陣子的生活常態。

一九八〇年代早期，布拉德・海曼（Brad Hyman）加入我們研究小組，我們一同推斷出造成事實記憶（factual memory）障礙的合理原因：內嗅皮質與前顳葉皮質鄰近區域的廣泛神經病變。[11] 海馬迴可以鎖住大腦其他地方的新事實記憶，然而前述那些病變會讓海馬迴與內嗅／前顳葉皮質嚴重斷開連結。結果就是，再也不能學習到新的事實了。除此之外，隨著病情的發展，前額葉皮質本身會受損到無法取得過去學習到的特定事實資訊。事實上，自傳記憶的基石至此已受到侵蝕，最終還會像單純疱疹病毒性腦炎患者那樣出現額葉嚴重受損，導致自傳記憶完全被抹除。單純疱疹病毒性腦炎是種病毒感染，也會對前額葉區域造成特定的影響。至於阿茲海默症所展現的細胞變異，則讓人難以想像。內嗅皮質第二及四層的多數神經元都變成了一座座的墳墓，這些神經元在病變後糾結形成一個個的神經纖維團，一座座的墳墓就是最貼切的形容了。這種選擇性的損傷嚴重切斷了海馬迴的輸入迴路（以第二層為中繼站），也嚴重地切斷了海馬迴的輸出迴路（以第四層為中繼站），造成所有迴路徹底中斷。難怪阿茲海默症患者的事實記憶會被摧殘了。

然而，隨著病情的發展，除了其他選擇性的心智混亂之外，意識的整合也開始受到影響，可以預見問題最初只會局限在自傳意識上。因為個人過去事件的記憶無法適當恢復，所以當下事件與過去經驗之間的連線已經失效。雖然不是全部，但這個混亂中有一部分很有可能仍是因為內側額葉皮質的功能障礙所造成。

隨著阿茲海默症病程強大的發展氣勢，遭到破壞的不僅僅是自傳歷程。在阿茲海默症末期，那些受到良好醫療照顧並活得最長久的患者差不多會漸漸進入植物人狀態。患者與外界的連結會降至類似不動不語症患者的情況，他們與周遭實物及人們的互動

---

11. B. T. Hyman, G W. Van Hoesen, and A. R. Damasio, "Cell-specific Pathology Isolates the Hippocampal Formation," *Science* 225 (1984), 1168-70; G. W. Van Hoesen, B. T. Hyman, and A. R. Damasio, "Cellular Disconnection Within the Hippocampal Formation as a Cause of Amnesia in Alzheimer's," *Neurology* 34, no. 3 (1984), 188-89; G. W. Van Hoesen and A. Damasio, "Neural Correlates of Cognitive Impairment in Alzheimer's Disease," in *Handbook of Physiology, Higher Functions of the Brain*, ed. V. Mountcastle and F. Plum (Bethesda, Md.: American Physiological Society, 1987).

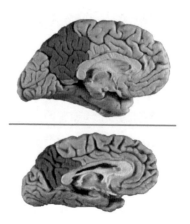

圖 9.6：上方圖顯示的是正常老人的左大腦半球內側面。深色的部分是後內側皮質。下方圖顯示的是同年紀阿茲海默症末期患者的同區域剖面圖。深色的後內側皮質出現嚴重萎縮。

會開始越來越少，也越來越無法及時反應。他們沒有任何情緒，行為也明顯呈現出心不在焉、倦怠、空洞、注意力不集中及沉默不語的樣子。

　　造成阿茲海默症病情出現最後轉變的是什麼呢？這不可能有確定的答案，因為在多年的發病期間，患者大腦中會出現好幾個病灶，而且病灶不只局限於糾結的神經纖維團。但在某種程度上，損傷還是有選擇性的。形成意像的大腦區域，也就是早期視覺與聽覺皮質，並未受到阿茲海默症的影響，而與運動相關的皮質區域、基底神經節與小腦也是如此。另一方面，某些與生命調節有關的區域，也就是原我所仰賴的區域會逐步受到損傷。這些區域不只包括腦島皮質，還包括了臂旁核，我們研究小組也能夠確認這一點。[12] 最後，其他擁有眾多大聚發區的大腦區域也會出現嚴重受損，後內側皮質是其中最明顯的一個。

我之所以特別注意這些情況是因為，在這個疾病早期，後內側皮質出現得多是神經炎斑塊（neuritic plaques），但疾病末期的病徵主要是神經纖維團的堆積，也就是我早先提到的那種原先健康的神經元後來變成的墳墓。神經纖維團大規模地出現在後內側皮質，這就表示此區的運作受到嚴重影響。[13]

我們在過去就相當清楚後內側皮質的重要病理變化，但在那時我們只稱此區域為「後扣帶皮質與周遭區域」。然而對於此區受損的阿茲海默症末期患者進行反覆臨床觀察所發現到的意識受損情況，還有這個區域的獨特解剖位置，不禁讓我懷疑是否嚴重受損的後內側皮質才是主因。[14]

---

12. J. Parvizi, G. W. Van Hoesen, and A. R. Damasio, "Selective Pathological Changes of the Periaqueductal Gray in Alzheimer's Disease," *Annals of Neurology* 48 (2000), 344-53; J. Parvizi, G. W. Van Hoesen, and A. Damasio, "The Selective Vulnerability of Brainstem Nuclei to Alzheimer's Disease," *Annals of Neurology* 49 (2001), 53-66.

13. R. L. Buckner et al., "Molecular, Sturctural, and Functional Characterization of Alzheimer's Disease: Evidence for a Relationship Betzeen Default Activity, Amyloid, and Memory," *Journal of Neuroscience* 25 (2005), 7709-17; S. Minoshima et al., "Metabolic Reduction in the Posterior Cingulate Cortex in Very Early Alzheimer's Disease," *Annals of Neurology* 42 (1997), 85-92.

14. 有趣的是，阿茲海默症與後內側皮質有關的這件事實，是早在一九七六年就已經證實但被忽視的古早發現。請參考：A. Brun and L. Gustafson, "Distribution of Cerebral Degeneration in Alzheimer's Disease," *European Archives of Psychiatry and Clinical Neuroscience* 223 , no. 1 (1976)。布倫（Brun）與古斯塔夫森（Gustafson）呼籲大家注意完整無損的前扣帶皮質與後扣帶皮質的明顯對比。在阿茲海默症中，前扣帶皮質通常都沒有受損，但後扣帶皮質則會出現眾多病症。他們那時還不知道，後內側皮質的神經纖維糾結在病程中會出現得比前顳葉損傷來得晚，那時也沒有我們今日所知有關後內側皮質內部結構與特殊連線分布的知識。請參考：A. Brun and E. Englund, "Regional Pattern of Degeneration in Alzheimer's Disease: Neuronal Loss and Histopathological Grading," *Histopathology* 5 (1981), 549-64; A. Brun and L. Gustafson, "Limbic Involvement in Presenile Dementia,"*Archiv für Psychiatrie und Nervenkrankheiten* 226 (1978), 79-93。

為何後內側皮質成了阿茲海默症病理學研究的目標？理由很可能跟多年前我與同事用來解釋阿茲海默症病變常出現在內側顳葉區域的情況一樣。[15] 正常人的內嗅皮質與海馬迴從來就不會停止運作。它們日以繼夜地經由啟動與鞏固記憶的記錄來協助處理事實記憶。因此，重大磨損所產生的相關局部細胞毒性，會對該區寶貴的神經元造成傷害。有鑑於在各種自我相關的過程中，後內側皮質也幾乎都是不間斷地持續運作，所以差不多同樣的情況也適用於後內側皮質上。[16]

　　總而言之，阿茲海默症末期意識明顯受損的患者，在正常意識整合所需的兩個大腦區域，也就是後內側皮質與腦幹背蓋，會出現不成比例的神經傷害以及功能障礙。由於阿茲海默症患者還有其他區域會出現功能障礙，所以我們對於這些情況應該要小心解析。千萬別笨到不去考慮這些證據。

　　那麼對於阿茲海默症末期的患者而言，這種對於大腦健康的另一波打擊帶給他們的又是什麼樣的感受呢？我從過去到今天的觀點都是，儘管新一波的打擊讓患者的親朋好友感到痛苦，但患者卻可能因禍得福。末期患者會有某種程度的意識不清，所以就不會知道疾病對他們的摧殘。他們還是保有原來的模樣，值得我們付出關愛與他們一同奮戰到最後。雖然在一旁照護患者的人會感到痛苦，但患者在某種程度上也有幸擺脫了這種痛苦。

---

15. G. W. Van Hoesen, B. T. Hyman, and A. R. Damasio, "Entorhinal Cortex Pathology in Alzheimer's Disease," *Hippocampus* 1 (1991), 1-8.
16. 蘭迪‧巴克納（Randy Buckner）與同事建立了「代謝假設」來描述這種可能性。而巴克納的研究小組也展示了令人信服的功能性神經造影證據，證實了隨著阿茲海默症的進程，後內側皮質的葡萄糖代謝會明顯降低。

昏迷、植物人與閉鎖症候群的對比

昏迷的患者大多對外界沒有回應，他們處於那種甚至連呼吸模式聽起來都不正常的深層睡眠中。他們不會做出有意義的手勢或是發出有意義的聲音，更不用說使用語言了。我在第八章所列出的意識關鍵成分，沒有一項出現在他們身上。患者肯定不是清醒的，而且根據行為觀察，也可以合理假設他們的心智與自我也喪失了。

昏迷的患者常是腦幹受損，而且有時連下視丘也受損了。最常見的病因是中風。我們知道受損的位置必定是在腦幹被蓋，更精準的說，是在被蓋上層。腦幹被蓋上層有著與生命調節有關的神經核，但不是那些在維持呼吸與心臟功能上不可或缺的神經核。換句話說，若是連被蓋下層也受損的話，那結果就非昏迷而是死亡了。

若受損的是腦幹前方，結果也不會是昏迷，而是**閉鎖症候群**（locked-in syndrome），這是種可怕的情況，患者的意識完全正常但全身幾乎是癱瘓的。患者只能經由眨眼來溝通，有時只眨一隻眼睛，有時則將一隻眼睛向上移動。他們完全可以**看到**任何放在他們眼前的東西，也能閱讀。他們擁有完整的聽力，也能察覺環境中的細節。他們幾乎像是被完全監禁，只有模糊的背景情緒反應會以某種方式，將這可怕的處境轉換成痛苦但又勉強可以忍受的情況。

有些聰明且觀察力敏銳的患者，在專家的協助下努力完成了一些口述報告，我們就是從這些口述報告中得知這些患者的獨特經驗的。不過這些報告並非真是經由口述，而是經由一個字母一個字母地「眨眼」確認完成的。我曾經以為盧‧賈里格症（Lou Gehrig's disease），也就是肌肉萎縮性脊髓側索硬化症（amyotrophic lateral sclerosis），是最殘酷的神經疾病。這是一種退化性的腦部病症，有意識的病患會逐漸失去移動與說話的能力，最終還會失去吞嚥的能力。但當我第一次看到閉鎖症候群患者時，我意識到這種病症還更糟糕。有兩本閉鎖症候群患者所著的好書，雖然輕薄短小，但內容非常富有人性。其中一本為尚多明尼克·鮑比（Jean-Dominique Bauby）所著，書中內容後來拍成了一部還原度極高的電影《潛水鐘與蝴蝶》，這部電影由畫家朱利安·許納貝（Julian Schnabel）所執導，讓非專業人士對此病症能有適度的了解。[17]

昏迷常常會轉變成病況比較輕微的植物人狀態。患者依然沒有意識，但就如先前所提，這個情況與昏迷有兩點不同。首先，患者具有睡眠與清醒狀態的交替，而且無論處於清醒或是睡眠狀態，都會出現該狀態應有的腦波模式。患者處於清醒時眼睛會打開。其次，患者能夠做出一些動作，也可能會以動作來給予回應。但是他們無法以語言來回應，而且他們所做出的動作也沒有明確性。植物人的狀態可能會出現轉變，有的患者可以恢復意識，有的患者則是維持原樣，這種情況就稱為永久植物人。造成昏迷的典型病理傷害來自於腦幹被蓋與下視丘的損傷，除此之外，視丘或甚至是大腦皮質或是其下白質的廣泛性損傷也會造成植物人。

導致昏迷與植物人狀態的大腦損傷位置不是後內側皮質而是其他區域，在這種情況下，昏迷與植物人狀態與後內側皮質功能

---

17. J. D. Bauby, *Le Scaphandre et le papillon* (Paris: Editions Robert Laffont, 1997).

之間的關係又是如何呢？這個問題就要倚重功能性造影研究來解決了。從探討患者大腦如何產生與限制這些功能變化的功能性造影研究中得知，腦幹、視丘與後內側皮質的功能出現大幅降低，所以這些常見的嫌疑區域確實現身了，不過後內側皮質的局部代謝率下降得特別明顯。[18]

但我們還要提到另一項相關的發現。昏迷患者通常最後若不是死亡，就是病況稍微改善變成永久植物人。不過有些患者比較幸運。他們能從意識嚴重受損的狀態中逐漸甦醒，在這個過程中，大腦新陳代謝改變最為明顯的區域就是後內側皮質了。[19] 這表示了此區的活動程度與意識的程度非常相關。由於後內側皮質出現了高度的新陳代謝，所以我們忍不住就會這樣想，這個發現應該不是大腦活動全面改善的結果。後內側皮質之所以會先改善，就是因為出現了高度的新陳代謝，但這無法解釋意識為何會同時恢復。

對意識病理學的結論

意識的病理學提供了描繪意識神經解剖學的重要指引，也提供了建構核心自我與自傳自我可能機制的面向。在人類病理學與早先所提假設之間建立一條清楚的連結，或許有助於我們下結論。

---

18. S. Laureys et al., "Differences in Brain Metabolism Between Patients in Coma, Vegetative State, Minimally Conscious State and Locked-in Syndrome," *European Journal of Neurology* 10 (suppl 1.)(2003), 224-25; and S. Laureys, "The Neural Correlate of (Un)awareness: Lessons from the Vegetative State," *Trends in Cognitive Sciences* 9 (2005), 556-69.

19. S. Laureys, M. Boly, and P. Maquet, "Tracking the Recovery of Consciousness from Coma," *Journal of Clinical Investigation* 116 (2006), 1823-25.

姑且不論從睡眠自然產生或是醫療麻醉所引發的那些意識改變，造成意識混亂的大多數原因就是各種重度的大腦功能障礙。在某些例子中，致病機制是化學性的，原因是因為藥物使用過量，這些藥物各式各樣，包括了用來治療糖尿病的胰島素，還有糖尿病患者治療前的過高血糖濃度也是。這些化學分子的作用同時具有特殊性與普遍性。不過，及時給予充分治療，還是可以逆轉病況。另一方面，由腦部外傷、中風或特定退化性疾病所造成的結構性傷害，常會造成無法完全恢復的意識受損。不只如此，在某些情況下，大腦損傷還會造成癲癇，在癲癇發作的過程中或發作後，患者的意識狀態都會出現明顯改變。

在因腦幹損傷所造成的昏迷與植物人案例中，患者的核心自我與自傳自我都會受到影響。原我主要結構本身不是被摧毀就是嚴重受損，而且無論是原始感受或是「對發生之事的感受」都不會產生。完整的視丘與大腦皮質都無法有效彌補核心自我系統的崩壞。這類情況證實了核心自我系統的優先順序，也證實了自傳自我系統完全依賴核心自我系統。這一點很重要，因為反過來就不對了。就算核心自我完整無損，自傳自我仍有可能受損。

在昏迷或是永久植物人的病例中，若主要損傷的不是腦幹而是皮質、視丘或是這些結構到腦幹的連結時，可能會使核心自我出現障礙，但不會將核心自我完全摧毀。這也解釋了為何某些病例的意識會變得「極其微小」，並且恢復的是一些無意識的心智相關活動。不動不語症以及癲癇發作後自動症（post-seizure epileptic automatism）的病例會有可逆的核心自我系統損傷，因此也會對自傳自我系統產生影響。患者雖然出現了自動症，但還是有一些正常的行為，所以他們的心智歷程並沒有完全喪失。

當自傳自我本身出現混亂，但核心自我系統卻完好時，就是記憶出現了某些方面的障礙，也就是後天失憶症。失憶症最主要的成因就是我們前不久所討論到的阿茲海默症，其他成因則包括了病毒性腦炎與心臟停止時可能發生的急性缺氧（大腦缺氧）。在失憶症的病例中，患者對於與個人過去及未來計畫相關的獨特記憶，會有相當程度的喪失。患者的海馬迴與內嗅皮質區域明顯受損，這些區域形成新記憶的能力會受到影響。患者自傳自我的範圍會逐漸變小，因為他們生命中的新事件無法被適當記錄下來，整合進他們的自傳當中。若患者的受損區域不只海馬迴與內嗅皮質，還有內嗅皮質周遭與其後區域（顳葉前側）的話，情況還會更加糟糕。這類患者明顯具有完整意識（他們的核心自我完好如初），以至於他們甚至可以意識到自己無法回想。無論是他們可以想起本身自傳的程度以及他們所有的相關社會資訊，或多或少都被削減了。能夠用來組成自傳自我的材料變得極少，因為無法從過去的記錄中取得這些材料，或是所取得的材料無法適當協調與傳送到原我系統中，或也可能前述兩個情況同時發生。我們就以一個極端的病例 B 為例來說明，病例 B 的自傳回憶大都受限在童年時期，而且差不多都是語意記憶。他知道自己結婚了，也知道自己有兩個兒子，但他幾乎完全不知道家人的具體情況，無論是看到照片或是見到真人，他都認不出自己的家人。他的自傳自我嚴重受損。不過另外還有一位著名的失憶症患者克萊夫‧韋爾林（Clive Wearing）則保有大量的自傳記憶。他不但擁有正常的核心自我，還擁有健全的自傳自我。他太太黛博拉‧韋爾林（Deborah Wearing）寫給我的信中有一段內容可以解釋我為何會這麼想。內容如下：

他可以大致描述出他小時候房間的模樣，他知道自己小時候參加過埃里丁頓教區的合唱團，他說自己記得在戰爭期間躲在伯明罕的防空洞中並聽到炸彈的聲響，他記得一些關於他小時候以及父母手足的事情。他可大概描繪出他成年後的經歷，像是他是劍橋大學的合唱學者、他在哪裡工作、待過倫敦交響樂團、待過BBC音樂部門、他的職業是指揮家、音樂學家與音樂製作人、早期也曾是歌手。不過克萊夫後來告訴我說，雖然他模模糊糊地記得大概，但他「記不起所有的細節」。

比起令他覺得非常害怕與憤怒的最初十年，克萊夫近幾年已經比較可以進行實際且重要的對談。他對時間的流逝還是有些概念的，因為他在提到自己的叔叔與父母時會使用過去式。（他的叔叔在二○○三年過世，這讓他非常難過，因為他們很親近。在我告訴他這個過世消息後，我記得他在提到傑夫叔叔時就從來沒有使用過現在式了。）還有，請他猜猜自己病了幾年，他會猜至少有二十年（實際是二十五年），他一直都有大致的概念。這裡再次證明，雖然他沒有知曉的感覺，但若是請他猜猜看，他通常猜得都滿準的。

另外一種對自傳自我有選擇性影響的疾病是病覺缺失症（anosognosia）。這種疾病通常起因於中風所造成的右大腦半球受損（包括體感皮質與運動皮質在內），患者的左邊肢體會出現明顯的癱瘓，特別是手臂。他們還會反覆「忘記」自己已經癱瘓。無論旁人告訴他們多少次他們的左臂已經無法移動，只要你詢問他們，他們還是會誠摯的表示手臂可以移動。他們無法將癱瘓的相關資訊與當下的生活經驗進行整合。舉例來說，即使他們確實知道自己中風並入院了，但他們的自傳並沒有更新這些資訊。這種對於明顯現實情況實實在在的遺忘，就是為何他們對自己健康情況顯然漠不關心的原因，也因此缺乏動力去進行自己所需的復健。

我還要補充一下，當患者的**左**大腦半球遭到同等的傷害時，**不會**出現病覺缺失症。換句話說，我們更新自傳中與身體肌肉骨骼系統方面有關的機制時，所需要的是位於**右大腦半球**的整個體感皮質。

若在同樣這個系統裡發生了癲癇，則會造成一種古怪但幸好很短暫的情況：自體部位失認症（asomatognosia）。患者仍保有自我的感覺，也有內臟知覺，但突然之間卻短暫地失去身體肌肉骨骼系統的知覺。

我對於意識病理學的最後一個想法是，近來有人認為腦島皮質可能是清楚了解到感受狀態的基礎，再更進一步延伸，這就表示腦島皮質可能也是清楚了解意識的基礎。[20] 這樣一個假設就會讓我們認為，若是腦島皮質雙邊受損，就會造成意識嚴重混亂。但我們從直接的觀察中可以得知這不是真的，而且雙邊腦島受損患者還是能夠擁有正常的核心自我以及完整活躍的有意識心智。

---

20. A. D. Craig, "How Do You Feel──Now? The Anterior Insula and Human Awareness," *Nature Reviews Neuroscience* 10 (2009), 59-70.

第十章
整合

總結

　　我們在前三章中探討了關於大腦與意識的事實與假設，現在是時候將這些看似迴然不同的事實與假設整合在一起了。我打算先來探討讀者心中可能會出現的數個疑問。

　　一、就算意識並沒有一個中心的大腦區域，但意識的心智狀態是否主要會出現在某些大腦區域而非其他區域呢？我的回答確實是這樣沒錯。我認為我們所取得的意識內容，大多是在早期皮質與上腦幹這些意像空間中所整合組裝而成的，前述空間就是大腦進行整合的「表演空間」。不過，意像空間中所發生的一切，一直都是由其與傾向空間的互動所策劃運作的。傾向空間會自發性地按照當下知覺與過去記憶的功能來組織意像。在任何特定時間，有意識的大腦都是以單一整體來運作的，但運作方式還是有**解剖結構上的差異**。

　　二、提到人類意識，就會讓人想到高度發展的大腦皮質，但我卻花了許多篇幅描述人類意識與卑微腦幹之間的關係。我是要忽略普遍認知並將腦幹視為意識歷程的主導部位嗎？不完全是這樣的。人類意識同時需要大腦皮質與腦幹。大腦皮質無法單槍匹馬地產生意識的。

　　三、我們逐漸了解神經迴路是如何運作的。心智狀態與神經元的活化率有關，心智狀態也經由電振盪而與神經迴路的同步現象連結在一起。我們也了解到，與其他物種相比，人類大腦擁有較多且更高度分工的腦部區域，特別是大腦皮質。人類（與猿猴、鯨魚及大象）的大腦皮質含有某些名為馮‧艾克諾默神經元（Von Economo neurons）的罕見大型神經元，而且比起靈長類的其他皮質區域或其他物種的皮質區域，靈長類前額皮質中的某些神經元具有特別豐富的樹突。這些新發現的特性足以解釋人類之所以具有意識的這件事嗎？答案當然不是。這些特性有助於解釋人類心智的豐富性，有助於解釋當心智因為各種自我歷程而具有意識時我們所獲取的廣闊全景。但這些特性本身無法解釋自我與主觀性是如何產生的，即使某些特性在自我機制中扮演著重要角色。

四、談到意識時，常會忽略感受。在沒有感受的情況下，意識是否會存在？當然不會。人類在內省時的體驗一直都會涉及感受。當然，我們可以質疑內省的價值，但是針對這個問題，我們想要解釋的是意識狀態為何會以這樣的方式呈現在我們面前，即使這個呈現方式具有誤導性。

五、我會假設，感受狀態的產生大多是由於腦幹神經系統的特殊設計以及相對於身體的位置所造成的結果。對此抱持懷疑態度的人可能會認為，我沒有回答到一個問題，那就是感受為何感覺起來就是它們該有的樣子，更不用說所有感受為何感覺起來都會有各自的樣子。對此，我同意，也不同意。我對於感受的產生確實沒有提供一個全面性的解釋，但我正要提出一個具體的假設，這個假設的方方面面都可以進行檢試。

不管是本書中所探討想法，還是幾位同領域同事所提出的想法，都無法解決大腦與意識的奧秘。不過目前的研究中包含了數個具有價值的假設，現在就只能靠時間來證明這些研究是否能兌現它們的價值了。

意識的神經學

我認為意識的神經學就是圍繞在產生清醒、心智與自我這個三要素的大腦結構上。原則上這涉及了三個主要的解剖結構分區：腦幹、視丘與大腦皮質，但我們要小心，因為三個解剖結構分區與三要素之間，沒有直接明確的對應關係。這三個解剖結構分區對於清醒、心智與自我的某些面向具有貢獻。

腦幹

腦幹神經核為各個分區所需的多重任務提供了良好例證。無可否定地，腦幹神經核對於清醒是有所貢獻的，它與下視丘有夥伴關係，但它們也負責建構原我及產生原始感受。因此，核心自我的主要面向是根植在腦幹之中，而且一旦建立起有意識的心智，腦幹就會協助控管注意力。腦幹在進行所有這些任務時，都會與視丘及大腦皮質一起合作。

為了更加了解腦幹是如何對有意識心智做出貢獻的，我們需要更為密切關注涉及這些運作的部位。對於腦幹神經解剖結構的分析，揭露出數個神經核團區域。位於腦幹縱軸底部，也就是主要在延腦的神經核團區域中，有著被認為與基礎臟器調節（特別是呼吸與心臟功能）有關的神經核團。這些神經核若出現實質性的損壞，就意味著死亡。我們發現，若是受損的部位是從底部往上一點，也就是在橋腦與中腦這個區域的神經核，會造成的不是死亡而是昏迷及植物人狀態。這個位置大概就是從橋腦中段垂直向上至中腦上部的這個區域。這個區域位於腦幹後方而非前方，也就是位在將腦幹分成前後兩部分的那條縱線之後。腦幹還有兩個部分：被蓋與下視丘。被蓋是由我們在第三章中提過的上丘及下丘所組成，它在結構上提供腦幹上部及背部一個遮蓋。上丘及下丘除了在知覺相關動作上佔有一席之地外，也在意像的協調與整合上扮演著重要角色。下視丘緊鄰腦幹上方，但由於它深度涉入生命調節，而且與腦幹神經核團有錯綜複雜的互動，因此可以合理將它納為腦幹的家族成員。我們在第八章中探討清醒的議題時，已經提過下視丘的作用，請參考圖 8.3。

佛瑞德‧普魯姆（Fred Plum）與傑羅姆‧波斯納（Jerome Posner）這兩位傑出的神經學家從一項經典觀察中得出了一個看法：並非腦幹的所有部位都對意識很重要。他們相信只有在橋腦中段以上的部位受損，才會造成昏迷與植物人狀態。[1] 我根據這個想法，提出一個符合這個結構設定的特別假設：當我們從腦幹在神經系統中所在位置的角度來思考時，我們會發現只有在橋腦中段以上的部位才能完整收集到**全身的資訊**。在腦幹下部或脊髓的神經系統，只能運用**部分**的身體資訊。這是因為橋腦中段是三叉神經進入腦幹的位置，三叉神經帶入了身體頂端的資訊，包括：臉部與臉後方的一切、頭皮、頭骨與腦膜。只有在這個位置之上的腦部，可以擁有創造全身完整映射圖需要的所有資訊，並在這類映射圖中去產生具有不變性的相關內部表徵，以協助定義原我。在橋腦中段之下的腦部，無法收集到能夠隨時創造出全身

---

1. Jerome B. Posner, Clifford B. Saper, Nicholas D. Schiff, and Fred Plum, *Plum and Posner's Diagnosis of Stupor and Coma* (New York: Oxford University Press, 2007).

表徵的所有訊號。

喬瑟夫・帕爾維齊（Josef Parvizi）與我在一項研究中測試這個假設，這項研究以昏迷患者為對象，使用磁共振來研究患者的腦損傷位置。研究結果顯示，昏迷只與位置高於三叉神經入口的損傷有關。這項研究完全支持普魯姆與波斯納早期的觀察發現，當年腦部造影技術還未問世，普魯姆與波斯納的研究都是直接對大體進行觀察的。[2]

在意識研究的早期歷史中，此區損傷與昏迷及植物人狀態之間的相關性就是，此區損傷所造成的功能障礙會破壞清醒狀態與警覺性。大腦皮質不再充滿活力，也不再積極活躍。心智喪失了清醒這一部分，也就不再具有意識了。如同單一整體般向上投射至視丘與大腦皮質的神經元群，在局部互動網絡中所具有的關聯性，讓這個簡單的想法更為合理了。甚至這個投射系統的名字「上行網狀活化系統」（the ascending reticular activating system；ARAS）也成功捕捉到其中的概念。[3] 這裡要請讀者再度參考**圖 8.3**，圖中所提到的「其他腦幹神經核」就包括了上行網狀活化系統。

---

2. J. Parvizi and A. R. Damasio, "Neuroanatomical Correlates of Brainstem Coma," *Brain* 126 (2003), 1524-36.

3. G. Moruzzi and H. W. Magoun, "Brain Stem Reticular Formation and Activation of the EEG," *Electroencephalography and Clinical Neurophysiology* 1 (1949), 455-73; J. Olszewski, "Cytoarchitecture of the Human Reticular Formation," in *Brain Mechanisms and Consciousness* , ed. J. F. Delafresnaye et al. (Springfield, Ill.: Charles C. Thomas, 1954); A. Brodal, *The Reticular Formation of the Brain Stem: Anatomical Aspects and Functional Correlations* (Edinburgh: William Ramsay Henderson Trust, 1959); A. N. Butler and W. Hodos, "The Reticular Formation," in *Comparative Vertebrate neuroanatomy: Evolution and Adaptation*, ed. Ann B. Butler and William Hodos (New York: Wiley-Liss, 1996); and W. Blessing, "Inadequate Frameworks for Understanding Bodily Homeostasis," *Trends in Neurosciences* 20 (1997), 235-39.

我們已經完全證實了這類系統是存在的，也知道這個系統投射的目標是視丘的板內側核，而板內側核接續又會投射到包括後內側皮質在內的大腦皮質部位。但這可不是故事的全貌。楔狀核及腦橋核是上行網狀活化系統源起的典型神經核，與它們並行的還有許多的其他神經核，包括了涉及控管內部身體狀態的神經核：藍斑核（locus coeruleus）、腹側被蓋核（ventral tegmental nuclei）以及縫核（the raphe nuclei）。上述神經核分別負責在特定大腦皮質部位與基底前腦釋放正腎上腺素、多巴胺與血清素。來自這些神經核的投射會經過視丘。

與控管身體狀態有關的神經核中，我們發現孤立徑核及臂旁核與初始身體感受（原始感受）的產生具有相關性，而孤立徑核與臂旁核的重要性已在第三、四與五章中探討過了。上腦幹還包括了中腦導水管周圍灰質，此處活化所產生的行為與化學反應是生命調節所不可或缺的，而此作用的其中一部分就是產生情緒。中腦導水管周圍灰質神經核與臂旁核、孤立徑核及深層上丘緊密連結在一起，而深層上丘可能在建構核心自我上具有協調的作用。這些複雜的解剖構造告訴我們，雖然典型神經核與上行活化系統無疑地與清醒及睡眠周期有關，但其餘的腦幹神經核也參與了其他同等重要的意識相關功能，包括了：提供生物價值的標準、以整合原我與產生原始狀態的基礎來重現生物體內部表徵、建構核心自我的關鍵第一階段（這會影響對注意力的掌控）。[4]

簡而言之，只要對於這些豐富的功能性角色進行反思，就能揭開這些神經核對於生命管理的共同貢獻。但若是認為這些神經

---

4. J. Parvizi and A. Damasio, "Consciousness and the Brainstem," *Cognition* 49 (2001), 135-59.

核的功能只局限於臟器、新陳代謝與清醒的調節，那就是沒有公平看待這些神經核所展現的成果。它們以更廣泛的方式來管理生命。這是生物價值的神經起源處，生物價值對於整個大腦的結構與運作具有普遍性的影響。這裡很有可能就是心智形成的這個歷程最初以原始感受形式開始的地方，而且讓有意識心智具有實質自我的歷程顯然也從這裡開始的，即使深層上丘也有參與其中的協調作用並提供協助。

視丘

意識常被描述為大腦訊號跨區大量整合的結果，在上述描述中，視丘的作用是最為突出的。毫無疑問地，視丘對於創造心智的背景以及最後形成有意識心智是有重要貢獻的。但我們對視丘的作用能有更為具體的了解嗎？

視丘跟腦幹類似，對於有意識心智的三要素都有貢獻。有一組視丘神經核對於清醒極為重要，並為腦幹與大腦皮質搭起連線；另一組視丘神經核帶入整合皮質映射圖所需的輸入訊號；其餘的視丘神經核則協助進行整合，若是沒有這類整合，就不會有複雜的心智，更不用說具有自我的心智了。

我總是抗拒貿然深入視丘研究，而且我今日甚至更為謹慎。我對於眾多視丘神經核團的了解非常稀少，而能有這些少量的了解都要感謝專精於視丘的少數幾位專家。[5] 目前對於視丘的某些

---

5. E. G. Jones, *The Thalamus*, 2nd ed. (New York: Cambridge University Press, 2007) Rodolfo Llinás, *I of the Vortex: From Neurons to Self* (Cambridge, Mass.: MIT Press, 2002); M. Steriade and M. Deschenes, "The Thalamus as a Neuronal Oscillator," *Brain Research* 320 (1984), 1-63; M. Steriade, "Arousal: Revisiting the Reticular Activating System," *Science* 272 (1992), 225-26.

作用確實是不用存疑的,我們在這裡可以再複習一下。從身體收集來的資訊會傳送到大腦皮質,視丘就是這條路徑上的中繼站。這條路徑包括了運送身體與外界訊號的所有管道,這些訊號從疼痛與溫度到碰觸、聽覺與視覺皆有。所有發送到大腦皮質的訊號都會在視丘中繼核團停留,再轉換軌道至它們位於不同皮質區域中的終點處。只有嗅覺避開了視丘的掌控,經由非視丘的管道傳送。

視丘也會處理讓整個大腦皮質清醒或入睡的訊號,前述從網狀結構而來的神經元投射就負責這件事。它們的訊號在板內側核轉換路徑,前往後內側皮質這個主要終點站。

不過談到意識,還有一件同樣重要而且更為具體的事,那就是視丘具有協調皮質活動的功能。這項功能得仰賴一項事實,即是會傳訊到大腦皮質的數個視丘神經核也能夠反向收訊,這樣時時刻刻都能形成遞迴路徑。這類視丘神經核會與大腦皮質的各個部位互連,無論位置遠近。連結的目的不在於傳送原始感官資訊,而是要讓資訊**相互連結**。

在視丘與大腦皮質的緊密互動中,視丘可能會促進空間位置不同的神經區域同時或按順序活化,讓它們一同處於連貫的模式中。這類神經活化的現象負責形成個人思想洪流中的意像流,當這些意像成功產生核心自我脈動時就變成了意識。這個協調的角色可能得仰賴視丘連結核團與大聚發區之間的往來,而大聚發區本身也參與協調大腦皮質的活動。簡單來說,視丘得將重要資訊轉送至大腦皮質,同時讓這些皮質資訊產生大量的相互連結。若是沒有視丘,大腦皮質就無法運作,這兩者一直都是共同演化的,從早期發展開始就密不可分。

大腦皮質

我們最終來到當前神經演化的巔峰，也就是人類大腦皮質。大腦與視丘及腦幹互動，讓我們保持清醒，並協助我們選擇要做的事。大腦皮質同樣也在與腦幹及視丘的互動中，建構出會成為心智的映射圖，並協助產生核心自我。運用儲存在巨大記憶庫中的過往活動記錄，大腦皮質最終會建構出我們的自傳，其中充滿了我們在物理與社會環境中的體驗。皮質提供我們一個身分，並將我們置於一項奇觀的中心點，這個奇妙且不斷進步的奇觀就是我們的有意識心智。[6]

整合組成意識的這場秀是通力合作的結果，若是認為其中任何一個成員夥伴可以獨力達成，那是不切實際的想法。大聚發區在皮質神經解剖學與神經生理學上都佔有重要地位，若是這些大聚發區沒有蓬勃發展，我們就無法產生能夠定義人類意識的自傳自我的各個面向。沒有腦幹對於原我的貢獻、或是沒有腦幹致力於與身體連結、或是沒有視丘所帶來的整個大腦遞迴整合，就不會產生自傳自我。

雖然我們需要感謝這些主要參與者對於整合的努力，但是認為大腦模糊的整體功能性神經運作可以完全取代參與部位的各別貢獻，這樣的概念就不太可取了。就大腦基礎而言，有意識心智具有整體性的特質是無可否認的。不過，也感謝以神經解剖學為導向的研究，讓我們有機會可以發現更多關於大腦不同部位對於整個歷程的貢獻。

---

6. 關於大腦皮質解剖與生理的全面性基礎回顧，請參考一本重要選集：E. G. Jones, A. Peters, and John H. Morrison, eds., *Cerebral Cortex* (New York: Springer, 1999)。

在有意識心智背後的解剖結構瓶頸

三個我們大致區分出的腦部區域以及它們的空間位置連結，讓我們發現到它們有著解剖結構比例上的不相稱，也發現到它們在功能性上的結合，而這些只有從演化的角度來看才有辦法解釋。我們無需成為神經解剖學家，就可以知道人類大腦與腦幹有著不相稱的奇怪尺寸比例。

若是對照生物體身體尺寸的比例來看，像人類腦幹這種尺寸的基本設計其實可以追溯到爬蟲類時代。不過人類大腦皮質就不同了。哺乳類的大腦皮質在尺寸及結構設計上都大為擴張，特別是靈長類的腦。

因為腦幹能夠嫻熟扮演生命調節者的這個角色，所以它長期以來都是資訊的接收者與局部處理者，而這些資訊是呈現身體表徵與掌控身體生命所需的。在大腦皮質極小或沒有的物種中，腦幹除了會履行這個古老且重要的角色外，還會建立基本心智歷程所需的機制，甚至還能從原我及核心自我的機制中建立出意識所需的機制。人類的腦幹在今日仍持續運作同樣的功能。另一方面，大腦皮質所具有的更高複雜性，不但能夠形成詳細的意像與擴展記憶能力，還能帶出想像與理性以及最終的語言。最大的問題在這裡現身了：雖然大腦在解剖結構與功能上都有擴展，但大腦的皮質結構卻**沒有**複製腦幹的功能。按經濟原則所劃分出的功能性角色，造成了一個致命性的結果，那就是腦幹與皮質之間完全相互依賴。它們**被迫**要彼此合作。

大腦演化面對著一個解剖與功能上的瓶頸，但可預見地，天擇解決了這個問題。由於腦幹仍一直被要求去保障整個生命調節**以及**整個神經系統的意識基礎，所以就必須找到一個方法來確保腦幹對於大腦皮質具有影響力，**同時**大腦活動也要對腦幹具有影響力，特別是在建構核心自我之際最為關鍵。當我們想到多數外界客體的意像只存在於大腦皮質之中，而且無法在腦幹中完整呈像時，這就更為重要了。

這就是視丘出來救場的地方。負責調節的視丘會將從腦幹而來的訊號傳送到大片的皮質區域。而大幅擴張的大腦皮質接續也會將訊號貫注到小尺寸的腦幹之中，傳訊的方式可能是直接傳送，也可能是經由杏仁核與基底神經節中那類皮質下神經核協助傳送。最後，也許對此最好的描述就是，視丘是腦幹與大腦皮質這對老夫老婦的媒人。

腦幹與皮質之間的比例不相稱，似乎讓一般認知能力及我們特定意識的發展受到局限。有趣的是，因為我們的認知在數位革命這類壓力下發生改變，所以這種比例不相稱倒是透露出許多關於人類心智演化方式的訊息。我認為腦幹將來仍會提供意識的基本面向，因為它是原始感受首要且不可或缺的提供者。增加的認知需求會讓皮質與腦幹間的互動變得有點魯莽且不平順，或者說好聽一點就是，它們讓取得感覺泉源這件事變得更加困難。而且可能還需要付出一些代價。

我曾說過，在意識形成的歷程中，硬要從三者擇一偏好，是件愚蠢之事。不過，我們也必須同意，腦幹在功能上具有優先地位，它是這項奧秘中完全不可或缺的部分，而且基於前述原因，也基於它不大的尺寸與塞得滿滿的解剖構造，它是這三大分區中最容易受損產生病變的區域。我之所以要對此加以說明的原因就在於，在意識的戰爭中，向來佔上風的都是大腦皮質。

從大型解剖結構分區的整合運作到神經元的運作

到目前為止，我已試過從某些部位的角度來解釋有意識心智的出現，這些主要都是肉眼可見的部位，包括了腦幹與視丘的神經核。不過，構成這些結構內部網絡或系統的則是肉眼看不見的百萬神經元，或是神經元所組成的無數小群組。心智之所會擁有自我，這些神經元都貢獻了一份心力。大型解剖區域的整合運作是建立在較小部位的整合運作上，然後逐步縮小到神經元的微型迴路。在這個解剖結構由上到下的過程中，大腦皮質的區域越來越小（它們有著會將自己與其他腦區相連的神經連線），神經核也越來越小（它們以特別的方式與其他神經核及其他皮質區域相連），最後在這個結構階級的最底層中，我們發現了可視為微型積木的神經元迴路，其活動的瞬時空間模式會創造出心智。有意識的心智是從大腦巢狀的階級結構中所建立出來的。

一般認為，在微型神經迴路中的神經元經由突觸而有所連結，這些神經元活化時會產生心智的基本現象，簡稱為認知的「原現象」。大家也認為，將這樣的現象放大到極致，就會促成映射圖的產生，而這些映射圖就是我們所謂的意像。這個放大過程中的一部分取決於個別原現象的同步作用，就如第三章所示。

我們現在將原現象中的微型活動同步聚集起來，並將它們經由我們早先探討的那三個神經解剖分區中的巢狀階級結構進行放大，這樣就足以解釋一切了嗎？在上述的說法中，來自神經微型活動的原認知會放大成為有意識的心智，但這就忽略了感受。那麼是否存在著一種等同於「原感受」的東西，這個東西也是從神經微型活動中建立出來，並且能夠與原認知同步放大呢？

在之前章節所提出的看法中，感受都是以有意識心智重要夥伴的身分出現，但一直沒有提到它在微型結構中的可能起源處。如同早先所提，我們從原我中取得自發性的感受，而這些感受會混雜產生出第一道一閃而過的心智及主觀性。接著，我們會產生知曉的感受，這將劃分出自我與非自我，並協助產生適當的核心自我。最終，我們從多元的這類感受中建立出自傳自我。感受是認知這枚硬幣的另一面，但感受只在系統的層級現身。我認為腦幹與身體所具有的共振迴路，會產生獨特的連結關係，也認為在上腦幹的身體訊號，會產生遞迴性的徹底結合，成為各種身體感受的來源。這可能就足以解釋感受是怎麼產生的了。

不過，對於一項額外的特性感到懷疑也是合理的。一般來說，如果我們認為在微觀的層級中，微型神經元迴路產生的原認知片段就是意像的起源，那麼為何我們不這樣看待名為感受的特殊意像，認定它們也是源自同樣或相近的微型神經元迴路呢？我在下個段落會提出的一個看法，那個看法就是認為感受可能也有這類卑微的起源。原感受接續可能經由巢狀階級結構放大成更大的迴路，也就是說，在上腦幹被蓋神經迴路中所進行的附加處理歷程，可能就會產生出原始感受。

當我們感受到知覺

任何對大腦、心智與意識問題感到興趣的人應該都聽過感質（qualia），而且對於神經科學能為這個問題做出什麼貢獻，也都抱持著各自的意見：有人會認真看待並試著探討這個問題，也有人會覺得這個問題棘手而擱置不談，還有人完全不認同這個問題。正如讀者你所見，我是很認真看待這個問題的。不過由於感質的概念有些不明確，所以讓我們先試著釐清這個問題是什麼。[7]

　　在接下來的內容中，感質會被視為兩個問題的混合。在其中一個問題中，感質指的就是感受，這是任何主觀體驗的必要部分，有的感受是愉悅或不愉悅的、有的是疼痛或不適的、有的是幸福的，有的則是什麼都沒有。我稱這為感質 I 問題。另一個問題切入得較為深入。若感受是伴隨著主觀體驗出現的，那麼感受狀態一開始是怎麼產生的？這超出了任何體驗是如何在心智中取得具體感覺特質的那個問題，例如大提琴的琴聲、酒的滋味或是海的藍色。這也提到了一個較為直接的問題：為何從物理與神經化學活動中所建構出來的知覺映射圖，會讓我們有某種感受？而這些知覺映射圖為何感覺起來都會有各自的樣子？這是感質 II 問題。

感質 I

　　無論意識意像組合的主題是什麼，都會伴隨著相應的情緒以

7. 數位研究心智與身體問題的當代哲學家，都曾以某些方式探討過感質的問題。以下列出我認為有特殊價值的幾篇研究：John R. Searle, *The Mystery of Consciousness* (New York: New York Review Books, 1990); Patricia Chruchland, *Neurophilosophy: Toward a Unified Science of the Mind-Brain* (Cambridge, Mass.: MIT Press, 1989); R. McCauley, ed., *The Churchlands and Their Critics* (New York: Wiley-Blackwell, 1996); D. Dennet, *Consciousness Explained* (New York: Little, Brown, 1992); Simon Blackburn, *Think: A Compelling Introduction to Philosophy* (Oxford: Oxford University Press, 1999); Ned Block, ed., *The Nature of Consciousness: Philosophical Debates* (Cambridge, Mass.: MIT Press, 1997); Owen Flanagan, *The Really Hard Problem: Meaning in a Material World* (Cambridge, Mass.: MIT Press, 2007); T. Metzinger, *Being No One: The Self-Model Theory of Subjectivity* (Cambridge, Mass.: MIT Press, 2003); David Chalmers, *The Conscious Mind: In Search of a Fundamental Theory* (Oxford: Oxford University Press, 1996); Galen Strawson, "The Self," *Journal of Consciousness Studies* 4 (1997), 405-28; and Thomas Nagel, "What Is It Like to Be a Bat?" *Philosophical Review* (1974), 435-50.。

及後續的感受。當我看著清晨的太平洋籠罩在柔和灰白的天空下時，我不只是**看見**，我也正用**情緒**在表達這份壯闊之美，並感受到一整個生理變化。若你問我，我會說那是一種平靜的幸福感。這不是經由我的思考所產生的，我也無力去制止這些感受，正如同我也無法去啟動它們一樣。感受來了，就在那裡，只要那個引發意識的客體依然在眼前、只要我的思緒讓客體保有它們的餘韻，那些感受在經過某些調整後，依然還會存在。

我喜歡將感質 I 想成音樂，就像是當下心智歷程所餘留的配樂那般，但要注意，這場表演也**在心智歷程之中**進行。當我意識中的主要客體不是海洋而是真正的樂曲時，在我的心智中就會播放起兩段音樂，一段是當下正在播放的巴赫樂曲，另一段則是我以情緒及感受語言回應真正音樂所伴隨的**類似音軌**。這就是音樂表演的感質 I，也就是所謂樂中之樂。或許這種在人們心智中將並行的「音樂」線匯整的直覺，就是激發出和弦音樂的靈感來源。

在小範圍的真實生活環境中，我們是可以降低**必要**感質 I 的出現，或甚至是讓它無法具體化。最無害的情況就是來自於可以停止情緒性反應的任何藥物，像是樂平片（Valium）這類鎮定劑、百憂解（Prozac）這類抗憂鬱藥物，或甚至是心律錠（Propranolol）這樣的 β 受體阻斷劑，只要給予足夠的劑量，就會降低一個人對於情緒的反應能力，進而降低一個人對情緒性感受的體驗能力。

在憂鬱症這個常見的病症中，情緒性感受無法具體化，各方面的正向感受也是出了名的會消失不見，甚至連悲傷這類負面感受也會嚴重降低，造成情感遲鈍的狀態。

大腦是如何產生必要的感質 I 作用呢？如同我們在第五章所見，大腦具有可以映射任何你想要客體的知覺工具，也有可以展示這類映射圖的腦部區域，除此之外，大腦還配備有可以經由產生情緒（後續還會產生感受）來**回應**這些映射訊號的各種結構。這類重要區域包括了我們早先提過的結構：著名的杏仁核、幾乎同樣著名的前額葉腹內側皮質部位，以及基底前腦與腦幹中的大量神經核團。

　　如同我們之前所見，情緒觸發的方式很有趣。形成意像的區域會傳訊到任何情緒觸發區域，無論是直接傳送或是經過進一步處理再傳送。若訊號的形式符合特定區域連線反應的形式，也就是確認此訊號為情緒觸發刺激（emotionally competent stimulus），就會觸發一連串的活動來活化大腦的其他的部位，接續在身體本身產生出的結果就是情緒。而讀出情緒的感知就是感受。

　　藏身在我此刻整合體驗背後的秘密，是腦部**不同部位**對於同樣內容（例如我看到的太平洋景緻）**同步**的反應能力。我從其中一個大腦部位獲得了最終可以達到幸福感受的情緒歷程，從另一個大腦部位則獲得了有關今日天氣的數個想法（天空似乎沒有出現典型的海洋雲層，反而有著較多的棉花雲，這是一種不均勻的雲層），或是關於海的幾個想法（這片海可以是氣勢磅礡，也可以是平易近人，這取決於光線及風勢，更不用說我們的心情了），諸如此類等等。

　　正常的意識狀態通常會包含數個被知曉客體，很少會只有一個，而且意識多少會將這些客體整合在一塊，不過很難以民主的風範給予每個客體同樣的意識空間及同樣的時間。不同的意識有著不同價值的這件事，造成了意像被增強的比例會有所不同。不同的增強比例接續會為意像排出「先後次序」，這非常適合描述為一種自發性的編輯表單。將不同意像賦予不同價值的部分歷程，取決於意像所引發的情緒以及意識背景中伴隨出現的感受，也就是微弱但不可捨棄的感質 I 反應。這就是為什麼，雖然感質問題在傳統上被視為意識問題中的一部分，但我卻相信它更合適放在心智的範圍之下。感質 I 的反應會關注在心智中處理的客體，並將其他元素加到心智中。所以我不認為感質 I 的問題很神秘。

感質 II

　　感質 II 問題的核心在於更令人費解的問題上：為何知覺映射圖，也就是神經與物理活動的映射圖，感覺起來都會有各自的樣子？為了試著求得一個分層解析的答案，讓我們先從感受狀態開始，也就是從用來描述生物體內部狀態的原始感受開始，我將這種狀態視為心智與自我的基礎。我必須從這裡開始談起，因為我對於感質 II 問題所提出的解決方案就是：若關於生物體狀態的感受是所有知覺映射的必要伴隨之物，那麼我們就必須先解釋這些感受的起源。

　　第一線的解釋要將某些關鍵事實納入考量。感受狀態首先是從一些腦幹神經核的運作中產生的，這些神經核彼此之間具有高度互連，並會接收從生物體內部傳送過來的高度複雜整合訊號。在運用身體訊號調節生命的歷程中，神經核的活動會轉換這些身體訊號。身體到中樞神經系統的交流以及中樞神經系統對身體訊息的回應會形成一個迴路，讓在這個迴路中所產生的訊號被進一步強化。這些訊號與產生它們的生物體是無法分離的。這整個構成了一個緊密結合的動態單元。我假設這個單元會產生出一種身體狀態與知覺狀態的功能性融合，所以兩者之間已經劃不出分界線。負責將身體內部訊號聚集到腦部的神經元，會與內部結構有密切的關係，以至於聚集的訊號不只是**有關**肉體狀態的訊號，還會有關肉體實際延伸出去的訊號。神經元會完整模擬生命，讓它們與生命合而為一。簡而言之，在腦幹神經核的複雜互相連結中，我們將會發現感受為何感覺起來會是這個樣子（這裡的感受指的是原始感受）的初步解釋。

不過就像我在上一段中所提到的那樣，我們或許可以試著更加深入微型神經元迴路的層級。神經元與其他生命細胞是有差異的，在功能上的差異明顯，但在組織結構上卻是類似的，而這給了上述想法一個立足點。神經元並不是接收身體訊號的微晶片。負責內感受的感覺神經元是一種特殊的身體細胞，專門接收從其他身體細胞而來的訊號。不只如此，細胞生命的各個面向都暗示著有一種「感受」功能的前身出現了。單細胞生物體對於威脅的到臨「很敏銳」。去戳一隻阿米巴原蟲，它會遠離被戳的地方並縮起來；去戳一隻草履蟲，它會從被戳的地方游走。我們觀察到這類行為並自以為是地將這些行為描述為「態度」，即使我們完全知道單細胞生物不知道自己在做什麼，這跟我們遇到威脅時知道自己在做什麼的情況不同。不過，行為的另一面，也就是細胞的內部狀態，又是如何呢？單細胞生物沒有大腦，更不用說擁有心智去體驗到被戳的「感受」，但它會做出反應，因為它的內部有某些東西改變了。將這種情況轉換到神經元上，就是經由越放越大的細胞迴路，對存在其中的物理狀態進行調整並放大，以產生出**原感受**這個原認知的寶貴對應物，而原認知與原感受都出現在同一個層級中。

神經元確實具有這類反應能力，例如它們固有的「敏感性」或「興奮性」。魯道夫·里納斯就曾以此為線索，提出感受源自於具有特殊感官功能的神經元，而這些神經元大量擴展，成為迴路中的一部分。[8] 這也是我的論點，跟我在第二章中所提到的想法類似，我認為自我歷程中所出現的「集體生存意志」，是來自於一個生物體中參與合作的大量細胞所表現出來的態度。這個想法運用了細胞合作貢獻的概念：大量的肌肉細胞確實經由同時收縮，來產生一股主要的集中力量進行合作。

這個想法有些耐人尋味的細微之處。相對於其他身體細胞，神經元的差異有很大一部分來自於神經元以及肌肉細胞是可以活化的。活化是一種從細胞膜衍生出來的特性，細胞膜的局部滲透性讓帶電離子可以超越軸突的距離，在區域與區域之間傳送。庫克（N. D. Cook）提過，細胞膜短暫但反覆的開啟，侵犯了為保護神經元內部生命而幾近封閉的狀態，然而這樣的弱點卻是創造原感受的好時機。[9]

我絕不是說，這肯定就是感受產生的方式，但我認為這條線索值得去調查。最後我要提醒一下，有些著名的研究將意識的起源定位在神經元層級，但由於量子效應的存在，所以上述那些想法不應跟這些研究成果有所混淆。[10]

身體知覺映射圖為何感覺起來都會有各自的樣子，對於這個

---

8. Llinás, *Vortex*.
9. N. D. Cook, "The Neuron-level Phenomena Underlying Cognition and Consciousness: Synaptic Activity and the Action Potential," *Neuroscience* 153 (2008), 556-70.

問題的另一個層級答案，需要演化上的推論。若身體的知覺映射圖能夠有效引導生物體避免疼痛並尋求愉悅，它們應該不只會感覺起來是某種樣子，而是它們感覺起來確實**應該**就要是某種樣子。疼痛與愉悅狀態的神經結構必定在演化早期就已經出現，而且在演化過程中扮演著關鍵角色。它可能運用了我強調過的那個身體與大腦的融合。特別是在神經系統出現之前，沒有大腦的生物體就已經擁有了明確的身體狀態，而牠們的身體狀態完全可以對應到人類能夠體驗到疼痛與愉悅的那些狀態。神經系統的出現產生了一種方式，一種可用詳細神經訊號來描述這類狀態的方式，這同時還能將神經與身體的各個方面緊密結合。

這個答案的相關面向點出了愉悅與疼痛狀態的功能性劃分。與愉悅有關的是最佳化及平穩的生命管理運作，而與疼痛有關的則是受到阻礙且問題重重的生命管理運作。這個狀態範圍的兩端與特定化學分子的釋放有關，這些化學分子會作用在身體（產生新陳代謝、肌肉收縮）與大腦（可以對新整合的知覺映射圖與回憶起的知覺映射圖進行調整）上。撇開其他原因不談，愉悅與疼痛的感受本就應該要不一樣，因為它們是對完全不同的身體狀態所進行的映射，就像紅色與藍色因為波長不同所以完全不一樣，或是女高音與男中音因為音頻不同所以聲音完全不一樣。

身體內部資訊會經由數目眾多的化學分子直接傳送到腦部，這些化學分子在血液中流動，浸潤在沒有血腦屏障的腦部區域，

---

10. R. Penrose, *The Emperor's New Mind: Concerning Computers, Minds, and the Laws of Physics* (Oxford: Oxford University Press, 1989); S. Hameroff, "Quantum Computation in Brain Microtubules? The Penrose-Hameroff 'Orch OR' Model of Consciousness," *Philosophical Transactions of the Royal Society A: Mathematical, Physical and Engineering Sciences* 356 (1998), 1869-96.

也就是腦幹的最後區以及總稱為腦室周圍器官的數個區域。前述這件事實常會受到忽略。這裡說可能活躍的分子「數目眾多」並沒有誇大，因為基本的化學分子就可以列出數十種，像是常見的神經傳導物質或神經調節物質（必要的正腎上腺素、多巴胺、血清素、乙醯膽鹼）以及廣泛的荷爾蒙（例如類固醇、胰島素與類鴉片）。由於血液會浸潤這些接收的區域，所以適當的分子就會直接活化神經元。舉例來說，這就是為什麼作用在最後區的毒性分子可以造成嘔吐這類實際反應。在這類區域產生的訊號最終還會導致什麼呢？合理的猜測是它會產生感受，或是對感受進行調節。來自這些區域的投射會高度集中在孤立徑核，但還會廣泛觸及到腦幹、下視丘與視丘的其他神經核以及大腦皮質。

　　跨過感受的問題後，剩下的感質 II 問題似乎比較容易著手。我們就以視覺映射圖為例來說明。視覺映射圖是形狀、顏色、動作、深度等視覺特性的草圖。將這些映射圖互連，就像是將訊號交叉繁殖那樣，就是產生多維混合視覺景象的正確方式。若是有人將來自視覺門戶的資訊（參與此過程的眼睛周圍組織所傳來的資訊）及部分感受加到這幅混合圖中，就可以合理期待會對所見事物產生完整且「符合標準」的體驗。

　　我們可以在這個複雜性中加入什麼，讓知覺的品質確實具有鑑別度呢？其中之一必定與參與收集資訊的感官門戶有關。如同我們所見，感官門戶的變化在視角的建立上扮演著重要角色，但它們也對建構知覺品質有所貢獻。這是如何做到的呢？我們知道馬友友獨特的琴聲，我也知道聲音映射圖是在大腦的哪個部位中創造的，但我們不只是**在耳朵中**聽到聲音，也會**用耳朵聽聲**

音。我們之所以會在耳朵中感受到聲音，很有可能是因為我們大腦努力不懈地將來自兩方面的資訊**全都**映射出來。其中一方的資訊是指傳送到感覺探測器的資訊，也就是來自整個聽覺傳訊鏈（包括耳蝸在內）的資訊，而另一方的資訊則是指來自感官裝置周圍設備同時出現的大量訊號。在聽覺的例子中，這些裝置還包括了覆蓋在耳朵上的上皮組織（皮膚）、外耳道、鼓膜與三小聽骨系統的組織（三小聽骨會將機械性的振動傳送到耳蝸）。我們必定還會加入小幅度及大幅度的頭頸動作，自動將身體往聲音來源的方向持續調整。我們在看的過程中，眼球及周圍肌肉還有皮膚會產生與聽覺變化同樣明顯的變化，這為知覺增加了質感。

　　嗅覺、味覺或觸覺的感受也來自同樣的機制。舉例來說，我們的鼻黏膜中含有嗅覺神經末梢，其對氣味裡的化學分子構造有相當直接的反應，這也就是我們聞到茉莉花香或香奈兒香水時，如何映射及傳送香氣的方式。但我們感受到這股氣味的**地方**則是鼻黏膜的其他神經末梢，當你在壽司上放了太多芥末，忍不住打噴嚏時，受到刺激的就是其他神經末梢。

　　最後我們注意到，也存在有從大腦往身體周圍的反向投射，這裡的身體周圍還包括了特定的感覺裝置。對於聽覺這類感官歷程，反向投射可讓腦幹與身體迴路所形成的感覺更為溫和：在身體周圍末端器官的感官鏈起點與大腦之間存在有鴻溝，反向投射能夠跨越這道鴻溝，建立起功能性連結。這樣一個迴路可以啟動另一種迴響的過程。訊號最初源自於我們的「肉體」，而前往「肉體」的一連串輸出訊號會補足往大腦的一連串輸入訊號，進而對內部與外部世界的整合有所貢獻。我們知道這種安排規劃是存在的，聽覺系統就是最好的例子。耳蝸會接收到來自大腦的回饋訊號，以至於當回饋機制不平衡時，耳蝸的毛細胞竟然還可以**發出**音調，而不是像平常那樣只是傳送音調而已。對於感官裝置的迴路，我們還需要有更多的了解。[11]

我相信前面提到的說法解釋了這個問題很重要的一部分，因為它成功將心智中的三種映射圖結合在一起，這三種映射圖是：（1）由視覺、聽覺、嗅覺等等適當感官裝置所產生的特定感覺映射圖；（2）感官裝置嵌在身體中所形成之感官門戶的活動所產生的映射圖；（3）與前述（1）及（2）映射圖相對應的情緒性感受映射圖，也就是感質 I 的反應。當不同種類的感覺訊號在腦幹或大腦皮質所形成的心智映射圖中結合在一起時，這些知覺就會以它們現在的模樣出現。[12]

---

11. D. T. Kemp, "Stimulated Acoustic Emissions from Within the Human Auditory System," *Journal of the Acoustical Society of America* 64 , no. 5 (1978), 1386-91.

12. 感質 II 此問題的其中一項難解之處是它以某項假設為主軸，這項假設認為相似的神經元不會產生性質不同的神經狀態。然而這個論點是錯的。神經元的一般運作確實在形式上是相似的，但不同感官系統的神經元在種類上就大不相同了。它們在演化的不同年代中出現，其活動的情況可能也會有差異。涉及身體感覺的神經元可能會具有某些特性，這些特性在產生感受上扮演重要角色。不只如此，就算是位在同一個感覺皮質複合區域中，這些神經元與其他區域的互動模式還是大不相同。

我們幾乎還沒開始了解周邊感官裝置的微型迴路，而且我們對於皮質下中繼站與皮質區域的微型迴路系統的了解甚至還更少，皮質下中繼站與皮質區域的微型迴路會映射出感官裝置本身所產生的初始數據。我們對於不同中繼站的連結仍然知之甚少，特別是從大腦往周邊的這種反向連結。舉例來說，為何初級視覺皮質（V1 或第 17 區）往下傳送至外側膝狀核的投射要比傳送至皮質的投射來得多？這很奇怪。大腦會收集**來自**外部世界的訊號，並將訊號帶入本身結構之中。這些「向下及向上」的路徑必定能達成某些作用，否則它們就會在演化中被淘汰。不過我們還解釋不了微型迴路。回饋矯正是「反向」投射的標準解釋，但訊號矯正就可以完全解釋嗎？我相信在大腦皮質之中，反向投射的作用就如同聚集發散架構中所提到的「回溯活化劑」。舉例來說，除了從眼球與其周圍而來的所有訊號之外，是否視網膜也會將視覺以外的訊號（像是體感資訊）傳送至大腦呢？為何看見紅色與聽見大提琴聲或聞到起司會有所不同，這有當相大的一部分答案可能就來自這類額外的了解。

感質與自我

感質 I 與感質 II 是如何融入自我的歷程中呢？因為感質的這兩方面整合了心智的構造，所以感質就成為自我歷程的部分內容，也就是闡明心智建構的自我構造。但不知為何有點矛盾的是，感質 II 也是原我的基礎，因此在混合過渡的時期中，同時橫跨了心智與自我。產生感質的神經設計為大腦提供了**被感受**的知覺，一種純粹的體驗感。在主角加入這個歷程中後，自我這個全新的主人就會聲稱擁有這項體驗了。

尚未完成的工作

了解大腦如何形成有意識心智的這份工作尚未完成。雖然目前推動了一小部分，但意識的奧秘仍然成謎，不過現在宣布失敗還為時過早。

對於意識神經學與心智大腦問題的探討，常在兩方面被公然低估。其中一方面的低估，是沒有適當看待身體本身豐富的細節與組織。實際情況就是身體充滿了細微的角落與間隙，而這些微觀世界的形式與功能可以被傳訊到大腦進行映射，將所得結果應用在各種目的上。這些訊號的首要目的可能就是調節，大腦需要接收描述身體系統狀態的資訊，好讓它無論是在無意識還是有意識的情況下，都可以規劃出適當的反應。情緒性感受顯然是這類訊息傳送的結果，儘管感受在我們的意識生命與社會關係中已經展現得很明顯了。基於同樣的理由，其他已經知道或仍待發現的身體歷程，很有可能也會在許多層級上影響到我們的意識體驗。

另一方面的低估則是與大腦本身有關。認為我們已經清楚知道大腦是什麼以及如何作用的想法是極為愚蠢的，不過我們的知識總是一年多過一年，現代的知識必然比十年前多上許多。看似令人難耐且神秘莫測的問題，可能從生物學的觀點來解釋就說得通了，問題不在於會不會有解答，而是解答何時出現。

第四部
意識出現的許久之後

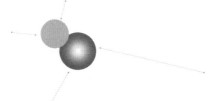

第十一章
與意識共存

意識為何能夠勝出

生物特性與功能在生命歷史中的起落，取決於它們對生物體成功存活的貢獻度有多少。對於意識為何可以在演化中勝出，最直接的解釋就是：對於配有完善意識的物種而言，意識在牠們的生存上貢獻良多。意識現身了，它觀察到一切也征服了一切。意識蓬勃發展，它似乎就此留下。

意識的貢獻到底是什麼？答案是讓生物體在生命管理中擁有各式各樣的優勢，無論明顯與否。即使在最簡單的層級，意識仍然有助於對環境產生最佳化反應。經過心智處理的意像，可以提供環境的詳細資訊，這些資訊可用來增強必要反應的精準度，像是化解威脅或是確保捕捉到獵物的精準行動。不過，精準的意像只是有意識心智的部分優勢而已。在有意識心智中對於環境意像的處理，是由一組特定的內部意像所**引導**，而這些正是在自我中呈現出生物體本身表徵的意像。所以我猜想，最大的優勢應該來自上述這件事實。自我會聚焦在心智歷程上，它在我們接觸到其他客體與事件的歷險過程中，注入了動機，它也在我們對於大腦以外世界進行探索時，關注了生物體首要面臨的問題：成功進行生命調節。這個關注是自然而然地從自我的歷程中產生，而其基礎就位於身體的感受中，無論是原始感受或是調整過的感受。

基於情感狀態的價值與強度，自發性的內部自我感受會直接表達出時刻存在的關注與需求程度。

　　隨著意識的處理歷程變得更為複雜，也隨著記憶、推理與語言這些共同演化出的功能躍上舞台，意識更進一步的優勢就現身了。這些優勢大都與計畫及思考有關，而且數量眾多，它們讓我們能夠探索可能未來以及延遲或抑制自主反應。這個演化而出的新興能力的其中一個例子是延遲享樂（delayed gratification）。就是經過比較之後，以當下的好物去換取未來更好的東西，或是捨棄當下甚好但經思量可能會在未來造成不利的東西。意識的這股發展趨勢，將為我們帶來更好的基礎恆定調節，最終並讓社會文化恆定開始發展。我將在本章後續探討這個部分。

　　許多具有足夠複雜大腦的非人類物種，都出現了大量具有意識的高度成功行為。我們周圍處處都有這類例子，其中最驚人的就在哺乳類身上。而在人類身上，則要感謝擴展的記憶、推理與語言能力讓意識達到當前的巔峰。我認為這個巔峰來自「知者自我」的強大韌性，也來自揭露人類困境與機會的能力。有人可能會說，因為上述啟發讓我們知道自然的缺陷以及要面對的麻煩，也讓我們知道設置在人類眼前的各種誘惑以及其揭露的所有邪惡，所以我們就會悲慘地失去純真之情。儘管如此，擇選權不在我們手上。意識確實讓知識成長，也讓科學與科技得以發展，因此我們可嘗試以這兩種方式來應對人類意識所揭露的困境與機會。

自我與控管問題

　　越來越多的證據顯示，我們的行動在許多情況下會受到無意識歷程所掌控，所以任何有關意識優勢的討論都必須要考慮到這一點。在各種環境中，這是時常發生的情況，所以值得我們去注意。這在我們展現從開車到演奏樂器等等的技能時都明顯可見，也在我們的社交互動中不斷出現。

證明無意識有參與我們行動的證據，有的牢靠有的不牢靠，所以很容易被錯誤解讀。我們很容易就會低估自我導向意識所具有的掌控力，這從班傑明・利貝特（Benjamin Libet）到丹・韋格納（Dan Wegner）與派屈克・哈格德（Patrick Haggard）的大量實驗中都可以看到。一個人對於行動是何時或是如何開始的主觀印象，經證明有可能是錯誤的。[1] 我們也很容易可以運用這類事實以及從社會心理學取得的證據，來為顛覆傳統人類責任概念的需求立論。如果有我們經意識推論仍無法理解的因子影響了我們行動的方式，那麼我們真的需要為我們的行動負責嗎？

對於這些發現我們仍在進行解讀，有些無端的膚淺反應似乎讓人覺得問題重重，但其實這個情況的問題沒有那麼大。首先，

---

1. 有眾多文獻談及這些發現，最初的幾篇論文條列如下：H. H. Kornhuber and L. Deecke, "Hirnpotentialänderungen bei Willkürbewegungen und pqssiven Bewegungen des Menschen: Bereitschaftspotential und reafferente Potentiale," *Pflugers Archiv für Gesamte Psychologie* 284 (1965), 1-17; B. Libet, C. A. Gleason, E. W. Wright, and D. K. Pearl, "Time of Conscious Intention to Act in Relation to Onset of Cerebral Activity (Readiness-potential)," *Brain* 106 (1983), 623-42; B. Libet, "Unconscious Cerebral Initiatie and the Role of Conscious Will in Voluntary Action," *Behavior and Brain Sciences* 8 (1985), 529-66。
這些議題的其他重要文獻包括：D. M. Wegner, *The Illusion of Conscious Will* (Cambridge, Mass.: MIT Press, 2002); P. Haggard and M. Eimer, "On the Relationship Between Brain Potentials and the Awareness of Voluntary Movements," *Experimental Brain Research* 126 (1999), 128-13; C. D. Frith, K. Friston, P. F. Liddle, and R. S. J. Frackowiak, "Willed Action and the Prefrontal Cortex in Man: A Study with PET," *Proceedings of the Royal Society of London, Series B* 244 (1991), 241-46; R. E. Passingham, J. B. Rowe, and K. Sakai, "Prefrontal Cortex and Attention to Action," in *Attention in Action*, ed. G. Humphreys and M. Riddoch (New York: Psychology Press, 2005)。

無庸置疑地，無意識處理歷程的確存在，也確實可以對個人行為進行控管。不僅如此，如同我們看到的，這類無意識的控管會因為讓我們獲得明顯優勢而受到歡迎。其次，無意識歷程有很大一部分會受到**意識**以各種方式引導。換句話說，無意識及有意識這兩種對於行動的控管皆存在，但無意識控管有一部分會受到有意識控管的影響。要去教育大腦的無意識處理歷程，以及要在無意識的大腦空間中創造出多少忠於有意識意圖及目標的控管形式，得花上大量的時間，所以人類在兒童與青少年時期花費了極多的時間在這上面。我們可以將這個緩慢的教育過程視為部分有意識的控管轉換到無意識伺服器上的過程，而不是意識被迫將控管權交給無意識，若是這種被迫的情況成立，肯定會對人類行為造成嚴重破壞。派翠西亞‧徹蘭（Patricia Churchland）就對此立場提供了具有說服力的論證。[2]

　　意識不會因為無意識歷程的出現就失去價值。相反的，意識所能觸及之處還會因此而擴大。對於一個大腦功能正常的人來說，若是出現了由健全強大的無意識所執行的某些行動，也不會減少這個人對於這項行動所要負起的責任程度。

　　有意識與無意識歷程之間的關係，最終也為這個奇特的功能性夥伴關係再添了一個例子，這樣的關係是共同演化歷程所產生

---

2. 關於此問題的一篇立論良好的回顧文獻為：C. Suhler and P. Churchland, "Control: Conscious and Otherwise," *Trends in Cognitive Sciences* 13 (2009), 341-47。也請參考：A. Bargh, M. Chen, and L. Burrows, "Automaticity of Social Behavior: Direct Effects of Trait Construct and Stereotype Activation on Action," *Journal of Personality and Social Psychology* 71 (1996), 230-44; R. F. Baumeister et al., "Self-regulation and the Executive Function: The Self as Controlling Agent," *Social Psychology: Handbook of Basic Principles*, 2nd., ed. A. Kruglanski and E. Higgins (New York: Guilford Press, 2007); R. Poldrack et al., "The Neural Correlates of Motor Skill Qutomaticity,"*Journal of Neuroscience* 25 (2005), 5356-64。

的結果。意識與對於行動的直接有意識控制是在無意識心智就定位後出現的，它們在演出上取得許多好成績，但情況並非總是如此。這些演化還可以再改善。意識要成熟，首先要限制部分的無意識控制，然後毫不留情地利用它們去執行預先計畫好與決定好的行動。無意識歷程會成為一個適當且便利的執行工具，並給予意識更多時間去進行下一步的分析與計畫。

有時我們走在回家的路上，腦中思考的是某個問題的解決辦法而不是該走的路，但我們仍然可以安全無虞地回到家。這時我們就是因為無意識的技巧而受益，這些技巧是歷經過去大量的有意識練習並依循學習曲線所獲得的。當我們走在回家的路上，我們的意識所要做的就是去監測這趟路途大致的目標。而我們其餘的意識就可以自由運用在創造上。

幾乎同樣的情況也可以套用在音樂家及運動員的專業技能上。他們意識的處理歷程聚焦在要達成的目標上、在什麼階段要交出什麼樣的成績上、在避免演奏或運動中的危險與監控意外情況上。剩下的就是練習、練習再練習，這樣練出的第二天性會引領你來到卡內基的音樂廳。

最後要提到的是，有意識與無意識之間的合作互動，也完全適用在道德行為上。道德行為是種技能，需要經由長時間的反覆練習才能獲得。這種技能是經由明確的有意識原則與理由來告訴我們，但除此之外的其他部分則成為進入認知性無意識中的「第二天性」。

總而言之，有意識思考的意義，跟控制當下行動的能力沒什麼關係，而是跟事前計畫與決定我們是否要採取行動的能力有關。有意識的思考大都與長時間的決策有關，像是幾天或幾個星期的決策，很少會是短到幾分鐘或幾秒的決定。有意識的思考跟瞬間的決定沒有關係。我們一般會將瞬間決定視為「未經思索」且「自發性」的。[3] 有意識的思考則與對知識的反思有關。要對生命中的重要事件下決定時，我們就會進行反思並用上我們的知識。我們運用意識思考來處理我們的情愛與朋友關係、我們的教育、我們的職業活動以及我們與他人之間的關係。與道德行為有關的決策，無論是狹義還是廣義的，都涉及了意識思考，而且要經過長時間才會產生。不僅如此，這類決策還會在壓倒外部知覺的離線心智空間中進行處理。在意識思考中心的主體，也就是負責展望未來的自我，常會有忽略外部知覺的注意力轉移情況，也就是出現沒有注意到知覺變化的情況。就大腦生理學而言，會出現這種注意力轉移有個非常重要的原因：正如我們所見，負責處理意像的大腦空間，就是整個早期感覺皮質，而意識思考歷程**與**直接知覺一起共用這個空間，所以在同時處理這兩種任務時就會顧此失彼。

自我是在有組織的自傳及清楚身分上所建立出來的，在這樣強大的自我引導下，意識思考成為意識這個歷程的主要成果。正是這樣的成就揭穿了意識是無用現象的這種虛假觀念，意識不是裝飾，大腦沒有意識就無法有效且毫無困難地進行生命管理。我們無法在沒有經過意識思考的情況下，就能在成為習慣的實體與社會環境中經營我們的生活。不過意識思考的產出也確實明顯受限於大量無意識的偏見，有些是生物學上的原因，有些是文化上

---

3. S. Gallagher, "Where's the Action? Epiphenomenalism and the Problem of Free Will," in *Does Consciousness Cause Behavior?* ed. Susan Pockett, William P. Banks, and Shaun Gallagher (Cambridge, Mass.: MIT Press, 2009).

的原因，還有對行動的無意識控制也是一個需要解決的問題。

在有意識心智中最重要的決策在執行的許久以前就已經決定好了。這些決策會被模擬與測試，並在意識的控管下，盡可能地降低無意識偏見的作用。在無意識心智歷程的協助下，執行決策最終可以磨練成一種技能。潛藏在常識與推理方面的心智運作，常被認為是認知性的無意識。意識決策是以在有意識心智中進行反思、模擬與測試來啟動，這個過程可以在無意識的心智中完成及排練，而從中新挑選出來的行動就可以被執行。

這個複雜又脆弱的決策與執行裝置中的有意識及無意識部分，會因為胃口與慾望機制的拉扯而脫離原有的軌道。在這樣的情況下，最後才禁止的手段是不會有什麼效果的。瞬間禁止讓我們想起了一個對毒癮問題著名的建議：「請說不。」當一個人還可以先發制人做出手勢拒絕時，這個策略可能還適用。但是當一個人想要停止由強大慾望所驅使的行動，特別是那種由毒癮、酒癮、美味食物或性癖而驅使的行動時，這個策略就無用了。

關於無意識的側寫

無意識的自主調節是一種舊的管理方式，而意識則帶來了新的管理方式。由於大腦成功整合了新舊兩種管理方式，所以無意識的大腦歷程就可以代表有意識的決策執行任務。在荷蘭心理學家艾伯‧戴克史德豪斯（Ap Dijksterhuis）的一項出色研究中，我們可以收集到一些適當的相關證據。[4] 戴克史德豪斯求要實驗中的正常受測者要在兩種情況下做出決定。在其中一種情況下，

---

4. Ap Dijksterhuis, "On Making the Right Choice: The Deliberation-without-Attention Effect," *Science* 311 (2006), 1005.

他們要盡可能地進行最大的意識思考；在另一種情況下，研究人員會故意讓他們分心，以至於他們無法進行意識思考。

研究人員準備了兩類物品讓受測者購買。一種是一般家用品，例如烤麵包機及擦手巾；另一種是貴重物品，例如車子及房子。無論是哪一類物品，受測者都會拿到一份內有報價的報告，讓他們可以充分了解此物品的利弊得失。當受測者被求要選出最值得購買的物品時，上述資訊就派上用場了。在受測者下決定時，部分受測者會有三分鐘的時間可以研究該品項的資訊再下決定，但另一部分的受測者就沒有這項權利，研究人員會在這三分鐘內故意讓他們分心。無論是購買一般家用品或是貴重物品，受測者都會經歷有三分鐘可以研究資訊或分心等兩種情況的測試。

你會怎麼猜測這些受測者的決定？完美合理的猜測可能會是：在一般家用品上，由於重要性與複雜度較低，所以無論是否經過意識思考，受測者都能做出好的選擇。即使你很挑剔，要在兩台烤麵包機中做選擇也不是什麼難事。但在購買四門轎車這類貴重物品上，我們就會預期那些能夠研究資訊的受測者會做出比較好的決定。

研究結果與上述預測有驚人的不同。在兩類物品中，未經意識思考所下的決定都要好得多了，特別是在貴重物品上。粗淺的結論如下：若你要買車或買房，得去了解相關資訊，但不要因為太過煩惱擔心而在利弊得失上進行詳細比較，做個決定就對了。意識思考也沒有那麼厲害啦。

不用說我們也知道，這個耐人尋味的研究結果應該無法阻止任何人去進行意識思考。他們的建議是，無意識歷程具有某種推理能力，遠比我們一般所認為的還要更強大，而且這份推理能力曾受過往體驗的適當訓練，所以能在時間寶貴的情況下做出有益的決定。在前述實驗的情境中，專注的有意識思考，無法產生最好的結果，特別是針對貴重物品。由於在有限的時間中，要考慮的變數太多且能夠進行意識推理的空間有限（此空間在有限時間中只能處理有限的物品數量），所以降低了做出最佳決定的可能性。相反地，無意識的空間有著更大的容量。它可以容納與處理更多變數，更有能力在短暫的時間中做出最佳選擇。

戴克史德豪斯的研究除了讓我們了解無意識處理歷程的大體情況之外，還指出了其他重要的問題。其中一個問題是有關於做出決定所需花費的時間。要為今晚挑選一家餐廳時，若你有一整個下午的時間可以看看最新的用餐心得、菜單品項的價格及餐廳位置，並將這些與你的喜好、心情及存款多寡進行比對，那你或許可以挑出一間最好的餐廳。但你就是沒有一整個下午的時間。時間很寶貴，你只能撥出「合理」的時間來做決定。當然，是否合理取決於你要決定之事的重要性。由於你並沒有大把時間可以浪費，若要為取得大量資訊而花費許多時間，倒不如用捷徑來把事情辦妥。好消息是，過去的情緒記錄會協助你找到捷徑，而且你的認知性無意識會好好提供你這類記錄。

這一切都在在表明一個我非常喜歡的概念，那就是我們的認知性無意識具有推理能力，而且比起認知性意識具有更大的運作「空間」。但解釋這些研究結果的一個關鍵要素，會與受測者在過去對各種同類貴重物品的情緒體驗有關。無意識空間寬闊開放，適合這種暗地裡的運作。其運作會以個人利益為導向，主要是因為個人在過去都會學習到相關的情緒性感受因子，而與此有關的偏好會在無意識中標記這些選項。我相信，關於**無意識**優點的結論是正確的，但是當我們將情緒與感受納入無意識歷程的考量之中，我們對於在意識玻璃表面下所發生之事的概念就會變得更加豐富。

戴克史德豪斯的實驗說明了無意識與有意識力量的整合。無意識歷程無法獨自完成這項任務。在上述實驗，無意識歷程肩負起大多數的工作，但多年的意識思考讓受測者的無意識歷程得到反覆的訓練，也因此受惠。不只如此，當無意識歷程盡職工作時，受測者仍具有完整的意識。在麻醉或是昏迷下的無意識患者是無法做出任何有關現實世界的決定的，就像在麻醉或是昏迷時他們也無法享受性愛一樣。再一次地，這是讓我們致勝的隱蔽與公開層級所進行的適當共同合作。我們終日餵食給我們的認知性無意識，並小心地將一些工作（包括回應在內）外包給專業的進行。

當我們將一項技術磨練到精粹，不用再特意回想技術中所需要的那些步驟時，我們就會將這項專門技術外包給無意識空間。我們是在意識完全清楚的情況下訓練出這些技術的，但之後我們會將它們藏在我們心智中碩大的地下室裡，它們就不會弄亂小小的意識思考空間了。

戴克史德豪斯的實驗為後續有關無意識對決策任務影響的研究，注入了一股活力。我們的研究小組在早期研究中就已經提出有關這一方面的決定性證據[5]，例如：當正常受測者在具有風險

---

5. A. Bechara, A. R. Damasio, and S. W. Anderson, "Insensitivity to Future Consequences Following Damage to Prefrontal Cortex," *Cognition* 50 (1994), 7-15; A. Bechara, H. Damasio, D. Tranel, and A. R. Damasio, "Deciding Advantageously Before Knowing the Advantageous Strategy," *Science* 275 (1997), 1293-94.

且不確定的情況下玩著關乎輸贏的紙牌遊戲時，他們會在還不清楚自己為什麼這麼做的稍早之前就開始採用一項致勝策略。在採用致勝策略的幾分鐘前，只要受測者在思考要從一副不好的牌中抽出哪一張時，他們的大腦就會產生某種心理性的生理反應，而若是他們是要從一副好牌中抽出一張牌，他們就不會產生這種反應。這個研究結果的妙不可言之處就在於，受測者感知不到這種心理性的生理反應（我們在最初的研究中是測量皮膚的傳導性），觀察者的肉眼也看不出來。這種反應是本人意識雷達所無法察覺的，一種無聲無息地向致勝策略靠攏的行徑。[6]

這確切是怎麼運作的，我們尚未全然清楚，但無論是怎麼運作的，當下都不需要意識。等同於意識直覺的無意識會「撼動」決策過程，因此而左右了無意識的估算，並避免錯誤選擇。在隱密的心智中，很可能存在有一個重要的無意識推理過程，這個推理過程以我們都不知道的步驟介入，產生出了結果。無論這個過程是什麼，它都會產出等同**直覺**的東西，無需「清楚」確認解決方案的到來，就只是安靜地送出解決方案而已。

關於無意識歷程的證據越來越多，有增無減。我們做出具有經濟效益的決定，並不是完全受理性所導引，還會明顯受到厭惡損失喜歡收益這類強大的偏好所影響。[7]我們與他人互動的方式會受到大量的偏好所影響，這些偏好會與性別、種族、態度、口音與服裝有關。對於互動的環境也會帶有自己的偏好，這偏好與

---

6. 最近來自艾倫・寇威（Alan Cowey）實驗室的一組實驗，以一個報酬的範例證實了在我們的賭博實驗中，對於致勝策略的選擇是在無意識中進行的。N. Persaud, P. McLeod, and A. Cowey, "Post-decision Wagering Objectively Measures Awareness," *Nature Neuroscience* 10 , no. 2 (2007).

熟悉度及構思有關。我們在互動之前所經歷的思慮與情緒，也扮演著重要角色，就像在一天當中的時間也是如此：我們餓了嗎？我們吃飽了嗎？我們以迅雷不及掩耳的速度直接或間接表露出對於人們臉孔的偏好，完全沒有時間以意識去處理合理支持這項推論的數據，這就是為何我們無論是以私人身分或是公民身分做出重要決定時，都要格外小心的理由。[8] 只要你在簽下房屋合約之前，仔細思考過無意識為你提供的選項是什麼，那麼讓過去情緒的無意識波動來引導你選擇房屋是可以的。你可能會發現，有時候無論你怎麼用直覺進行判斷，卻發現立基於對數據重新分析所做出的選擇都不怎麼有用，那可能是因為你過去在該領域沒有適當經驗、存有偏見或是經驗不足。若你在選舉中或是陪審團中要進行投票，這就非常重要。在政治選舉與法庭審判中的投票者，所要面臨的重大問題之一就是情緒與無意識因素的力量。大家都非常清楚情緒與無意識因素的威力，以至於在過去幾十年中，有一種極為可怕的選舉影響機制已經發展成產業。而影響陪審團投票的作法雖然較不為人所知，但也同樣複雜。

　　思考與再評估、查驗事實與重新考慮，都至關重要。這裡是

7. D. Kahneman, "Maps of Bounded Rationality: Psychology for Behavioral Economists," *American Economic Review* 93 (2003), 1449-75; D. Kahneman and S. Frederick, "Frames and Brains: Elicitation and Control of Response Tendencies," *Trends in Cognitive Science* 11 (2007), 45-46; Jason Zweig, *Your Money and Your Brain: How the New Science of Neuroeconomics Can Help Make You Rich* (New York: Simon and Schuster, 2007); and J. Lehrer, *How We Decide* (New York: Houghton Mifflin, 2009).

8. Elizabeth A. Phelps, Christopher J. Cannistraci, and William A. Cunningham, "Intact Performance on an Indirect Measure of Race Bias Following Amygdala Damage," *Neuropsychologia* 41 , no. 2 (2003), 203-08; N. N. Oosterhof and A.Todorov, "The Funciotnal Bias of Face Evaluation," *Proceedings of the National Academy of Sciences* 105 (2008), 11087-92。關於無意識偏好的證據，亦可在具有見識的大眾讀物中找到不少。

投入更多決策時間的好時機，最好是在進入投票亭或是將票交給陪審團長之前。

　　所有這些發現都是好例子，證實了無論是否帶有情緒的無意識作用與無意識推理步驟，都會對任務結果造成影響。但是，受測者在取得任務的事先說明、做出決定以及被告知他們行動的結果時，他們的意識都非常清楚。而這些例子說明的顯然是意識決策中屬於無意識的部分。這些例子讓我們知道了據說是完美意識控制表面之下的各種複雜機制，但這並不是否定我們思考的力量，也不是說我們就不用為自己的行為負責。

關於基因性的無意識

　　簡要說明一下基因性的無意識，這是意識思考要對付的隱藏力量之一。我所說的基因性無意識是什麼？簡單來說，就是我們基因組中所含有大量的指示會引導生物體的建構，讓我們的身體與大腦出現具有鑑別度的顯性特徵，並進一步地協助生物體的運作。我們大腦迴路的基本設計就是由基因組所指示的，而且這個基本設計包含了可以用來管理我們行為的最初始無意識知識庫。首先這份知識主要是有關於生命調節、生死問題與繁衍。但準確來說，因為這個問題的核心性，所以這個設計促使了某些行為的發生，這些行為看似是由有意識的認知所決定，實際上卻是由無意識傾向所驅動。一個人在人生早期所表現出來的自發性偏好，無論是有關飲食、伴侶與居所，都有一部分是受到基因性的無意識所驅動。不過它們可以經由成長過程中的個人經驗來調整及改變。

　　心理學很早就知道存在著無意識的行為基礎，並經由自主性的直覺行為、驅力及動機等議題來進行研究。這在近期有了改變，我們理解到人類大腦中這類傾向的早期配置受到基因的影響不小，還有雖然我們是在有意識的情況下歷經了各種形塑及改造，但這類傾向所涉及的範圍極廣，有著令人吃驚的普遍性。特別值得注意的是，文化結構是建立在某些傾向之上。基因性的無意識影響了我們從音樂、繪畫到詩歌等藝術的早期形塑過程。這與社會空間的早期建構有關，其中包括了習俗與規範的建立。而且正如佛洛伊德與榮格確實感受到的那樣，這也與人類性愛的許多面向有關。這對宗教的基本描述與歷史悠久的戲劇及小說情節貢獻良多，在很大的程度上，這是以基因啟發的情感程序力量為中心。盲目產生嫉妒，對常識、確鑿證據與理性棄之不顧，驅使奧賽羅（Othello）殺死完全無辜的苔絲狄蒙娜（Desdemona），也讓卡列寧（Karenin）嚴厲懲罰通奸的安娜・卡列尼娜（Anna Karenina）。若不是奧賽羅生性易妒，伊阿古（Iago）滿肚子的壞水也無法得逞。男性與女性對於性行為有不同的認知，而許多相關參數都刻在我們的基因之中，潛伏在這些角色的行為背後，讓這些角色流傳至今。阿基里斯（Achilles）、赫克托（Hector）與尤里西斯（Ulysses）強烈的男性侵略性，同樣深植於基因性的無意識中。伊底帕斯（Oedipus）與哈姆雷特（Hamlet）這兩個角色也是同樣的情況，一個因打破亂倫禁忌而被毀滅，另一個也因隱諱的亂倫傾向而毀了自己。佛洛伊德對這些永久流傳的角色所進行的解析，融入了演化的起源，指出了人性中某些極常見的特徵。戲劇與小說，以及它們在二十世紀的傳承者電影，都從基因性的無意識當中受益良多。

　　人類所有行為展現出的特有同質性，有一部分是來自基因性的無意識。我們不斷地割捨了單調的普遍性，並憑藉藝術性或人們相遇所產生的純粹魔力，創造出令人欣喜若狂的無限生活變化，這是多麼了不起啊。

有意識的意志所產生的感受

在意識思考的監督下，受過這樣良好演練的認知性無意識會引導我們去觀察以意識構思出的想法、需求及計畫，這樣情況有多常見？另一方面，無意識的深層生物性古老偏好、胃口與慾望也會對我們進行引導，而這樣情況又有多常見呢？我猜想我們多數人都是軟弱但心善的罪人，所以兩種情況都會同時運作，有時這邊多一點，有時那邊多一點，這都取決於當下的情境與時間點。

無論我們表現得善良與否，我們都無可避免地會認為自己的所做所為全然都在意識的掌控之下，這種印象有時是正確的，但有時是錯誤的。這樣的一個印象就是一種**感受**，就是當我們生物體產生一種新知覺或是啟動一項新行動時所產生的感受，也正是我早先所提的知曉感受，是構成自我不可或缺的成分。丹・韋格納（Dan Wegner）也表達了同樣的觀點，他將有意識的意志描述為「私人來源的軀體標記，一種證明行動的主人就是自我的情緒。我們經由行動的感受，獲得參與此行為意志的有意識感覺。」[9] 換句話說，我們不單單只是赫胥黎（T. H. Huxley）一個世紀前所認為的那種「自動產生意識的機器人」，那種機器人是無法掌控我們的存在的。[10] 當心智被告知我們生物

---

9. Wegner, *Illusion.*

體所採取的行動時，與此告知相關的感受就會表明這是我們自己所採取的行動。告知與驗證當下行為對於驅動思考未來行動非常重要。沒有這類有效的感受資訊，我們就無法對生物體的行動肩負起道德責任。

對認知性無意識進行教育

對於人類行為變化最好的掌控，只能經由知識的累積以及對已發生事實進行思考來達成。花時間去分析事實、評估決策的結果與思考這些決策所產生的情緒性後果，是建立實用指引的路徑，而這些實用指引就是所謂的智慧。以智慧為基礎，我們就可以進行思考，並冀望在文化習俗與道德規範的框架中駕馭我們的行為，這些習俗與規範已為我們的人生以及所在世界提供了資訊。我們也可以對這些習俗與規範有所反應，去面對當我們與其意見相左時所產生的衝突，甚至是去試圖改變這些習俗與規範。出於良心拒服兵役者所面對的衝突就是個好例子。

還有同樣重要的是，我們也要知道，經意識思考所做出的決定會面臨一種獨特的障礙：它們必須找到方法進入認知性無意識中，才能擴散這個行動機制。而且我們還要提高這份影響力。要克服這項障礙的其中一種方法是，對於我們希望能在無意識間達成的程序與行動進行有意識的密集練習。反覆練習的過程會讓**行動技巧**變得純熟，讓有意識的心理行動程序地下化。

我並沒有在這裡創造出什麼新鮮的東西，只是大略描述了一

---

10. T. H. Huxley, "On the Hypothesis That Animals Are Automata, and Its History," *Fortnightly Review* 16 (1874), 555-80，重新刊登在 *Methods and Results: Essays by Thomas H. Huxley* (New York: D. Appleton, 1898)。

個實用的機制，我認為決策與行動很像是從這個機制中演繹而出的。幾千年以來，具有智慧的領導者也會尋求類似的解決方案，來讓跟隨者能夠遵守條理分明的儀式規範，這所產生的額外效應會逐步將有意識的意志所下的決策加入無意識的行動過程中。而一點也不出人意表的是，這些儀式規範時常會創造出高昂的情緒甚至是疼痛，因為藉由這種從經驗得出的方式，就可將所需的機制刻劃在人類的心智中。不過，我所想的遠超出宗教儀式與公民規範，涵蓋了與各種領域相關的日常生活事務，特別是有關健康與社會行為的事務。我們對於無意識過程不夠完善的教育，或許可以解釋為何我們之中有許多人在飲食與運動這些事項上一敗塗地。我們以為自己有在控制，但我們常常沒有，肥胖、高血壓與心臟病的流行證明了我們做不到。我們的生物結構往往讓我們吃下不該吃下的東西，而由生物結構形塑而出的文化傳統也促使我們這樣，甚至連利用它的廣告業也是如此。這裡並沒有陰謀，天性如此罷了。如果這就是儀式規範技巧所需要的，那麼這或許是一個培養儀式規範技巧的好地方。

同樣的情況也適用在毒癮的流行上。許多人之所以會染上各種毒癮還有酒癮的原因，跟恆定狀態的壓力有關。在日常生活當中，我們難免會面臨挫折、焦慮與困難，這些會讓恆定狀態失衡，進而讓我們產生不舒服的感受，可能是痛苦的感受、沮喪的感受或是難過的感受。濫用毒品的作用之一就是迅速且短暫地恢復失衡狀態。這些毒品是怎麼做到的？我相信它們改變了大腦當下對自己身體感受的意像。失衡的恆定狀態在神經上的表現是身體遇上麻煩且處處受阻的模樣。在給予特定劑量的某些毒品後，大腦會呈現出功能運作較為順暢的生物體表徵。先前感受意像所對應的痛苦，轉變成暫時性的愉悅感。大腦的慾望系統被挾持了，而且最終的結果並不是眾望所歸的恢復平衡，至少持續不了多久。儘管如此，意志力要很強大才有辦法拒絕這種能夠快速消除痛苦的方法，即使人們已經知道這只是短暫恢復，也知道這項選擇有著極為可怕的後果。在我所大略描述的架構中，有個明顯的原因可以說明這種情況。無意識的恆定需求由天性所掌控，只有訓練完善的強大反制力才有辦法對抗。史賓諾莎曾說過，會產生負面後果的情緒只能由另一股更強大的情緒來對抗。看來他的想法似乎是對的。而這可能就意味著，僅僅只去訓練無意識過程要進行禮貌性的拒絕，根本無法解決問題。必須要由有意識的心智對無意識的裝置進行訓練，才能產生情緒性的反制力。

大腦與公正

　　有意識與無意識控制的生物學概念，與我們的生活方式有關，尤其是與我們應該要有的生活方式有關。但這份關係在社會行為，特別是道德行為這方面的社會行為，以及違反法律所定社會協議的問題上更為重要。

　　文明，特別是有關公正這方面的文明，是以人類具有其他動物所沒有的意識此理念為中心。大體而言，文化演化出司法系統，將常識運用到複雜的決策上，並以保衛社會法律不受某些人褻瀆為目標。所以我們很容易就能明白，除了極少數例外，從大腦科學與認知科學而來的證據幾乎完全不受重視。

　　目前人們對於有關大腦的證據日益恐懼，因為這類證據變得廣為人知，可能會對法律的運用造成影響，所以法律系統大都不把這類證據納入考量，以迴避這個問題。但我們應該要有不同的反應。每個人都具有知曉的能力，必須為自己的行為負責。前述事實並非意味著意識的神經生物學就跟司法的過程及教育的過程無關，這些過程都肩負起讓未來世代準備好適應社會生活的責任。相反地，律師、法官、立法者、制定政策者與教育工作者都必須要讓自己了解意識與決策的神經生物學。這是一件重要的事情，有助於推動制定符合現況的法律，並為未來世代肩負起掌控自己行為的責任做好準備。

在某些大腦功能障礙的病例中，即使是訓練有素的思考可能也無法制伏意識的威力或是無意識的威力，這是沒有關係的。我們才剛剛開始收集到這類病例的情況，不過我們對此也有些許了解，像是患有某種前額葉損傷的患者可能會無法控制自己的衝動。這類患者控制自己行為的方式出現異常。當他們落入司法的管轄範圍內時，是要怎麼審判他們呢？視為罪犯還是視為神經疾病患者？我會說，可能兩者都是吧。絕不能因為他們是神經疾病患者就原諒他們的行為，即使這可以解釋犯罪行為的各個方面。但是因為他們患有神經疾病，所以他們就是病人，社會需要提供相關協助。不幸的是，目前我們才剛開始要了解神經疾病的這些方面，所以一旦診斷出病情，我們能夠提供的治療極少。但這絕不會限制了社會需要肩負起的責任，這些責任包括對於可用知識的了解與公開辯論，以及進一步研究這些重要議題的需求。[11]

有些前額葉損傷集中在腹內側部位的其他患者，會以非常實際且功利的態度來評判假設性的道德難題，讓人類靈魂中良善天

---

11. 麥克阿瑟基金會（McArthur Foundation）以大型機構聯盟為基礎，針對神經科學與法律發起了一項志向遠大的計畫。此計畫由麥克爾．葛詹尼加（Michael Gazzaniga）所主導，旨在以當代神經科學來調查、討論與研究其中一些問題。

使的那一面幾乎完全派不上用場。當這類患者遇上一個假設性的謀殺未遂案（有謀殺意圖但沒有成功）時，他們對這個情況的評判跟意外致死案不會有什麼明顯的不同。事實上，他們可能還會覺得謀殺未遂案讓人更能接受一點。[12] 我們至少可以這麼說，這類患者了解動機、意圖與結果的方式一點也不合常理，即使他們在日常生活中連蒼蠅都不敢打。對於人類大腦評判行為與控制行動的方式，仍有許多等待著我們去學習。

大自然與文化

生命的歷史就好是一顆擁有眾多枝葉的樹，每根枝葉都會引領出不同的物種。即使不是位於高枝末端的物種，也可以在自己鄰近的動物範圍中，成為擁有高度智慧的那一群。要評判牠們的成就，就要與鄰近的動物相比較。當我們以長遠的視角來觀察生命之樹，我們必然可以看出生物體確實是從簡單發展到複雜的。從這個視角來看，我們合理地會去猜想意識到底是何時出現在生命的歷史當中。意識為生命做了什麼？若我們將生物演化視為生物在生命之樹上非刻意的發展，那麼明智的答案就是意識出現得很晚，所以位在樹上的高處。無論是在原生湯（primordial

---

12. 我們研究小組的相關研究包括：S. W. Anderson, A. Bechara, H. Damasio, D. Tranel, and A. R. Damasio, "Impairment of Social and Moral Behavior Related to Early Damage in Human Prefrontal Cortex," *Nature Neuroscience* 2 , no. 11 (1999), 1032-37; M. Koenigs, L. Young, R. Adolphs, D. Tranel, M. Hauser, F. Cushman, and A. Damasio, "Damage to the Prefrontal Cortex Increases Utilitarian Moral Judgments," *Nature* 445 (2007), 908-11; A. Damasio, "Neuroscience and Ethics: Intersections," *American Journal of Bioethics* 7 (2007), 1, 3-7; L. Young, A. Bechara, D. Tranel, H. Damasio, M. Hauser, and A. Damasio, "Damage to Ventromedial Prefrontal Cortex Impairs Judgment of Harmful Intent," *Neuron* 65 , no. 6 (2010), 845-51.。

soup）或是細菌中、在單細胞或簡單多細胞生物中、在真菌類或植物中，都沒有意識的蹤影，這些有趣的生物都有精巧的生命調節裝置，過段時間，意識就會改善這些裝置的運作。前述生物體都沒有大腦，更不用說心智了。因為沒有神經元，所以行為受限，也不可能具有心智。沒有心智，就不會有意識，有的只是意識的前身而已。

當神經元出現時，生命有了驚人變化。神經元與其他身體細胞不同。雖然神經元與其他細胞的組成一樣，一般的運作方式也極為相似，但它們很特別。神經元變成訊號的攜帶者，並成為能夠傳送與接收訊息的處理裝置。神經元憑藉這些傳訊的能力，組織形成複雜的迴路與網絡。這些迴路與網絡接續以直接或間接的方式，呈現出其他細胞活動的表徵，影響其他細胞的功能，甚至也影響本身的功能。神經元徹頭徹尾都與身體的其他細胞**有關**，不過它們不會僅僅因為獲得了以電化學方式傳送訊號的能力，就失去了自己身體細胞的狀態。神經元會將訊號發送到生物體的各處，並構成極其複雜的迴路與系統。神經元也是身體細胞，所以它們跟所有身體細胞一樣都很需要養分，而它們最大的不同之處在於，它們會玩其他身體細胞所沒有的花招，並意志堅定地要活得長久，儘可能與他們的主人一樣長壽。這樣看來身體與大腦的差異有點被誇大了，既然構成大腦的神經元**就是**一種身體細胞，那麼身體與心智的問題跟神經元也會有相關。

一旦神經元在具有移動能力的生物體中就定位，生命就會以某種方式發生改變，不過大自然就將植物排拒在這種方式之外了。在功能上持續不斷複雜化的過程啟動了，從較為精良的行為到心智歷程，最終再來到意識。藏身在複雜化背後的一項奧秘目前已經釐清。這個奧秘與兩件事情有關，而且這兩件事情同樣重要。一件事是生物體內的神經元數量，另一件事是神經元逐步形成更大迴路時所用的組織模式，這會一直擴展到形成具有複雜性功能連結系統的宏觀大腦區域為止。神經元數量以及組織模式結合的重要性，就是為何無法完全依靠研究個別神經元來探討行為、作用分子或涉及生命運作基因等等這些問題的原因。要全面性地了解這個問題，就要對個別神經元、微型迴路、分子與基因進行研究。但是，正因為不同物種的大腦神經元**數量**與組織模式大不相同，所以猿猴與人類的心智及行為才會如此地不同。

　　神經系統發展成為生命與生物價值的管理者，其最初是受到非大腦的傾向所協助，但最終是受到意像（也就是心智）的協助。心智的出現對大量物種的生命調節產生驚人的改善，即使意像缺乏細節，只出現在感知期間，之後就完全消失不見。社會性昆蟲的大腦就是這類成就的案例，它們具有驚人的複雜度，但靈活度不足，行為順序容易受到干擾，而且還不具有在暫時的記憶工作空間中保存表徵的能力。在數種非人類的物種身上，心智行為變得非常複雜，但靈活度與創造力這個兩個人類專有的標誌是否能從一般心智中出現，仍有爭議。心智必須要主角化，並且必須經由在其中產生的自我歷程來讓其變得更為豐富。

　　一旦自我進駐到心智中，生命這場遊戲就會產生變化，雖然一開始的變化不大。內部與外部世界的意像會以融合原我的方式進行組織規劃，並由生物體的恆定需求來引導。接著，曾在演化早期形塑生命歷程的獎懲、驅力與動機裝置，會協助複雜情緒的發展。社會性智慧開始變得有靈活度。核心自我最終的出現帶來了多方面的擴展，包括了心智處理空間、常規記憶與回憶、工作記憶與推理等等的擴展。生命調節聚焦於一個定義逐漸變得更加完整的個體。最終自傳自我出現，它的現身造成了生命調節產生了根本性的變化。

如果大自然代表著無區別、隨性且不合理的，那麼人類意識就創造出了質疑自然方法的可能性。人類意識的出現與大腦、行為與心智的演化發展有關，這些發展最終會促成文化的產生，成為大自然稱霸史中的一個全新事物。神經元的出現與伴隨出現的多樣化行為，以及前往心智的大道，構成了這條偉大軌跡中的重要事件。有意識的大腦最終會具有靈活的自我思考，這種有意識大腦的出現就是這條軌跡中的下一起重要事件。這開啟了反叛大自然隨性要求的一條路徑，儘管這種反應還不夠完美。

獨立且反叛的心智是如何發展出來的？我們只能用推測的，接下來幾頁的內容只能算是對一幅極複雜圖畫的大致描繪而已，這幅圖畫無法用一本書概括，更不用說只用一個章節概括了。儘管如此，我們可以確定的是，這樣的反叛不會突然發生。由各種感官裝置射映圖所構成的心智正在協助改善生命調節，但即使映射圖變成了可以恰當感受的心智意像，它們仍然不是獨立的，更不用說要反叛了。生物體內部的感受意像之所以存在，是為了改善生存與創造具有潛力的美好奇觀，但沒有人看到這些。當心智開始將核心自我納入其中時，也就是意識真正開啟的時候，我們就越來越接近目標，但這時還尚未達到。擁有一位簡單的主角具有明顯的優勢，因為它可以在生命調節需求與眾多心智意像（大腦形成之有關周圍世界的意像）之間產生穩固的連結，並最佳化行為的指引。但是，只有在自我複雜到足以揭開人類處境的全貌，只有在生物可以學會無論是痛苦、損失還是愉快、興盛或愚蠢都在危急存亡關頭，只有在提出有關人類過去與未來的疑問，只有在想像力可以顯示要如何減少痛苦、降低損失與增大快樂與喜好的機率時，我所提到的獨立才會現身。這就是當反叛開始將人類的存在往新的方向推動的那個時候，有點挑釁、有點溫和，但全都立基於對知識的思考，起初是神話知識，後來是科學知識，但無論如何都是知識。

當自我進駐心智中

若是能找到強大的自我是在何時何地進入到心智中，並開始進行名為文化的生物演化，會是件多美好的事啊。但是，雖然當下研究學者致力於對歷史中倖存下來的人類記錄進行解讀與確認年代，但我們還無法回答這類問題。可以確定的是，自我成熟的過程是緩慢且逐步的，而且成熟得並不平均，世界上有多個地方都發生了這樣的過程，但不一定是同時發生的。而眾所皆知的是，與我們人類最有直接關係的祖先大約是在二十萬年前站起來行走的，接下來在三萬年前，人類創造出洞穴繪畫、雕塑、石刻、金屬鑄造與珠寶，可能還有音樂。法國阿爾代什省（Ardèche）肖維岩洞（Chauvet cave）的年代據推測可能是在三萬二千年前，而年代大約落在一萬七千年前的拉斯科洞（Lascaux cave）就已經出現了類似西斯汀教堂的百幅複雜繪畫與千幅石刻，裡頭還混雜著數字與抽象符號。顯然那時已經出現了能夠處理符號的心智。藝術表達及精密工具製造的爆炸性發展成了智人（*Homo sapiens*）的指標，而前述兩者與語言出現之間的確切關係，目前仍然未知。但我們確實知道，人類幾萬年以來所參與的葬禮已經相當精緻，不但需要對死者進行特殊處理，也有相當於墓碑的東西。若是對生命沒有明確關注，很難想像這種行為是怎麼出現的，我們第一次試圖解析生命並賦予其價值，這當然是情緒上的價值，但也是智慧上的價值。在沒有強大自我的情況下，根本無法想像要怎麼產生這些想法與解析。

　　大約五千年前的文字發展，提供了少量的穩固證據，還有不到三千年的荷馬史詩時代，也顯示出自傳自我無疑已經進駐到人類的心智之中。雖然如此，我讚同朱利安・傑恩斯（Julian Jaynes）的說法，在《伊利亞德》（*Iliad*）與《奧德賽》（*Odyssey*）兩部著作所敘事件之間的這段相對短暫期間當中，人類心智可能發生了重大事件。[13] 隨著有關人類及世界的知識累積，接續的思考可能就會改變自傳自我的結構，將心智歷程散落的方方面面更緊密的結合在一起。大腦活動的協調，首先是由價值所驅動，接續由理性所驅使，這份協調是為我們的利益而運作的。儘管如此，我認為具有反叛特質的自我是最近才發展出來的，大約就幾千年吧，在演化的歷史中這只是轉瞬間的事而已。人類大腦可能在更新世（the Pleistocene）這段漫長時期中取得了某些特性，自我所運用的極有可能就是這些特性。自我得仰賴大腦容納大量記憶記錄的能力，這些記錄不只有關動作技術，還有關事實與事件，特別是有關個人的事實與事件，這些個人記錄構成了自傳、個人特質與個人身分的骨架。自我得仰賴平行於知覺空間的大腦工作空間，記憶記錄能在這個空間中進行重建與運用，這是個離線等待區，可以在延遲決策的期間不必理會需要即刻回應的暴

---

13. Julian Jaynes, *The Origin of Consciousness in the Breakdown of the Bicameral Mind* (New York: Houghton Mifflin, 1976).

政。自我得仰賴大腦產生心智表徵與符號表徵的能力，心智表徵屈從地模擬現實，而符號表徵則以符號來象徵行動、客體與個人。具反叛特質的自我得仰賴大腦與心智狀態交流的能力，特別是感受狀態，這些狀態經由身體姿勢與手勢來交流，也經由音調與口語這類形式的聲音來交流。最後，這樣的自我還仰賴與大腦記憶系統並行之外部記憶系統的發明，也就是早期繪畫、石刻、雕塑、工具、珠寶、墓葬建築以及在語言出現許久後的文字記錄所提供的圖示表徵。而其中的文字記錄，一直到近期都是最為重要的外部記憶系統。

我們的知識都烙印在大腦迴路中，或是以石頭、黏土或紙張等外部形式記錄下來。一旦自傳自我可以在上述知識的基礎上運作，人類就能將個人生物需求與積累的學識連結起來。因此而開啟了詢問、思考與反應的一長串過程，這在整個人類歷史中以神話、宗教、藝術與各種用於控管社會行為的結構（道德、司法系統、經濟、政治、科學與科技）來記錄表現。經由生物價值過濾取得並由理性所推動的記憶，展現了意識的最終成果。

具有思考能力的自我所產出的成果

我有時會想像早期人類在口語確定成為溝通工具之後的情況。我會想像他們有意識的大腦具有許多我們今日在人類身上所發現的能力，而且他們想要的也大都是我們今日想要取得的東西：食物、性愛、住所、安全、舒適、某種程度的尊嚴、剛萌發的優越感。在環境中為資源而競爭是主要問題，這會產生大量衝突，而合作是必要的。當然也會有獎勵、處罰與學習來引導行為。讓我們假設早期人類擁有與我們相似的各種情緒。毫無疑問地，依附感、噁心、害怕、愉快、難過與憤怒都有出現，還有掌控社交的信任、害羞、罪惡感、同情、輕視、驕傲、敬畏與欽佩等情緒也有出現。讓我們假設，這些早期人類在強烈好奇心的驅使下，對於自身物理環境與其他生物（無論是否屬於同樣的物種）感到興趣。若二十世紀有關與世隔絕部落的研究可以做為參考的話，他們其實也對自己本身感到好奇，也會訴說著有關自身起源與命運的故事。這份好奇心背後的動力，相對容易想像。對於與自己有關的人，早期人類能夠感受到情感與依附感，特別是對配偶與子女，當他們失去這些關係，或是看見他人痛苦或自己受苦時，也會體驗到悲痛。那些關於愉快且心滿意足的時刻，或是努力狩獵、求愛、保衛住所、爭戰與養育子女等等獲得成功的時刻，他們也都會體驗與見證到。

只有在人類意識成熟發展後，也就是心智能夠引導深層思考與收集知識後，才有可能系統性地發現人生劇場的存在與其可能的補償。最終，基於早期人類可能擁有智力，所以他們可能會對自己在世界中的地位感到好奇，就像是我們**從哪裡來、要往哪裡去**這類在千年之後的今日仍縈繞在我們心頭的問題一樣。這就是具反叛特質的自我變得成熟之時。這就是為人類處境與其運作建立神話的時候了。當社會習俗與規範變得複雜時，就會造成真正的道德開始出現，這是高於親屬利他主義與互惠利他主義這類道德前身行為的真正道德，那些道德前身行為不過是在具思考能力的自我出現之前的天性行為罷了。當宗教內容圍繞著神話打造時，就是要去解釋人生劇場背後原因，以及經由新的規範來減少這類神話出現。簡言之，具思考能力的意識不只更能揭露存在的真相，也讓具有意識的個體開始解釋這個情況並採取行動。

我認為在這些文化發展背後的動力就是**恆定的推動**。較大且較聰明大腦在認知上會有明顯的擴展，但只仰賴這種認知擴展的解釋，是無法解析文化的非凡發展的。文化發展以一種又一種的形式，展現出與自動恆定形式相同的目標，而縱觀全書，這就是我一直提到的東西。當它們偵測到生命歷程失衡時會有所反應，它們會設法在人類生理與物理及社會環境的限制內進行矯正。危害個人與群體的社會行為會造成失衡，道德規範與律法的精進與司法系統的建立，就是在偵測到這樣的失衡時所做出的反應。針對失衡所創造出來的文化工具旨在恢復個人與群體的平衡。經濟與政治系統的貢獻以及醫療的發展，就是對發生在社會空間且需要在空間內矯正的功能性問題有所反應，免得這些問題影響到個體生命調節，進而影響到由個體所組成的群體。我所提到的失衡是由社會與文化參數所定義的，只有高階的有意識心智才能偵測到失衡，而這只會出現在大腦的最上層，不會現身在皮質下的層級。我稱這整個過程為「社會文化恆定」。就神經學而言，社會文化恆定從皮質層級開始，不過對失衡的立即情緒反應也涉及了基本恆定，這再次印證了人類大腦混雜的生命調節，從高階來到低階，然後又回到高階，這是一個經常受到混亂波動但又避免不了的振盪過程。有意識的思考與行動計畫引進了一種在生理學中非常新奇的可能性，也就是在高於自動恆定的位置上來掌控生命的可能性。有意識的思考甚至可以質疑與調整自動恆定狀態，並設定一個高於生命需求且更能持續達到幸福的最佳恆定範圍。那個在想像中夢寐以求且滿心期待的幸福，成為人類積極行動的動機。社會文化恆定狀態加入成為生命管理的新功能層級，不過生物恆定狀態依然存在。

以生命調節與趨向恆定平衡為中心進行演化的生物體，在配備了意識思考後，為受苦的個體發明了各種形式的安慰、為協助受苦者的個體頒發獎勵、對造成傷害的個體進行訓斥、還制定了旨在避免傷害與推動善舉的行為規範、結合了處罰與預防措施，也將懲罰與表揚融為一體。這裡所會面臨的問題就是要如何讓所有智慧變得易懂、易傳播、具有說服力且是可執行的，一言以蔽之，就是讓智慧穩固流傳，而我們也發現了一個解決方案。說故事就是一個解決方案，說故事是大腦固有的天性。固有的說故事天性創造出了我們的自我，所以說故事會普及整個人類社會與文化，一點也不令人意外。同樣令人不意外的是，社會文化中的敘述從神話人物那裡借用了權威性，我們假設這些神話人有著比人類更大的力量與知識，這些人物的存在解釋了各種困境，而人物的行動也能夠提供協助並改變未來。在肥沃月彎（Fertile Crescent，*自地中海東岸，經美索不達米亞平原至波斯灣頭，為西亞古文明發源地*）的天空下或在故事書《瓦爾哈拉》（*Valhalla*）中，這些人物對人類心智產了美好的影響。

　　無論是個人或群體，若其大腦能夠發明與運用這類敘述來改善自身與所處社會，那麼他們的成功就足以對大腦的結構特性進行個體性或群體性天擇，而這些結構特性出現的頻率也會隨著世代而增加。同樣重要是，神經生物學所發展出的密集想法交流，會在文化方面發揮作用。對想法進行模擬並成功挑選出某些想法，確實會加速文化演化的速度。[14]

---

14. 近來有兩本不同的書籍提出了有關宗教思維最初起源、歷史發展與生物基礎的智慧觀點，請參考：Richard Wright, *The Evolution of God* (New York: Little, Brown, 2009); 以及 Nicholas Wade, *The Faith Instinct* (New York: Penguin Press, 2009)。

雖然我認為有基本與社會文化兩大類恆定狀態存在，但不應該就認為社會文化類就只局限在「文化」的範疇，而基本類就只局限在「生物」的範疇。生物學與文化徹頭徹尾都在互動。社會文化恆定狀態是由眾多心智運作所塑造而出的，具有這些心智的大腦首先是在特定基因的引導下以特定方式建構而成。有趣的是，有越來越多的證據顯示文化發展會對人類基因產生深度改變。舉例來說，乳牛養殖業的出現與飲食中的牛奶讓乳糖耐受性基因產生變化。[15]

　　我猜想，正是形塑神話與宗教發展的同一個恆定力量，在背後推動藝術的出現，這個過程也受到同樣的求知慾與解析動力所協助。這或許聽起來有些諷刺，因為佛洛伊德認為藝術是一種解藥，可以解救宗教所造成的神經官能症，但我並沒有諷刺的意味。同樣的情況確實也促成了這兩項發展。如果管理生命的需求是音樂、舞蹈、繪畫與雕塑最初出現的原因之一，那麼改善溝通與規劃社會生活的能力就是另外兩個強大的原因，它們賦予藝術額外的持久力。

　　請閉上你的眼睛一下，想像很久以前的人類，可以久到語言還未現身但已經出現了心智與意識的那個時候，當時的人類已具

---

15. W. H. Durham, *Co-evolution: Genes, Culture and Human Diversity* (Palo Alto, Calif.: Stanford University Press, 1991); C. Holden and R. Mace, "Phylogenetic Analysis of the Evolution of Lactose Digestion in Adults," *Human Biology* 69 (1997), 605-28; Kevin N. Laland, John Odling-Smee, and Sean Myles, "How Culture Shaped the Human Genome: Bringing Genetics and the Human Sciences Together," *Nature Reviews Genetics* 11 (2010), 137-48.

有情緒與感受，已經知道什麼是難過、什麼是愉快，什麼是危險、什麼是安全與舒適。他們會享受得到東西的快感或體驗到失去東西的難受，也會感到快樂或痛苦。現在再想像一下，他們會如何表達他們心裡的這些狀態。他們可能會發出不同的叫喊，有的表示危險、有的表示問候、有的表示愉快、有的表示哀悼。他們可能會吟誦或甚至是唱歌，因為人類的發音系統就是一種內建樂器。胸腔就是具天然的鼓，所以我們可以想像一下他們發出鼓聲。想像鼓聲是一種集中注意力或進行社會動員的工具，例如號令的鼓聲與戰鼓，或是想像原始骨笛吹出的笛聲是一種施法、誘惑、撫慰與嬉戲的工具。雖然這不是莫札特等級的音樂，也不是《崔斯坦與伊索德》（*Tristan and Isolde*）等級的故事，但他們已經發現了方法。再多想像一些吧。

音樂、舞蹈、與繪畫這類藝術的誕生，可能就是人們試圖要與其他人交流資訊，這些資訊包括了威脅與機會的訊息、自身難過與愉快的感受以及社會行為的形塑。但是在交流的同時，藝術也會產生恆定影響。若是沒有，藝術如何能夠勝出呢？這一切發生的時間甚至早於一項奇妙的發現，這項發現就是當人類能夠創造文字並串接成句時，會發現並非所有的聲音聽起來都一樣。聲音有天然的音調，音調可以在時間中建立關係，進而創造出節奏，而某些節奏會讓人產生愉悅之情。於是詩歌開始出現，而這項技術最終可以回饋到音樂與舞蹈的實踐上。

只有當大腦取得某些心智特質時，藝術才會現身。這些心智特質很有可能是經歷漫長演化時期才發展出來的，這段漫長時期同樣又是更新世。這類特質的例子眾多，包括對某些形狀與某些顏色的愉悅情緒反應（這些形狀與顏色會出現在自然物件上，不過也適用在人造物件以及身體裝飾物上），還有對於某些聲音特質與結構（與音色、音調和兩者間之關聯性以及節奏有關）所產生的愉悅反應。類似的還有對某些空間規劃與景緻的情緒反應，景緻也包括開闊的遠景以及鄰近水源與植被的地方。[16]

藝術最初可能是藝術家與受眾的恆定裝置與交流工具。最終，藝術在藝術家這一邊與受眾那一邊的運用都變得相當多元。藝術成為處理事實與情緒資訊的特權工具，這些都是對個人與社會很重要的資訊，並在早期史詩、戲劇與雕塑中就已奠定。藝術也成為滋養情緒與感受的工具，其中又以音樂在各個時代都表現出色。同樣重要的是，藝術成為探索個人心智與他人心智的方法，一種排練生活特定面向的工具，以及一種運用道德判斷與道德行動的工具。最終，因為藝術雖然深植在生物學與人體之中，卻可以將人類思想與感受提升到最極致的高度，所以藝術成為一種進入精準恆定狀態的方式，那是人類最終在理想中想要實現的精準恆定狀態，是與人類精神方面相對應的生理狀態。

簡而言之，藝術之所以會在演化中勝出，是因為藝術具有生存價值，對於幸福此理念的發展具有貢獻。藝術協助凝聚社會群體與推動社會組織，也協助溝通，還能抵消恐懼、憤怒、慾望與悲痛所造的情緒失衡，藝術或許還可以開啟對文化生活進行外部記錄的漫長過程，就像在肖維岩洞與拉斯科洞所看到的那樣。

有人認為藝術之所以能夠生存下來，是因為藝術讓藝術家在

---

16. 生物學家威爾森（E. O. Wilson）最先呼籲大家關注這些特質的演化意義。丹尼斯·達頓（Dennis Dutton）則在 *The Art Instinct: Beauty, Pleasure, and Human Evolution* (New York: Bloomsbury Press, 2009) 中，提供了一份有關這類關鍵特質的完整列表。

吸引配偶上更能成功，我們只需想想畢卡索就會發出會心一笑。但藝術有可能只是因為它們具有療癒價值所以勝出。

對於人類的苦難、未曾獲得的幸福與失去的天真，藝術雖然不足以完全彌平，但無論在過去或現在它都是種撫慰，在天災人禍橫行時的一種補償。藝術是意識對人類最卓越的贈禮之一。

那麼，意識對人性最極致的贈禮是什麼呢？或許是可以在我們想像的大海之中航向未來的能力，引導自我駛入一個安全且高產能的港口。這份最極致的贈禮也得仰賴自我與記憶的交會。受到個人感受調和過的記憶，讓人類可以想像個人幸福與整體社會幸福，並發明可以達成與擴大幸福的方法與工具。在已體驗的過去與可預期的未來之間，記憶負責不斷地將自我置於瞬間消逝的當下時刻，永遠在逝去的昨日與可能的明日之間徘徊。未來從遙遠看不見的位置上推動著我們向前，並賦予我們意志力持續在**當下**航行。這或許體現了英國詩人艾略特（T. S. Eliot）的這段詩文：「過去的時間與未來的時間，可能發生的與已經發生的，都指向一個端點，那就是一直出現的當下」。[17]

---

17. T. S. Eliot, *The Four Quartets* (New York: Harcourt Books, 1968)。這些文字引自〈焚毀的諾頓〉這首詩第一部分的最後三行。

附錄

大腦結構

當你觀察人類大腦的立體圖時,用肉眼就可以看到明顯的結構排列。所有人類大腦的整體形態都很類似,每個大腦的特定部位都出現在相同的位置上。大腦部位之間的關係,就好像眼、耳、鼻這些臉上部位的關係一樣。確切的形狀與大小多少會因人而異,但差異不大。沒有人臉上的眼睛是方形的,或是眼睛比鼻子或嘴巴還要大,而且大致上都是對稱的。每個部位的相對位置也有類似的限制。我們的大腦就跟臉部一樣,都是按照什麼部位要安排在空間中什麼位置的規則來進行的。不過大腦仍然相當具有個人特色,每個人的大腦都是獨一無二的。

然而,跟本書內容有關的那方面大腦結構,就不是肉眼可見的了。在表層之下的大腦,是由軸突組成的大量連線所構成,軸突是讓神經元互相連結的纖維。大腦具有以千億(大約 10^{11})計的神經元,這些神經元之間又形成了高達千兆(大約 10^{15})個的連線。儘管如此,連線是根據**模式**形成,不是每個神經元彼此之間都具有連線。相反地,神經元的網狀結構具有高度選擇性。從遠處看起來,它形成了一幅或多幅的連線圖,至於是一幅還是多幅,就要取決於大腦的部位了。

了解這些連線圖，是理解大腦作用與其執行方式的一條途徑。但這並不容易，因為這些連線圖在建構過程中與建構完成後，還會產生相當大的變化。我們天生就會具有某些連線模式，這是在基因的指示下就定位的。這些連線在子宮中就已受到數個環境因子的影響。每個人在出生後所經歷的獨特環境體驗，會作用在最初的連線模式上，在我們自身活動的影響下，對連線模式進行修葺，強化某些連線並削弱另一些連線，增加或減少某個網絡中的連線數量。學習與創造記憶，就是對個人大腦連線圖進行雕琢、仿造、形塑、組成與重組的過程。這個過程是我們生命的一部分，從出生就開始，一直持續到死亡為止，不過若是有阿茲海默症破壞了這個過程，那麼它就會提早結束。

　　我們是如何發現這些連線圖的設計呢？探討此問題的研究，一直到最近都還是需要腦部標本，主要是對人類或實驗動物大體的腦部進行檢視。大腦組織的樣本會進行固定並以標記用的染料進行染色，這些非常薄的組織切片會放在顯微鏡下進行分析。實驗神經解剖學的這類研究擁有令人欽佩的傳統，而這些研究也提供了我們今日絕大部分關於大腦網絡的知識。但我們關於神經解剖學的知識還是令人困窘地不夠完整，所以迫切需要運用現有染色技術與強大的現代顯微鏡，持續進行這類研究，以取得重大進展。

　　近年來，因為出現了可運用在活人身上的磁共振造影，所以打開了新的契機。像擴散磁共振造影的這類非侵入性方法，讓我們首次可以看到人體內的神經連結網絡。雖然這類技術還未完善，但已經讓我們有了未來能夠揭開驚人事實的希望。

在人腦中的千億個神經元與它們所形成的千兆個突觸，是如何產生能夠形成行為的動作，以及每個心智擁有者所意識到且可以產生文化的心智呢？若是回答「這是眾多神經元與突觸經由大量互動與後續複雜性所運作達成的」，並不是個好答案。互動與複雜性必然存在，但互動與複雜性並非無固定形式。它們衍生自局部迴路部署的各種設計，也衍生自這類迴路用於創造系統中相關部位的更多樣方式。每個部位的內部構造方式，決定了它的功能。一個部位在整體結構的位置也非常重要，因為它在整體計畫中的定位，會決定它在系統中的夥伴，也就是會決定與它互相交流的那個區域，而且反之亦然。這讓情況更加複雜，也就是說在某種程度上，與它互動的夥伴也會決定它將會獲得的定位。不過在我們進行深入探討之前，應先簡短介紹一下用於建造大腦結構的材料。

磚塊與砂漿

能夠形成心智的大腦是由神經組織所構成，神經組織就像任何生物組織一樣，都是由細胞所構成。大腦細胞的主要類型就是**神經元**，神經元是生物學領域中的一種獨特細胞，原因我在第一、二、三章中有提到。神經元與其軸突鑲嵌在由另一種大腦細胞（**膠質細胞**）所構成的框架中。（與其說鑲嵌，倒不如說**懸掛**或許會比較好。）膠質細胞除了提供神經元實體支撐外，它還會提供部分的養分。沒有膠質細胞，神經元就無法生存，但是就行為與心智而言，所有一切都顯示神經元才是大腦的關鍵元件。

當神經元運用軸突傳送訊息給肌肉纖維時，肌肉纖維就會產生動作。當神經元在映射形成部位的極複雜網路中活動時，所產生的成果就是意像，這就是心智活動中主要流動之物。就我們目前所知，膠質細胞並不會從事這類工作，不過它們對於神經元運作的完整貢獻，我們也尚未完全了解。令人遺憾的是，膠質細胞是神經膠質瘤這種最致命大腦腫瘤的根源，目前還沒有任何方式可以治癒。情況更糟糕的是，根本不知道是何原因，惡性神經膠質瘤在全球的罹患率都上升了，跟所有其他惡性腫瘤的情況幾乎都不同。其他腦部腫瘤常見的根源是腦膜細胞，這是一種會包覆腦部組織的類皮膚膜。腦膜瘤往往是良性的，不過根據腫瘤的位置與過度增生的情況，還是可能會嚴重影響腦部功能，它們絕非善類。

神經元在解剖學上主要分成三個部位：（1）神經細胞體：這是細胞的發電廠，裡頭有細胞核與粒線體這類胞器（神經元完整的基因組位在細胞核中，不過在粒線體中也可以發現到 DNA）；（2）軸突：從細胞體延伸出去，是主要的輸出纖維；（3）樹突：從細胞體向外的枝狀突起，有些類似鹿角，是輸入纖維。神經元彼此相連的邊界區域，則稱為**突觸**。在大多數的突觸裡，神經元的軸突會與其他神經元的樹突進行化學接觸。

神經元會活動（活化）或靜止不活動（不活化），也就是會處於「開啟」或「關閉」的狀態。神經元活化時會產生電化學訊號，跨過突觸的邊界，傳送至另一個神經元那裡，一旦訊號達到讓其他神經元活化的必要條件，其他神經元也會活化。電化學訊號會從神經細胞體傳送至軸突。突觸的邊界位於軸突的末端與另一個神經元的前端，通常就是樹突所在的位置。關於上述一般說法還是存在有少數變數與例外，而且不同種類的神經元在形態與大小上也不盡相同。不過就整體而言，這樣的概述是可以接受的。神經元小到我們必須使用顯微鏡放大才能看見，若要看到突觸還需要使用更高倍的顯微鏡。儘管如此，當觀察者透過顯微鏡進行放大觀察時，所看見的大小完全是相對的。與構成神經元的分子相比，神經元確實是巨大的東西。

當神經元「活化」時，名為動作電位的電流會從細胞體前往軸突。這個過程非常快速，只需花費幾毫秒的時間，這可以讓我們對於大腦與心智歷程大不相同的處理時間有個概念。我們需要數百毫秒的時間才會意識到呈現在眼前的圖案。而我們體驗到感受則需要數秒（數千毫秒）及數分鐘的時間。

當活化的電流到達突觸時，它會觸發名為神經傳導物質的這種化學物質，在兩神經元間的突觸間隙處釋放。許多神經元會經由突觸與已活化神經元接壤，它們之間的合作互動，以及是否釋放自身的傳導訊號，決定了下一個神經元是否會活化，也就是它是否會產生自己的動作電位，進而釋放自己的神經傳導物質等等。

突觸可強可弱。突觸的強度決了電脈衝是否能夠持續傳送至下一個神經元中，以及傳送的難易程度。在處於活化狀態的神經元中，強大的觸突會促進電脈衝傳送，而虛弱的觸突則會阻礙電脈衝的傳送。

學習的一個關鍵就是強化突觸。強化就是變得更容易活化，然後讓下游的神經元更容易處在活化的狀態。記憶就是仰賴這種作用。我們對記憶神經基礎在神經元層級的了解，可以追溯到唐納‧赫柏（Donald Hebb）具有開創性的想法，赫柏在二十世紀中葉首先提出，學習可能取決於強化突觸與促進後續神經元的活化。雖然他是在純理論的基礎上提出這個假設，但此假設後續已被證明無誤。在過去數十年間，對於學習的了解已經深入到分子機制與基因表現的層級了。

平均而言，每個神經元會去交流的神經元個數相對較少，它們不會與大多數的神經元交流，當然也不會與全部的神經元交流。事實上，許多神經元只與鄰近的神經元交流，也就是只與局部迴路中的神經元交流。其他神經元即使具有著數公分長的軸突，也只會與一小部分的神經元接觸。儘管如此，依據神經元在整體結構中的所在位置，它的夥伴數量還是會有不一樣。

千億個神經元組織形成迴路，有些迴路極其微小，在局部進行肉眼完全看不到的運作。不過當許多微型迴路以特定結構聚集在一起時，就會形成區域。

基本區域結構有兩種：一種是**神經核**，另一種是**大腦皮質區域**。在大腦皮質區域中，神經元被陳列在層層疊疊的二維平面鞘狀結構中。在這之中的許多層狀構造都具有精良的繪圖組織，這是進行詳實映射的理想結構。在神經元所組成的神經核中（請不要與神經元中的細胞核混淆），神經元看起來就像在碗中的葡萄一樣，不過這個規則有部分例外。舉例來說，膝狀核與丘核就具有二維的曲層結構。還有數個神經核也具有繪圖組織，這表示它們也可以產生粗略的映射圖。

神經核含有「知識」。當特定訊息讓神經核活化時，它們的線路圖中就包含了要如何動作或如何行動的知識。對於腦部較小的物種而言，因為神經核具有這種「傾向性的知識」，所以神經核的活動在這類物種的生命管理上是不可或缺的。這類物種幾乎沒有或根本沒有大腦皮質，映射能力也有限。但神經核對於人類這種生物的生命管理也是不可或缺的，神經核在人類之中負責基本管理，包括：新陳代謝、臟器反應、情緒、性行為、感受**以及**意識的各個方面。內分泌與免疫系統的管理得仰賴神經核，情感生活也是。但在人類之中，神經核的運作有極大一部分會受到心智的影響，也就表示神經核會受到大腦皮質極大的影響，雖然並非全部。

重要的是，神經核與大腦皮質區域的不同部位，是互相連結的。它們接續形成了越來越大的迴路。大腦皮質的數個區域會相互連線，不過它們也會連線到皮質下神經核。大腦部位有時會接收來自神經核的訊號，有時會傳送訊號到神經核，有時也會同時進行傳送與接收。這類互動明顯與視丘的眾多神經核特別有關（其到大腦皮質的連線往往是雙向的），也與基底神經節有關（這類連結可以從皮質往下傳，或也可以往上傳至皮質，但無法同時雙向進行）。

總而言之，神經迴路若像蛋糕那樣，平行地一層一層排列成鞘狀，就會建構出皮質區域，若是沒有分層規劃聚集，就會建構出神經核（但請記得早先提到的例外）。皮質區域與神經核經由軸突「投射」產生互動而形成**系統**，並逐漸達到複雜度更高的層級，形成**系統組成的系統**。當軸突的投射束大到肉眼可見時，就會被稱為「路徑」。就大小來說，所有的神經元與局部迴路都是只能用顯微鏡觀察的微型結構，而所有皮質區域、大多數的神經核以及系統組成的系統都是肉眼可見的大型結構。

若神經元是磚塊，那麼腦中的什麼等於砂漿呢？這個答案很簡單，就是數量眾大的膠質細胞，我之前介紹過，**膠質細胞**是神經元在腦部各處的支架。傳導快速的軸突周圍包覆了一層髓鞘，這層髓鞘也是由膠質細胞所構成。髓鞘為軸突提供保護與絕緣，這也符合砂漿這個角色的作用。膠質細胞與神經元截然不同，它們沒有樹突與軸突，無法長距離傳送訊號。換句話說，膠質細胞跟生物體內的其他細胞無關，它們的作用不在於調節其他細胞或呈現其他細胞的表徵。膠質細胞沒有神經元所具有的模擬作用。但膠質細胞的作用不只是固定神經元而已。舉例來說，膠質細胞會保存與傳送能量產物，供給神經元養分，就如先前所提，它們的影響可能相當深遠。

更多關於大型神經結構的內容

神經系統區分為中樞神經系統與周邊神經系統。**中樞神經系統**的主要組成部位是**大腦**，大腦是由左右兩個**大腦半球**所構成，經由**胼胝體**相連。有個好笑的說法是，大自然發明胼胝體是為了讓大腦半球不會下垂。但我們知道胼胝體中聚集了連接左右大腦半球的大量雙向神經纖維，具有重要的整合作用。

大腦半球被大腦皮質所覆蓋，大腦皮質是由不同的腦葉所組成，計有：**枕葉、頂葉、顳葉**與**額葉**，另外大腦皮質也包括了名為扣帶皮質的區域，這只在中間內表面處才看得到。當我們在觀察大腦表面時還有兩個皮質區域是看不到的，一個是**腦島皮質**，另一個是**海馬迴**。腦島皮質藏身在額葉與頂葉之下，而海馬迴則是藏身在顳葉中的一個特別皮質結構。

中樞神經系統還包括了在大腦皮質下方深層聚集的神經核團，例如：基底神經節、基底前腦、杏仁核與間腦（由視丘與下視丘所組成）。大腦經由**腦幹**與脊髓相連，而**小腦**則位於腦幹後方，也具有兩個半球。雖然下視丘因為與視丘組成間腦所以時常被一起提及，但下視丘實際上與腦幹的功能較為接近，它也分擔生命調節的某些最關鍵面向。

中樞神經系統經由來自神經元的軸突束連結到身體各處。這些軸突束就是所謂的神經。將中樞神經系統與周邊互相連結的所有神經，就構成了**周邊神經系統**。神經將來自大腦的訊號脈衝傳送到身體，也將身體的訊號脈衝傳送至大腦。周邊神經系統中最古老也最重要的部位之一是**自主神經系統**，之所以稱為自主神經系統，是因為它的運作絕大部分不受我們意志所控制。自主神經的組成結構包括**交感神經系統**、**副交感神經系統**與**腸道神經系**

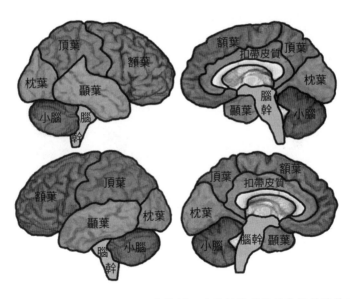

附錄圖 1：肉眼可見的人類大腦結構圖，這是根據磁共振數據重建的三維結構圖。圖左顯示的是左右大腦半球的外側面，圖右顯示的是內側面。圖右中的白色曲狀結構就是胼胝體。

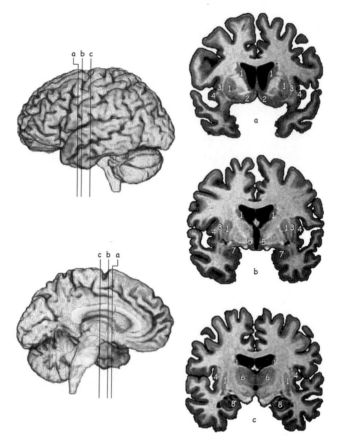

附錄圖2：圖左是從外側（圖左上）與內側（圖左下）視角來觀看的人類大腦三維重建圖。

圖右是大腦的三個剖面圖，是圖左a、b、c三條線所在位置的剖面圖。這些剖面圖展示了在大腦表面之下的數個重要構造：1為基底神經節、2是基底前腦、3是帶狀核（claustrum）、4是腦島皮質、5是下視丘、6是視丘、7是杏仁核、8是海馬迴。大腦皮質覆蓋了整個大腦半球表面，包括每一條深溝。在剖面圖中，大腦皮質以深色邊緣呈現，很容易就可以跟其下較淺的白質區域鑑別出來。剖面圖中央的黑色區域則為側腦室。

統。自主神經系統在生命調節與情緒及感受上扮演關鍵角色。大腦與身體也會經由荷爾蒙這類化學分子相互連結，荷爾蒙會在血流中傳送。從腦部傳送至身體的化學分子，源自神經核，例如位於下視丘的神經核。不過化學分子也會反方向傳送，直接影響位於腦部最後區的神經元，最後區不具有血腦屏障。（血腦屏障是種護盾，可以阻止特定分子進入血流中循環。）最後區位於腦幹，非常接近臂旁核與中腦導水管周圍灰質神經核等重要生命調節結構。

當我們以任何方向切開中樞神經系統並觀察其剖面時，會注意到有深色及淺色兩種不同的區域。深色區就是所謂的**灰質**（不過它們呈現出的色澤比較像是棕色而非灰色），淺色區域就是所謂的**白質**（比較像是黃棕色而非白色）。灰質因為許多神經細胞體緊緊聚在一起所以色澤較深，而白質則因為包覆軸突的絕緣髓鞘而呈現較淺的色，這些軸突是從位於灰質中的神經細胞體中散射出來的。如前所述，由髓鞘所構成的絕緣體，會加速電流在軸突上的傳導速度。由髓鞘所構成的絕緣體以及快速的訊號傳送，是歷經演化的現代軸突所擁有的正字標記。無髓鞘的神經纖維年代久遠，速度也比較緩慢。

灰質有兩種。有分層的那一種，大部分都位在**大腦皮質**與**小腦皮質**中，這些皮質將大腦與小腦半球包覆起來。沒有分層的那一種會構成神經核，之前就有提過的這類主要神經核包括：**基底神經節、杏仁核、視丘、下視丘**與**腦幹**的灰質區域。基底神經節位於兩個大腦半球的深處，是由尾核（caudate）、殼核（putamen）與蒼白球（pallidum）等三個大型神經核所構成；杏仁核是位於兩側顳葉深處的大型突起物；而視丘、下視丘與腦幹的灰質區域則是由數個小型神經核聚集組成。

　　大腦皮質是包覆大腦的外膜，覆蓋了兩個大腦半球的表面，包括了讓大腦具有獨特外觀的裂縫及腦溝。皮質的厚度大約是 3 毫米，而且每層都是平行面，也都與大腦表面平行。大腦在演化上較為現代的部位是**新皮質**（neocortex）。大腦皮質以腦葉做為主要分區，計有：額葉、顳葉、頂葉與枕葉。所有其他灰質結構（即先前提到的各種神經核與小腦）都位於皮質下區域。

　　我在文中常提到的有**早期感覺皮質**、**聯合皮質**，甚至是**高階聯合皮質**。這裡的早期指的並不是時間，而是在感覺處理神經鏈中，一個區域在空間中所佔據的相對位置。早期感覺皮質位於周邊感覺路徑進入大腦皮質入口處的附近周遭，例如視覺、聽覺或觸覺訊號的入口處。早期腦部區域往往會有同心圓狀的結構。在運用感覺路徑傳入訊號來產生詳實的映射圖上，早期腦部區域具有關鍵作用。

　　如名所示，聯合皮質對從早期皮質而來訊號進行連結。大腦之中不屬於早期感覺皮質或運動皮質的每個地方，都是聯合皮質。它們按階級進行排列組織，在此神經鏈中階級較高的部位，通常稱為高階聯合皮質。前額葉皮質與前顳葉皮質就是高階聯合皮質。

　　大腦的不同部位在傳統上會以編號來對應其獨特的神經結構設計，這就是所謂的細胞結構學。最著名的部位編號系統是由布羅德曼（Brodmann）於一個世紀前所提出，這在今日仍然非常有用。布羅德曼編號與區域大小或功能重要性都無關。

位置的重要性

大腦部位的內部解剖構造是決定其功能的重要因素。某個大腦部位是位於腦部三維結構中的哪個位置，則是另一個重要決定因素。在腦部的位置以及其內部解剖構造主要是由演化所造成，但它們也會受到個體發展的影響。個體經驗會形塑迴路，雖然這種影響在微型迴路層級最為明顯，但在肉眼可見的解剖構造層級也一定可以感受得到。

神經核在演化上的年代久遠，可以回溯到生命史中腦部還只是由類似念珠的串連神經節所組成的時期。神經節在本質上，就是還未經演化納入腦部主體的個別神經核。我在第二章所提到的線蟲大腦，就是由一串神經節所構成。

神經核在整個腦部中的位置相當得低，總是位在大腦皮質下方。它們坐落在腦幹、下視丘與視丘、基底神經節、基底前腦（其延伸包括了杏仁核這種群聚神經核）中。雖然它們不是主要皮質區域，但它們仍有著經演化雕琢而成的階級次序。就演化史的觀點來看，越古老的神經核，就越接近腦部中線。因為腦中的所有東西都從中線分成左右兩半，所以極古老神經核所坐落的位置，會與它們位於中線另一側的雙胞胎對望。對生命調節與意識很重要的腦幹神經核都是這樣。而像杏仁核這種比較現代的神經核，左右兩邊就比較獨立，會有明顯分界。

比起神經核，大腦皮質是更近期演化而出的。大腦皮質因為二維鞘狀結構而顯得特別，這也賦予它們可以形成詳實映射的能力。不過皮質的層數不一定，從三層（年代古化的皮質）到六層（較近期的皮質）都有。位於皮質層內部以及跨越這些皮質層的複雜迴路也不一樣。腦部的整體位置分布也是有功能上的意義的。一般來說，極現代的皮質會在主要感覺路徑（如聽覺、視覺及體感路徑）進入大腦皮質的入口處或周圍形成，因此就與感官處理過程及形成映射有關。換句話說，它們隸屬於「早期感覺皮質」這個群體。

運動皮質的年代也不盡相同。有些運動皮質即微小又古老，並位在前扣帶運動皮質與運動輔助區的中線處，這些區域可在左右大腦半腦的內側表面清楚看到。其他運動皮質較為現代，結構複雜且佔據了大腦外側表面相當大的區域。

某個大腦部位最終對大腦整體事務的貢獻，明顯取決於它的夥伴：會對該部位進行交流的區域以及該部位會去進行交流的區域，特別是那些會將自己的神經元軸突投射入該部位的區域（因此可以改變該部位的狀態），以及那些會接收該部位神經元軸突投射的區域（此區域會因該部位傳出的訊號而產生改變）。這絕大部分都取決於該部位在網絡中的位置。該部位是否具有產生映射的能力，則是其功能作用中的另一個重要因子。

一群神經核與皮質區域經由神經投射的聚集與發散，時時刻刻運作所產生的結果就是心智與行為。若這群神經核與皮質區域組織良好，運作和諧，它們的擁有者就能擁有吟詩作對的美好生活。若不是這樣，就會造成令人發狂的一片混亂。

大腦與外部世界的交界

在大腦與外部世界的交界處，存在有兩種神經結構。一種指向**內**，另一種指向**外**。第一種神經結構由身體周邊的感官受器所構成，例如：視網膜、內耳中的耳蝸、皮膚中的神經末稍等等。雖然有些人工植入物會發出類神經電傳入訊號造成例外，但在正常情況下這些感官受器從外界接收到的不是神經投射。這些受器接收到的是**物理刺激**，例如：光、振動、機械式的接觸刺激。感官受器啟動了從身體邊界到大腦的訊號鏈，訊號穿越層層的神經迴路階級，深入到大腦領地裡。但它們不像在管道系統中只是向上流動的水流那樣，它們到達每一個中繼站都會進行處理並轉換。此外，它們往往還會回傳訊息到原先投射出神經鏈的起點處。我們還在研究這些大腦結構內部的特性，它們有可能對意識的某些方面具有極大的重要性。

另一種邊界神經結構，位於大腦向外投射的末端與環境開端。訊號鏈從大腦內部啟動，但最終會促成化學分子釋放到大氣中，或是連結到身體的肌肉纖維上。後者讓我們可以移動與說話，也是主要向外訊號鏈的終點。除了肌肉纖維外，還有在空間中的直接動作。在演化的早期，在膜或皮膚邊界釋放的化學分子在生物體的生命中扮演重要角色。這是採取行動的重要工具。人類無疑也會出現這種釋放現象，但這方面知識還有待研究。

我們可以將大腦想做是個從簡單反射弧開始、然後逐漸變得複雜精良的東西。這個簡單反射弧像這樣：神經元 N 感測到物體存在，傳送訊號給神經元 Z，Z 將訊號投射至肌肉纖維上，產生動作。在之後的演化過程中，另外一個神經被加進這個反射迴路，安置在神經元 N 與 Z 之間。這是一個**中間神經元**，我們稱它為神經元 I 好了。中間神經元的作用讓神經元 Z 不再自動反應。舉例來說，神經元 Z 只在神經元 N 全力激發它才會有反應，若是神經元 Z 只接收到微弱的訊息就不會有反應。這個決定的關鍵部分操在中間神經元 I 之手。

大腦演化的一個主要部分就是，在大腦迴路的每個層級都加入了大量等同於中間神經元的東西。最大的這種東西位於大腦皮質，可以稱為**中間部位**。它們被夾在其他部位中間，明顯的主要原因就是對於各種刺激所產生的簡單反應進行調節，提高這些反應的複雜性，並降低反應的自發性程度。

在讓調節變得更細緻且更精良的路途上，大腦建立了可以詳實映射刺激的系統，而這最終就產生出意像與心智。大腦最後在心智中加入自我歷程，這賦予其產生新反應的創造力。最終在人類身上，當這類有意識的心智在志同道合的群體中產生時，就有可能創造出文化以及伴隨文化一起產生的外部工藝品。文化接續又影響數個世代的大腦運作，最終影響了人類大腦的演化。

大腦是由許多系統所組成的系統。每個系統都是由肉眼可見的小型皮質區域與皮質下神經核經過複雜的相互連結所構成，而那些皮質區域與神經核又是由顯微鏡才能看到的微型局部迴路所構成，而微型局部迴路又是由神經元所構成，所有這一切都是經由突觸產生連結。

神經元的作用取決它們所屬的局部神經元組合。系統最終的作用取決於局部組合如何影響互連結構中的其他組合。最後，每個組合對於所屬系統功能的貢獻取決於它在系統中的位置。

關於心智等於大腦的這個假說

本書所採用的觀點中包括了一個不受大眾青睞、更不用說接受的假設，也就是認為心智狀態等於大腦狀態的這個想法。這個假設不被接納的原因值得我們去了解一下。

大腦明確是物理世界中的一部分，而在物理世界中，兩者相等或為同一物要由質量、尺寸、動作、電荷等等的物理特性來定義。認為身體狀態與心智狀態不同的人士主張，雖然對應到特定實體的大腦映射圖可從物理方面來探討，但各種心智模式若從物理方面來探討則令人覺得怪異。這裡的理由在於，當前科學還無法確認出心智模式的物理特性，若是科學還做不到，那麼就無法將心智與身體視為同一物。不過，這種理由恐怕是不正確的。讓我來解釋一下我的想法。

首先，我們需要想想，我們是如何認定非心智狀態就可以用物理來探討。就以世界中的物體為例，我們會經由周邊感官探測器去感覺這些物體，並運用各種工具對其進行測量。然而，對於心智活動，我們無法採取同樣的方式。這不是因為心智活動不等同於神經活動，而是因為心智活動的發生地點在大腦內部，所以單純就是無法測量所致。事實上，心智活動只能經由心智來感知，然而心智活動又是心智這個歷程的其中一部分。這是個令人遺憾的情況，但不能因為如此就說心智沒有或缺乏物理特性。這個情況確實對從中產生的直覺施加了重要限制，但也因此讓我們小心謹慎地質疑起認定心智狀態**無法**等同於身體狀態的傳統觀點。單純基於內省觀察就認同這種觀點，是不合理的。我們應該要運用個人視角，並享受這直接賦予我們的體驗：一份可以形成意識與協助引導生命的體驗，前提是離線的廣泛反思分析（包括科學審視）要先對這個視角的忠告進行驗證。

神經映射圖與對應意像是在大腦**內部**出現，只有大腦擁有者能夠運用的這件事實是個阻礙。但是，既然映射圖與意像是在大腦內部所形成，那麼它們若不存在於私密且隱蔽的大腦之中，還能存在哪裡呢？有鑑於腦部的解剖構造並不是設計來向外展示映射圖及意像的，因此若是發現它們出現在腦部以外的地方，那會讓人有多吃驚啊。

目前暫且先將心智狀態等同大腦狀態這個想法視為一個有用的假設，而非真正確定的事情。就讓持續累積的證據來加以支持這個想法。為了達成此一目標，我們需要符合各種神經科學證據的演化神經生物學證據所提供的另一個視角。

有些人可能會質疑是否有需要另一個的視角來解析心智活動，但這是有正常理由的。心智活動與大腦活動具有**關聯性**，這是毫無爭議的事實，然而大腦活動位於大腦內部所以無法測量，這也是事實。上述這些事實證明了我們需要一種特殊的方法。而且，由於心智／大腦活動必定是生物演化悠久歷史中的產物，將演化證據納入考量也是合理的。最後，有鑑於心智／大腦活動可能是自然界中最複雜的現象，需要特別處理也是正常的。

即使在比今日更強大的神經科技的協助下，我們還是不大可能記錄下與心智狀態有關的所有神經現象，即便只是簡單的心智狀態。當前有可能且需要的是，在新的觀察證據支持下逐漸取得理論上的近似性。

接受心智狀態等同於神經狀態的這個假設，對於往下追尋原因的這個棘手問題特別有幫助。行為會影響心智狀態，從神經系統與接受其指令之肌肉所執行的所有行動中很容易就可以揭露這一點。這個問題（或是謎團）跟一個現象有關，那就是心智這個非身體的東西，會影響屬於身體一部分的神經系統來控制我們的行動。一旦將心智狀態與神經狀態視為同一個歷程的兩面，就像是戲弄我們的另一個雙面神雅努斯，那麼往下追尋原因就不再是個大問題。

另一方面，若要否定心智等同於大腦，就要接受一個有問題的假設：比起生物體中其他細胞所創造出來的映射（例如，身體部位形狀或是執行身體動作），神經元對事物的映射以及對形成心智活動的那些映射，就變得比較不自然也顯得似是而非。

當身體中的細胞經由特定空間規劃而被聚集在一起時，它們就會構成一個客體了。手就一個很好的例子。手是由骨頭、肌肉、肌腱、結締組織、血管網絡、神經網絡以及數層皮膚根據特定結構模式整合定位而成。當這樣一個生物客體在空間中移動時，就會產生動作，例如你的手指著我。客體與動作都是在時間與空間的物理活動。現在，當排列成二維鞘狀的神經元依據所接收到的傳入訊號來決定是否活化時，它們就創造出了一個模式。當這個模式對應到某個客體或動作時，它就構成了另一種東西的映射圖，也就是此客體或動作的映射圖。這個模式以身體細胞中的活動為基礎，所以它跟所對應的客體或動作一樣具有物理性。這個模式是暫時在大腦中**繪出**的，經由它的活動在大腦中**刻劃而成**。假設細胞都有適當連線，執行該有的運作，在需要時活化，大腦細胞迴路怎麼可能不會創造出對應到事物的意像？最後形成的短暫活動模式，怎麼可能會比一開始的客體及行為更不具物理性呢？

致謝

　　建築師會跟你說，上帝創造自然，而建築師創建其餘一切。這句嘉言提醒我們，無論是自然存在或是由人類所建造的地方與空間，都對我們是誰與我們能做什麼具有重要影響。我撰寫這本書始於巴黎的某個冬日早晨，接下來則在加州馬里布（Malibu）花費兩個夏天撰寫了絕大部分的內文，然後在紐約州的東漢普頓（East Hampton）花了另一個夏天，寫下這篇致謝並進行校稿。既然地方具有重要影響，所以我首先要由衷感謝總是讓人感到愉悅的巴黎，不要在意下雪與灰暗的天色就好。還要感謝羅威夫婦（Cori and Dick Lowe）在理察・諾伊特拉（Richard Neutra）的協助下，於太平洋沿岸創造出了一個天堂。最後要感謝的是考特尼・羅斯（Courtney Ross）以她講究的品味在另一岸建造了一個非常與眾不同的天堂。

　　然而，一本科學書籍的背後功臣，當然不只是地方而已。這本書大多都要歸功於我有幸在南加大遇見的同事與學生，包括了在腦與創造力研究中心、多恩西夫認知神經科學影像中心以及南加大數個其他科系與學院的同事與學生。也非常謝謝南加大文理學院的領導；謝謝多恩西夫夫婦（Dana and David Dornsife）；謝謝露西・比林斯利（Lucy Billingsley）與喬伊斯・卡米萊里（Joyce Cammilleri），你們的支持對於創造我們日常知識環境非常重要。

同樣也要非常謝謝研究資助機構讓我們的成果得以實現，特別要感謝國家神經疾病暨中風研究所以及馬瑟斯基金會。

有些同事與朋友在閱讀了全書或部分章節的手稿後，給予我建議並與我一同討論這些想法內容，在此列名感謝：漢娜‧達馬吉歐（Hanna Damasio）、卡斯帕‧梅耶（Kaspar Meyer）、查爾斯‧洛克蘭（Charles Rockland）、洛夫‧葛林斯班（Ralph Greenspan）、卡勒伯‧芬奇（Caleb Finch）、麥可‧奎克（Michael Quick）、曼紐爾‧卡斯特斯（Manuel Castells）、瑪麗‧海倫‧伊莫迪諾－楊、瓊納斯‧卡普蘭（Jonas Kaplan）、安通‧貝夏拉（Antoine Bechara）、蕾貝嘉‧黎克曼（Rebecca Rickman）、雪梨‧哈曼（Sidney Harman）以及布魯斯‧阿朵夫（Bruce Adolphe）。還有更多令我感激的人士，他們閱讀書中內容並給予我有益的回饋與建議，在此也列名感謝：約翰‧艾倫（John Allen）、娥蘇拉‧貝魯吉（Ursula Bellugi）、邁克爾‧卡萊爾（Michael Carlisle）、派翠西亞‧徹蘭、瑪麗亞‧德‧蘇沙（Maria de Sousa）、海德勒‧菲利普（Helder Filipe）、史蒂芬‧海克（Stephan Heck）、席利‧胡斯維特（Siri Hustvedt）、珍‧艾塞（Jane Isay）、喬納‧勒瑞爾（Jonah Lehrer）、馬友友、金森‧曼恩（Kingson Man）、喬瑟夫‧帕維茲、彼得‧薩克斯（Peter Sacks）、朱里奧‧薩曼托（Julião Sarmento）、彼得‧瑟拉斯（Peter Sellars）、丹尼爾‧崔諾、科恩‧梵‧古里克（Koen van Gulik）以及比爾‧維奧拉（Bill Viola）。對於上述所有人士無私且慷慨地貢獻他們的智慧，我不勝感激。本書內容若還有遺漏與疏失都是我個人的責任，與他們無關。

我在萬神殿出版社的編輯丹‧法蘭克（Dan Frank）是個具

有數種編輯特質的人，我在這裡至少可以列出三種：哲學家特質、科學家特質與小說家特質。每一種都會根據需要，對手稿提出溫和且堅定的重要建議。我很感謝他的忠告，也謝謝他在我吹毛求疵地進行修正時耐心等候。我也一如既往地要謝謝邁克爾・卡萊爾，身兼老朋友、繼兄弟與經紀人的他，貢獻了他的智慧、知識與誠信。也謝謝亞歷克斯・赫爾利（Alexis Hurley）為我提供了他最大的影響力。

我要謝謝卡斯帕・梅耶製作圖 6.1 與 6.2，也感謝漢娜・達馬吉歐準備了其他所有圖表。幾年前漢娜與我共同在《戴德洛斯》期刊（Daedalus）發表了一篇有關心智與身體的文章，感謝她讓我使用那篇文章中的想法與一些文句。另外也謝謝凡霍森熱心提供我能夠做為圖 9.6 依據的照片。

感謝辛西婭・努涅斯（Cinthya Nunez）在無數的修改中，為我打加油氣並耐心且熟練地準備手稿。也謝謝萊恩・埃塞克斯（Ryan Essex）、帕梅拉・麥克尼夫（Pamela McNeff）與蘇珊・林奇（Susan Lynch）對於重要的參考資料提供完整協助，感謝他們無價的貢獻。

墨水池圖書管理公司的伊桑・巴索夫（Ethan Bassoff）與勞倫・史密斯（Lauren Smythe）對於我的提問與要求都以認同支持態度聆聽，並以專業的頭腦為我解惑，還有克諾夫／萬神殿出版社發行小組也是，特別是永遠保持微笑與活力充沛的美智子・克拉克（Michiko Clark）、珍妮特・比爾（Janet Biehl）、安德魯・多爾科（Andrew Dorko）與維吉尼亞・譚（Virginia Tan）。非常感謝對最終成品貢獻出一份心力的所有人士。

國家圖書館出版品預行編目資料

擁有自我的心智：當代神經科學大師闡釋腦如何建構意識 /
安東尼歐‧達馬吉歐 (Antonio Damasio) 著；蕭秀姍譯. --
三版 .-- 臺北市：商周出版：英屬蓋曼群島商家庭傳媒股份
有限公司城邦分公司發行, 2023.05
　面；　公分 . -- (科學新視野；188)
譯自：Self comes to mind : constructing the conscious brain
ISBN 978-626-318-661-3 (平裝)

1.CST: 腦部 2.CST: 神經學 3.CST: 發育生物學 4.CST: 意識

394.911　　　　　　　　　　　　112005251

科學新視野 188

擁有自我的心智【《意識究竟從何而來？》全新翻譯審定版】
——當代神經科學大師闡釋腦如何建構意識

作　　　者／安東尼歐‧達馬吉歐（Antonio Damasio）
譯　　　者／蕭秀姍
審　　　定／張智宏
企 畫 選 書／黃靖卉
責 任 編 輯／黃靖卉

版　　　權／吳亭儀、江欣瑜
行 銷 業 務／周佑潔、賴正祐、賴玉嵐
總　 編　 輯／黃靖卉
總　 經　 理／彭之琬
事業群總經理／黃淑貞
發　 行　 人／何飛鵬
法 律 顧 問／元禾法律事務所王子文律師
出　　　版／商周出版
　　　　　　台北市104民生東路二段141號9樓
　　　　　　電話：(02) 25007008　傳眞：(02)25007759
　　　　　　E-mail：bwp.service@cite.com.tw
　　　　　　Blog：http://bwp25007008.pixnet.net/blog
發　　　行／英屬蓋曼群島商家庭傳媒股份有限公司 城邦分公司
　　　　　　台北市中山區民生東路二段141號2樓
　　　　　　書虫客服服務專線：02-25007718；25007719
　　　　　　服務時間：週一至週五上午09:30-12:00；下午13:30-17:00
　　　　　　24小時傳眞專線：02-25001990；25001991
　　　　　　劃撥帳號：19863813；戶名：書虫股份有限公司
　　　　　　讀者服務信箱：service@readingclub.com.tw
　　　　　　城邦讀書花園：www.cite.com.tw
香港發行所／城邦（香港）出版集團有限公司
　　　　　　香港九龍九龍城土瓜灣道86號順聯工業大廈6樓A室　E-MAIL：hkcite@biznetvigator.com
　　　　　　電話：(852)25086231　傳眞：(852)25789337
馬新發行所／城邦（馬新）出版集團 Cite (M) Sdn Bhd
　　　　　　41, Jalan Radin Anum, Bandar Baru Sri Petaling, 57000 Kuala Lumpur, Malaysia.
　　　　　　Tel：(603)90563833 Fax：(603)90576622 Email：services@cite.my

封 面 設 計／徐璽設計工作室
排　　　版／邵麗如
印　　　刷／中原造像股份有限公司
總　 經　 銷／聯合發行股份有限公司
　　　　　　新北市231新店區寶橋路235巷6弄6號2樓
　　　　　　電話：(02) 29178022　傳眞：(02) 29110053

■2012年4月12日初版一刷
■2023年5月30日三版一刷
■2024年2月 2 日三版1.9刷

Printed in Taiwan

定價550元

城邦讀書花園
www.cite.com.tw

104　台北市民生東路二段141號2樓

英屬蓋曼群島商家庭傳媒股份有限公司城邦分公司　收

請沿虛線對摺，謝謝！

書號：BU0188	書名：擁有自我的心智	編碼：

讀者回函卡

線上版讀者回

感謝您購買我們出版的書籍！請費心填寫此回函卡，我們將不定期寄上城邦集團最新的出版訊息。

姓名：＿＿＿＿＿＿＿＿＿＿＿＿＿＿＿＿＿＿ 性別：□男 □女

生日：西元＿＿＿＿＿＿年＿＿＿＿＿＿月＿＿＿＿＿＿日

地址：＿＿＿＿＿＿＿＿＿＿＿＿＿＿＿＿＿＿＿＿＿＿＿＿

聯絡電話：＿＿＿＿＿＿＿＿＿＿ 傳真：＿＿＿＿＿＿＿＿＿

E-mail：

學歷：□ 1. 小學 □ 2. 國中 □ 3. 高中 □ 4. 大學 □ 5. 研究所以上

職業：□ 1. 學生 □ 2. 軍公教 □ 3. 服務 □ 4. 金融 □ 5. 製造 □ 6. 資訊

　　　□ 7. 傳播 □ 8. 自由業 □ 9. 農漁牧 □ 10. 家管 □ 11. 退休

　　　□ 12. 其他＿＿＿＿＿＿＿＿＿＿＿＿＿＿＿＿＿＿＿＿＿

您從何種方式得知本書消息？

　　　□ 1. 書店 □ 2. 網路 □ 3. 報紙 □ 4. 雜誌 □ 5. 廣播 □ 6. 電視

　　　□ 7. 親友推薦 □ 8. 其他＿＿＿＿＿＿＿＿＿＿＿＿＿＿＿

您通常以何種方式購書？

　　　□ 1. 書店 □ 2. 網路 □ 3. 傳真訂購 □ 4. 郵局劃撥 □ 5. 其他＿＿＿

您喜歡閱讀那些類別的書籍？

　　　□ 1. 財經商業 □ 2. 自然科學 □ 3. 歷史 □ 4. 法律 □ 5. 文學

　　　□ 6. 休閒旅遊 □ 7. 小說 □ 8. 人物傳記 □ 9. 生活、勵志 □ 10. 其他

對我們的建議：＿＿＿＿＿＿＿＿＿＿＿＿＿＿＿＿＿＿＿＿＿

＿＿＿＿＿＿＿＿＿＿＿＿＿＿＿＿＿＿＿＿＿＿＿＿＿＿＿＿

＿＿＿＿＿＿＿＿＿＿＿＿＿＿＿＿＿＿＿＿＿＿＿＿＿＿＿＿